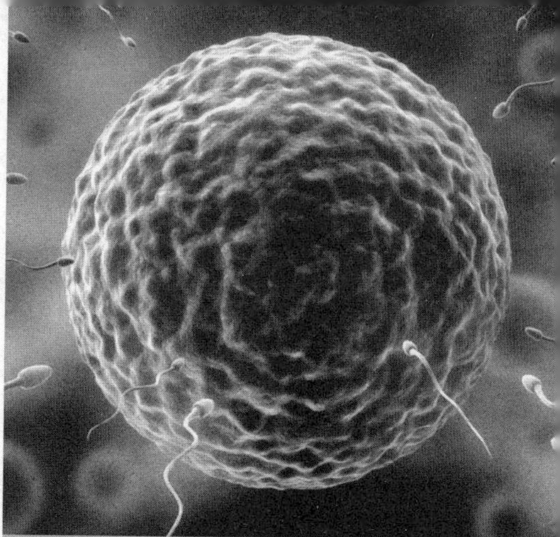

《神奇的科学奥秘》编委会

生命科学的奥秘

中国社会出版社
国家一级出版社★全国百佳图书出版单位

图书在版编目(CIP)数据

生命科学的奥秘 /《神奇的科学奥秘》编委会编著 .

—北京：中国社会出版社，2016.5

（神奇的科学奥秘）

ISBN 978-7-5087-5323-2

Ⅰ.①生… Ⅱ.①神… Ⅲ.①生命科学—青少年读物

Ⅳ.①Q1-0

中国版本图书馆 C I P 数据核字（2016）第 084909 号

书　　名：生命科学的奥秘

编 著 者：《神奇的科学奥秘》编委会

出 版 人：浦善新

责任编辑：侯　钰

图片来源：国务院新闻办图片库（China Foto Press）

出版发行：中国社会出版社　　**邮政编码：**100032

通联方法：北京市西城区二龙路甲 33 号

电　　话：编辑部：（010）58124865

邮购部：（010）58124848

销售部：（010）58124845

传　真：（010）58124856

网　　址：www.shcbs.com.cn

shcbs.mca.gov.cn

经　　销：各地新华书店

中国社会出版社天猫旗舰店

印刷装订：北京佳顺印务有限公司

开　　本：160mm×230mm 1/16

印　　张：16.75

字　　数：200 千字

版　　次：2016 年 9 月第 2 版

印　　次：2016 年 9 月第 1 次印刷

定　　价：35.80 元

中国社会出版社微信公众号

神奇的科学奥秘

编委会

前言

FOREWORD

童年时代的夏夜，我和小伙伴们常常躺在家乡的草垛上，仰望着美丽的星空，偶尔还能看见流星划过，那时的欢呼与过后的惊诧至今历历在目。冬天的早晨，我们则常常流连于冰雪覆盖的小路，经常由于堆雪人和打屋檐的冰凌而忘记了上学。当然，春天和秋天对于孩子们来说，更是大自然赐予最慷慨、最丰厚的时候。无论是春花的烂漫还是秋果的诱人，至今都是我心中最温暖的回忆。

随着年岁的增长，许许多多扑朔迷离的超自然现象，构成了一个又一个神秘莫测的奥秘。自然界的事物不再只是心头美丽的驻足，而是慢慢地变成了诸多诱发我去探索的动力。幸好，学校的理、化、生等课程给了我一些答案。但是，仅仅局限于课本的知识显得十分有限。幸亏，阅读课外书籍给了我巨大的帮助。现在想来，课外阅读是何等重要啊！

人们带着诸多疑问，不断地对它们进行认识和研究，渴求破译这充满超自然现象的世界。茫茫宇宙中是否还存在其他智慧生物？如何科学地解释人体与自然的离奇现象？我们相信只要认识到它的存在，通过大胆的探索，去辨别真伪，就一定会揭开它那奇特而又神秘的面纱。

我们把这些奇特的想象汇集起来，编撰成册，希望它能让读者全面了解大千世界的神奇，从中有所收获。

每天，只要你勤于思考，你就会发现似乎有无数的奥秘需要我们去探索。当你了解了一些奥秘的时候，你会发现自己突然拥有快乐的感觉；当你继续思考的时候，你很快就会发现自己的知识还远远不够。你是否已经感觉到，课本已经很难满足我们对于科学的渴求，越来越多的新知识、新技术让我们感到眼花缭乱，不知所措？面对着这样的困惑，要是有一本图文并茂、简洁明快的科普图书给我们课外阅读该有多好啊！

《神奇的科学奥秘》就是这样一套专门拓展中学生科学视野，提高科学素养的图书。让我们沉醉于神奇、瑰丽的大千世界之中，感受科学技术的强大威力，从而启迪智慧，丰富想象，激发创造，培养青少年热爱科学、献身科学的决心，以及热爱人类、保护环境的爱心。

丛书紧密结合当前中学教材中涉及的科学知识，从物理、化学、生物、地理、天文、材料、医学、能源、环境、航空航天等多方面集中介绍相关知识。在这里，自然的奥秘不再神秘，科学成为认识奥秘的金钥匙。

丛书以最新的科学进展为基础，用科学的思维方法去探究、解说神奇的自然现象。书中所介绍的知识既与课本有一定的联系，但是又有别于课本，它们是课本知识的有机延伸，更是了解现代科技发展的窗口。书中还特别收录了中国科学技术的一些重大进展，我们读到这些文章的时候，一定能够产生强烈的民族自豪感。

浏览本书你还会发现，不少的文章透露出浓浓的浪漫主义情怀。自然科学与人文科学原来可以如此淋漓尽致地散发出无穷的魅力。自然奥秘给了人类无穷的想象，也给人类的艰苦探索提供了平台。科学的魅力则是听不见却充满诱惑的旋律，它时时在触动我们的心弦。作为一个年轻的学子，如果你拥有了探索的明眸，充满了求知的渴望，那么此书就是你探秘世界的引路者。

其实，人的一生要经历很多的事情，要经受住各种考验，有些考验甚至直接影响到自身的生存与发展。不断补充知识、努力提高自身的综合素质，就是应对各种考验的良好方法。新时代带给年轻学子们的将是无穷的机遇，与之相伴的还有艰难的挑战。我们在保证课堂学习的同时，应开始有意识地增加课外阅读，拓宽知识的视野，做个走在时代前沿的主人。

人类总是在不断突破自然和人自身的局限中前进，人类的解放也是在不断的探索中逐步得以实现的。我们需要用发展的眼光审视自我，用新鲜的知识武装头脑，为今后在社会中实现自己的价值打下坚实的基础。

年轻的朋友们，让本书为你们的梦想插上科学的翅膀吧！

《神奇的科学奥秘》编委会

目录

CONTENTS

第一篇 生命奥秘

3 生命的种子是从哪里来的
5 宇宙生命的演化奥秘
7 宇宙中是否存在着外星人
9 超文明与外星人有什么联系
10 上帝造人 OR 生物进化
12 新的人类起源——海猿说
14 地球上存在过高级人类吗
15 地球气候变化对生物影响的奥秘
18 生物进化的证据——化石
21 DNA 是什么
22 遗传密码与克隆的奥秘
24 RNA 分子是否比蛋白质更早
27 细胞对生命的起源有什么意义
28 “海拉”细胞
29 进行身份识别的 DNA
31 基因芯片是什么
32 探秘人类基因组
33 遗传病与基因疗法
35 生命的死亡标准是什么
36 艾滋病为何至今仍无法治愈
37 人为什么必须睡觉
39 梦游到底是怎么一回事呢
40 人类的发音规则——语言“切换”
41 人体“左右分工”的奥秘
43 人体的美感源于何处
45 人体是怎样抗热的
46 血型可能会发生变异吗
48 拇指为什么只有两节
48 人体会打嗝的原因是什么

目

CONTENTS

录

CONTENTS

49 为什么会产生左撇子

50 害羞时为什么会脸红

51 人体会怕痒的奥秘

51 眼皮为什么会跳

52 为什么会笑出眼泪来

53 人为什么会打喷嚏

54 分不清红绿灯的人——色盲

55 肚子饿了为什么咕咕叫

56 为何生气后肚子不饿

57 人类能够制造克隆人吗

58 生命的回光

59 奇妙的换颅术

61 蓝色人

62 吸血鬼的传说

64 神奇的佛舍利是如何得来的

67 肉身不腐的奥秘何在

68 人能长生不死吗

70 远古的冰人是怎么死亡的

71 是否冷冻技术真能让人起死回生

73 神农架野人

75 北美大脚怪的传说

77 喜马拉雅山雪人探秘

79 漂流于海洋的民族

80 孤岛上的民族来自何处

82 阿伊努人是日本最早的民族吗

84 传说中的幸存者——卡尔德拉伊人

85 莫奇人为什么崇拜畸形

87 欧洲神秘的古老民族——巴斯克人

第二篇 动物万象

91 动物社会是个什么样子

92 动物的分工合作

94 生物体内的“记时器”——生物钟
95 生物电是什么
97 生物为什么会发光
99 动物逃生的绝招
100 会画“禁圈”的动物
101 动物为什么长时间处于休息状态
103 动物的婚配制度
104 谁是动物世界的“建筑师”
106 动物是靠啥导航的呢
108 动物都是怎样发声的
109 动物间的“雷达”与“反雷达”战术
111 动物的红外线和超声波
112 动物王国里的“贼”
113 昆虫世界的奇妙语言
115 昆虫找鲜花的秘诀
116 鱼类使用的是什么“语言”
118 昆虫的生存之道——化装
119 萤火虫为什么能发光
121 发光的海底动物是从哪里来的
122 鸟类寻根
124 飞禽是否真能凭地球磁力辨认方向
125 鸟儿的飞行绝技如何造就
127 鸟中“巨无霸”
128 雨林一怪——巨嘴鸟
129 没有羽毛的裸体鸟
130 孔雀为什么要开屏
132 鹦鹉相亲之谜
132 海洋中的哺乳动物
133 鱼类的“气呼吸”与“水呼吸”
135 水母——“温柔的杀手”
137 鱼的三个耳石有什么用
138 长江鱼王——中华鲟
140 “水中恶魔”——亚马孙食人鱼

目录

CONTENTS

142 鲑鱼万里回乡
143 大王乌贼的趣闻
144 凶猛好斗的抹香鲸
145 “语言大师”——白鲸
146 鲸为什么走绝路
149 吃人的巨龙——科莫多巨蜥
151 蛙中珍品——蛤士蟆
152 奇怪的青蛙之战
154 天下绝毒——箭毒蛙
155 环境的宠儿——变色龙
156 “沙漠之舟”的秘密
158 智慧的大象
159 非洲象吞吃岩石之谜
161 大象死后到底去了哪里
162 会变色的海象
163 奇特的生物互食链
165 能量储备强大的蝎子
166 蜘蛛是如何狩猎的
167 龟的长寿之谜
169 鳄鱼为什么流眼泪
170 神奇的金猫
171 嗅觉十分惊人的狗
171 掠走粪球的屎壳郎
172 能咬死人的蝴蝶
173 破解蟋蟀鸣叫的含义
174 海豚睡眠之谜
175 老鼠会做梦吗
176 黑猩猩会交际吗
177 结群而居的大猩猩
178 复活的塔斯马尼亚虎
180 蛇中之王——眼镜蛇
181 来自地狱里的蛇

CONTENTS

第三篇 植物万象

185 植物的“喜怒哀乐”
186 植物互相传递信息的高招
187 植物寿命为什么远比动物的长
189 植物有乳汁吗
190 植物有血液和血型吗
192 植物也会“出汗”
193 森林里树木为什么都很直
194 圆柱形的树干有什么用
195 花儿为什么五颜六色
195 树木降噪器
197 冬天的树木是如何抗冻的
198 “发热植物”的奥秘
199 真菌是动物还是植物
201 有些植物的茎为什么是中空的
202 老树空心了为什么还能活
203 香蕉树是真正的树吗
203 竹子为何不像树木一样继续增粗
204 鞭毛藻类为什么既是植物又是动物
206 开花时雄蕊会捉打虫子的灌木
207 植物中举重冠军——王莲
208 植物幼苗的向光奥秘
210 有不长叶子的光棍树吗
211 花是叶子变来的吗
212 铁树千年才开花吗
213 竹子为什么不每年开花
214 有些植物为什么会发光
215 与众不同的花——夜来香
217 不会腐烂的水生植物

目

CONTENTS

录

218 高山上的植物为何长得矮
219 灵芝是否是仙草
220 滋补良药——人参
221 无根无叶的天麻
222 树木剥皮为什么能再生
223 假叶树的叶子是假的吗
224 百年不凋的百岁兰叶子
225 植物的“飞行装备”
226 不怕刀斧砍的硬骨头树
227 含羞草为何“害羞”
229 可以指南的草——“指南草”
230 无根的植物照样活
231 独树也能成林
233 听说过可以吃的“树”吗
233 长不大的“小老树”
234 防火树为什么能防火
236 能够“捕虫”的植物
237 能够分泌盐的植物
239 植物为何会吐水呢
240 植物“自卫”的本领
241 植物是如何反击动物的
242 植物为何会流“血”
243 “咬”人的植物
244 植物传粉妙招
246 “胎生”植物
247 棉花花瓣变色的奥秘
248 抗癌仙果——猕猴桃
249 沙漠仙人掌耐旱之谜
251 驱虫能手——除虫菊
252 奇特的植物猫
253 水仙花的美妙舞步
254 生命短暂的“带面纱女人”
255 冬是虫，夏是草

CONTENTS

第一篇 生命奥秘

生命的种子是从哪里来的

目前地球上丰富多彩的生物界是怎样形成的？地球上最初的原始生命又是怎样产生的？根据众多学者长期的、深入的、综合的研究认为，生命的起源和发展需要经过两个过程：第一个过程是生命起源的化学进化过程（发生在地球形成后的十多亿年之间），即由非生命物质经一系列复杂的变化，逐步变成原始生命的过程；第二个过程是生物进化过程（发生在 30 亿年以前原始生命产生到现在），即由原始生命继续演化，从简单到复杂，从低等到高等，从水生到陆生，经过漫长的过程直至发展为现今丰富多彩的生物界，并且继续发展变化的过程。

科学家认为生命的起源应当追溯到与生命有关的元素及化学分子的起源。因而，生命的起源过程应当从宇宙形成之初，通过所谓的“大爆炸”产生了碳、氢、氧、氮、磷、硫等构成生命的主要元素谈起。地球上有很多种元素，但用于构成生命的元素并不多，主要有碳、氢、氧、氮四种，此外还有磷、硫及其他一些微量元素。我们知道组成生命的主要物质是蛋白质、水分和无机盐三大类。元素分析表明，蛋白质一般含碳 50%~55%、氧 20%~23%、氮 15%~18%、氢 6%~8%、硫 0%~4%，有些蛋白质还含有微量的磷、铁、锌、铜、锰等。

科学家研究发现大约在 66 亿年前，银河系内发生过一次“大爆炸”，其碎片和散漫物质经过长时间的凝聚，大约在 46 亿年前形成了太阳系。作为太阳系一员的地球也在 46 亿年前形成了。接着，冰冷的星云物质释放出大量的引力势能，再转化为动能、热能，致使温度升高，加上地球内部元素的放射性热能也发生了增温作用，故初期的地球呈熔融状态。高温的地球在旋转过程中，其中的物质发生变异，较重的元素下沉到中心凝聚为地核，较轻的物质构成地幔和地壳，逐渐出现了圈层结构。这个过程经非常漫长，大约在 38 亿年前出现原始地壳，这个时间与多数月球表面的岩石年龄一致。

生命的起源与演化是和宇宙的起源与演化密切相关的。生命的构成元素如碳、氢、氧、氮、磷、硫等是来自“大爆炸”后元素的演化。科学家的研究表明前生物阶段的化学演化并不局限于地球，在宇宙空间中广泛地存在着化学演化的产物。在星际演化中，某些生物单分子，如氨基酸、嘌呤、嘧啶等可能形成于星际尘埃或凝聚的星云中，接着在行星表面的一定条件下产生了像多肽、多聚核苷酸等生物高分子。通过若干年前生物演化的过渡形式最终在地球上形成了最原始的生物系统，即具有原始细胞结构的生命。至此，生物的演化开始，直到今天地球上产生了无数复杂的生命形式。

不过,也有科学家提出宇宙中到处都存在着生命的种子的说法,即胚种论。在 19 世纪初，法国化学家路易斯·巴斯德也认为地球上根本不可能自发地产生生命，生命有可能来自于宇宙空间。到了 20 世纪 70 年代，科学家们在遥远的恒星周围的尘粒中发现了据他们认为是生命痕迹的东西。于是提出了正是从宇宙空间不断落下改变生命的物质,其中包括随着太阳活动而周期性到来的微生物影响了生命进化的过程。这些生命活动的种子仍然在不断降临在人间。这一理论一直在非常费力地争取大多数科学家的支持，直到最近的两项发现，才给这种理论注入了新的活力。

一是在 2000 年 10 月 27 日的《科学》杂志上所报道的一项研究表明，宇宙中的飞石可能具有在行星之间成功地运送生命的可能性。

二是在 2000 年 10 月 19 日的《自然》杂志上报道，另一组研究人员宣称他们已经找到并且使地球上休眠的细菌复活。这些细菌以孢子的形式在美国新墨西哥州的盐结晶中已经藏身了 2.5 亿年。

科学家们认为，这第二项发现的意义是深远的，它意味着如果进一步的研究能够证实这些发现的话，那么就意味着细菌孢子是近乎不死的。这就清楚地表明这个理论的一些方面是有根据的。

当然，目前占主要地位的观点仍然认为，生命是在陆地的环境中，在化学反应后自发产生的，但是胚种论的拥护者们则力图表明，这样的奇迹几乎在任何地方都能够发生。

可是，不管怎样，生命的起源尽管有了这么多新的重要发现，我们仍然无法彻底弄清生命是怎样又从何处开始的。这仍需要科学家们继续研究。

宇宙生命的演化奥秘

今天，我们已经清楚地知道地球上人体及其他生物体的基本结构和组成成分，知道组成生命的基本元素和其他成分存在元素没有两样，这也是生命起源于无机界的一个有力证据。而组成生命的物质在宇宙空间广泛存在，不仅在太阳系而且在太阳系以外还有这些物质存在。因此，很多科学家认为地球以外有生命存在。但是至今也没有一个历史事实或一项生命科学研究的成果能够证明这种认识的正确性，这条探索的道路是相当漫长的。

科学研究表明生命的起源与演化是和宇宙的起源与演化密切相关的，生命构成元素如碳、氢、氧、氮、硫和磷等是来自“大爆炸”后的元素演化。在星系演化中，某些生物单分子，如氨基酸、嘌呤、嘧啶等形成于星际尘埃或凝聚的星云中，接着在一定的条件下产生了像多肽、多聚核苷酸等生物高分子。现在许多资料表明，前生物阶段的化学演化并不局限于地球，在宇宙空间广泛地存在着化学演化的产物。通过遗传密码的演化和若干前生物系统的过渡形式，最终在地球上产生了最原始的生物系统，即具有原始细胞结构的生命。至此，生物学演化开始，直到今天在地球上产生了无数复杂的先进的生命形式，包括像人类这样的智慧生物。

美国科学家曾把构成生命的基本物质混合在一起，并且模拟地球上生命诞生时的条件，经过长达一个多星期的实验之后，终于合成了构成生命的有机物质。在宇宙之间假设有一个角落存在和原始地球相似的条件是可能的，那么在宇宙之间，地球之外孕育出生命也是完全有可能的。

人们曾经在陨石中发现了构成蛋白质的十几种氨基酸，但是人们已无法证明这些氨基酸是陨石从宇宙空间带来的，还是陨石从地球大气层中带来的，这个问题一旦明确，对于证明宇宙生命的存在有着重要的意义。

最近科学家在地壳内部深处发现了仅靠化学能维持生命的生命体，这个发现改变了对生命的认识，因而也必将动摇关于其他行星上是否存在生命的设想，因为在行星深处靠化学能为生的生命形式可能是很普遍的。地球发展变化所达到的程度也可能代表着宇宙间其他类似地球环境的星体发展变化的程度。地球上产生了生命，因而在宇宙的某个地方也许会存在着类似地球的生命世界。

为了研究宇宙生命的起源，科学家还对地外生命进行了探索。最早引起科学家注意的是月球。但是，阿波罗号宇宙飞船证明月球上没有任何生命存在。接着是火星，科学观测发现它与地球有某些相似的性质。在很长一段时间内，火星人成了科幻作品的主要描写对象。现在虽然证实了火星人根本不存在，却无法否认火星上有生命存在。

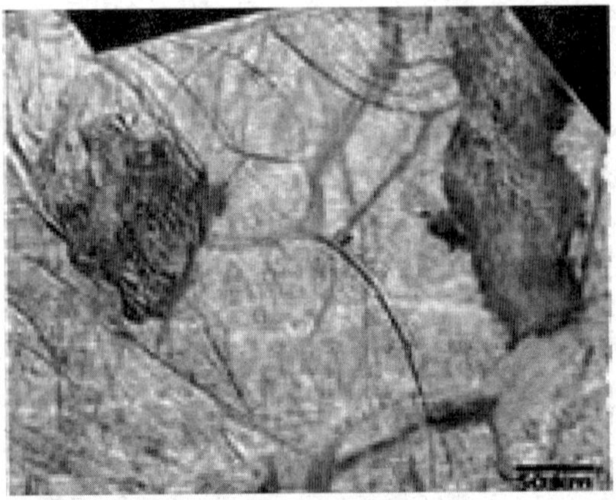

"伽利略"探测器拍得的木卫二照片

美国的一些科学家发现，在木卫二的星体表面上有一些神秘的冰圆顶，这可能会为科学家们在这个遥远的星球上找到生命迹象提供一次绝好的机会。

木卫二，又称"欧罗巴"，大小与月球相当。它的直径3138千米，公转轨道（距离木星）为670000千米。

1996年8月，美国宇航局公布了"伽利略"探测器6月拍得的木卫二照片。根据照片估计木卫二的冰层大约厚97千米，而真正以固态形式存在的大概只有表面的8千米~16千米，冰层之下是一片汪洋，蕴含的水量可能是地球上的3倍，而汪洋中可能存在生命物质。科学家还猜想，像地球的洋底存在活火山口一样，木卫二的洋底也可能会有活火山。火山喷发的热量足以使某些不需要阳光和空气的微生物在那里存活。

科学家们用计算机制作出了这种圆顶的模拟图像，4英里宽，300英尺高，由冰泡沫组成。这些冰泡沫是由木卫二星球内部的暖流推动作用而形成。这项发现使科学家们非常高兴，因为许多人认为在木卫二表面的冰面之下可能有生命存在。尽管木卫二的表面是冰冻荒原，但是内部却由于木星的强大引力作用而逐渐变热。科学家们认为，潮汐的力量已经在木卫二上制造了一个带有盐分的水体世界，这种环境可能会支持生命的存在。科学家们相信，少量的盐分和硫黄酸混合物帮助这些冰块融化并形成了这些圆顶。

美国国家宇航局希望在未来十年能派出一艘宇宙飞船前往木卫二进行

研究。

总之，生命的起源是一个非常复杂的科学之谜，它涉及天文、地质、物理、化学、生物等各个方面的知识，站在我们今天的地球上来追溯距现在46亿年以前的历史，难度肯定很大。直到今天，人们对生命起源这一古老而崭新的问题仍然在继续研究和探索之中，特别是近年来围绕着原始大气成分、生命起源于何处等问题又有了新的看法和争论，实事求是的科学争论对于深化认识是非常有益的。我们相信这个千古之谜总有一天会揭开。

宇宙中是否存在着外星人

外星人的报道时常见诸报端，很多人声称见过飞碟，甚至见过外星人，同时他们也拍到了各种各样的有关飞碟的照片。据自称见过外星人的人们描述，他们所见到的外星人大多是一些个子矮小、脑袋圆大、嘴巴窄长如裂缝、身穿紧身衣的类人生物。但也有人声称他们见到的外星人是高大的巨人、机器人状怪物、满身长毛的怪兽甚至美丽的裸女。

对这种现象，有的科学家认为这些外星人不止来自一个星球。另一些科学家则认为，地球上绝不可能有这么多不同种的外星人同时光临，这种混乱的描述正说明外星人的说法是不足为据的。还有一些科学家认为，这些确有相当一部分不足为信，但仍有一些可以确认是真实的。

有趣的是，有关外星人光临地球的奇闻异谈在我国古代也有记载。

最早的外星人出现在7000年前的贺兰山岩画中。在那些记载氏族公社生活的画面上，可以看到头戴圆形头盔、身穿密封宇航服的人，与现代宇航员的形象极其相似。最令人惊叹的是贺兰山南端、宁夏冲沟东的一幅岩画。画面左上方有两个旋转的飞碟，飞碟开口处一个身穿“宇航服”的人正飘然而下，地面上的动物和人群在惊恐地跑散。这可能是外星人在贺兰山一带出现时的生动写照。

据《拾遗记》记载：4000年前尧帝时代有一巨大的船形飞行物飘浮在西海上空。船体亮光闪烁，缓缓飘移。船上的人戴冠，全身长满白色的羽毛，无翅而能在高空翱翔。

东晋干宝的《搜神记》中，还记载着一件与火星人接触的故事。在三国时期的吴国，一群玩耍的小孩子中出现一个长相怪异的孩子，他身高 4 尺，身穿蓝衣，两眼闪着锐利的光芒。孩子们因从来没有见过他，纷纷围上来问长问短。蓝衣孩子说："我不是地球的人，而是一个火星人。看你们玩得开心，所以下来看看你们。"还说："三国鼎立的局面不会太长久，将来天下要归司马氏。"孩子们听到这一消息都吓坏了，一个孩子飞快跑去报告大人。当大人赶来时，火星人说声"再见"，立即缩身跳到空中。大家抬头看时，只见一块白色的绢布拖着长长的带子，正疾速地向高空飞去。当时谁也不敢将此事张扬出去。此后过了 4 年，蜀亡。又过了 17 年，吴国也灭亡了。三国分裂混战的局面结束，由司马氏统一了中国。这正应了火星人的预言。

《宋史·五行志》记载，南宋乾道六年，西安官塘出现了一个鸡首人身的怪物，高约丈余，大白天从高空中降落下来，在田野上行走，还试图与人交谈。有关专家认为，这可能是个戴着鸡形头盔的外星人。

那么，外星到底有没有生命呢？

美国康奈尔大学的著名天文学家卡尔·萨根曾指出，在整个银河系中差不多有 2000 亿颗恒星，这些恒星中有相当一部分带有行星。在这些行星中，与地球环境近似的，估计可能多达 100 万颗。既然生命能够在地球上产生和演化，那也就可能同样在这些行星上产生和演化，并发展出智慧生物。而其中必定有一部分，要比现在的人类文明更为先进。因此，这些天文学家们认为，在地球以外的别的星球上出现智慧生命，是完全可能的。

一直以来，科学家们认为寻找外星人的最佳方式是利用电子仪器搜寻外星人发出的无线电信号，因为这类信号可以传播很远的距离。但是美国研究人员的最新分析得出结论：寻找外星文明更有效率的方式是发射太空探测装置。最近一项对 800 多个星球的探测显示，没有发现任何外星人的联络信号。

不过，美国航空航天局最近宣布第一次探测到地外行星上有大气。据《自然》杂志报道，天文学家们最近第一次观测了另外一个星系的一颗行星上的大气层。这是一个与木星同样大小的由气体构成的行星，它与恒星的距离比水星离太阳还近，它的一年只有地球的 4 天。这次成功的观测向着寻找另一个有可能存在生命的行星迈进了一步。更有趣的是，在这项研究中使用的技术可能帮助人们发现揭示地外生命存在的化合物。今后天文家们可用探测只有生物活动才能产生的化合物的方法来确定生命的存在。不用登陆那些看不到的行星，就能通过探测地外生命发送出来的化合物或他们吃的东西来发现地外生命。天文学家们认为，也许只有地球大小的地外行星才有可能存在生命产生的条件。

超文明与外星人有什么联系

多数人相信地球上的生命是渐进演化而来的，是我们这个星球上的物质自主发展的结果。当我们把渴求的目光投向美丽星空的时候，却不禁疑惑如此自信而又如此具有自豪感的人类会不会是外星球的产物？甚至，我们会不会仅仅是地球以外某个星球上某种生命的实验品？

一些生物考古学家在考古中发现了许多至今都无法解释的古代文明。美国科学家多次在岩石上发现约有 2.5 亿年历史的类人猿的脚印，特别是在含有三叶虫化石的同一块岩石上，还发现了穿鞋子的人类足迹，而三叶虫存在的时间是 6 亿年前至 2.8 亿年前，那时根本没有我们人类！科学家在加蓬奥克洛铀矿发现了一个 20 亿年前的核反应堆，在古埃及金字塔内发现了那些被裹着的尸体放射着粒子和光子射线，在发掘爱尔兰栋拉雷和恩尼斯古城堡时发现了只有核爆炸才能留下的痕迹，在古印度遗迹中发现了放射性物质，其放射能量是正常情况下的 50 倍等等，这都是核爆炸的结果，而人类近几十年才开始掌握核技术。那以前的核技术是谁发明和应用的呢？

考古学家在南美洲发现了一个描绘 2.7 万年前星空的古代星空图，图上符号记述的是现代人类所未掌握的天文知识。秘鲁珍藏的一块 3 万年前的石刻，描绘了一位古印第安学者手持一个跟现代望远镜非常相似的管状物，正贴近眼前观测天象。而人类第一架望远镜是在 17 世纪中期才发明的，至今不过 300 多年。那么，3 万年前的望远镜又是从何而来？

种种超文明的不解之谜，科学家认为有两种解释：一是外星人访问地球所留下的痕迹；一是现代人类文明之前，曾经出现过前一届高级人类的史前超文明。

有些科学家根据这些证据认为，人类的始祖来自外星球。对于人类的始祖来自外星球这一论点，西欧科学家马莱斯给出了一些设想：大约在 6.5 万年前，一批有着高度智慧和科技知识的外星球人来到了地球上。他们发现地球的环境十分适宜他们居住。但是，由于没有带充分的设施来应付地球的地心引力，所以他们改变初衷，决定创造一种新的人种。这种新人种是由外星球人跟地球猿人结合而产生的。

当时地球生命十分原始，最高等的生物只有猿人。于是，外星球人选择了具有较高智力和充沛精力的雌性猿人作为对象，设法使她们受孕，结果便产生了今天的人类。马莱斯对最近在智利圣地亚哥发现的一个 5 万年前的头骨进行了研究，其结果表明，这一头骨的主人拥有着远远高于今天人类的智慧，从而推断该头骨可能就是当时来到地球上的外星人留下的。

马莱斯的设想固然大胆，但却为人类的起源提供了一个新的思路。

不过，更多的科学家更为相信后一种解释，有科学家提出了地球文明周期进化论。生物考古学家认为，地球诞生至今的 46 亿年历史中，地球生物经历了 5 次大灭绝，生生死死，周而复始，最后一次大灭绝发生在6500 万年之前。有人据此推断，20 亿年前地球上存在过高级文明生物，但不幸毁灭于一场核大战或巨大的自然灾害。亿万年的沧海桑田几乎抹去了一切文明痕迹，仅留下极少遗物，成了现代人类的不解之谜。

也有科学家认为，前一届高级文明的毁灭，是因为地球气候的周期性变化。或者因为地球磁场的周期性消失。太阳系运转到宇宙空间某个特定位置时，地球上将会周期性地出现不适应人类生存的气候。6500 万年前恐龙的灭绝便是一个例证。地球的这种周期性气候变化会导致高级智慧生物的周期起源和进化。

当然，这些仅是一家之言，或者说仅是一些猜测。然而，超文明的不解之谜，倒确实值得我们认真探索……

上帝造人 OR 生物进化

人类是怎样形成的？古时候，由于科学知识贫乏，认识能力低下，人们便从神那里去寻找答案，产生了种种关于神创造人的传说。

我国古代流传着女娲捏土造成人的故事：有个叫女娲的神，用黄土捏造了一批小泥人。这些小泥人经女娲吹了口气，便变成了一个个有生命的人。后来，她捏累了，就把藤条伸进泥浆里，然后甩出一串串小泥团，这些小泥团也都变成了人。

在西方，上帝造人的说法广泛流传：上帝先造出一个男人亚当，再用亚当的一根肋骨，造出了第一个女人夏娃。人类就这样诞生了。

可是，传说毕竟是传说。从很早的时候起，人们就注意到外表上人和某些猿猴很相似。人们发现人类与猿类存在着许多“惊人相似的一面”，如类人猿没有外尾，四肢上长着五指，指甲扁平，牙齿为32颗。当然这些事实，还不足以证明人类就是来源于猿类。对于科学，必须要有直接的证据！

随着生产的发展和科学的进步，19世纪，英国科学家达尔文经过长期的研究，提出了人类是由一种古猿进化而来的。初步揭开了人类起源的奥秘。

达尔文的进化论和自然选择学说是这样解释人类起源的：统治地球达几亿年之久的巨型爬行动物界界——恐龙，由于环境的改变，食物的缺乏，气候的恶劣，终于在6500万年前遭到了灭顶之灾。等到地球上风平浪静之后，重新形成的环境更适于哺乳动物生存，因此作为灵长类动物的一个分支，在距今大约6000万年进化成为体格强健的古猿，它们成群地生活在气候温湿地区的茂密森林里，以后，造山运动发生，气候变干燥，森林变得稀疏，古猿中的一部分转到条件适宜的新的森林地区生活，另一部分古猿不得不下到地面生存，逐渐开始用后肢走路，用前肢来获取食物，使用树枝等来防御敌害。在劳动过程中他们由于要交流思想，于是就产生了语言和意识，逐渐形成了社会。

不过，达尔文还不能解释古猿是怎样进化成人的。后来，革命导师恩格斯对人类起源问题作出了科学的回答，指出在从猿到人的演变过程中，劳动起了决定作用。近百年来，世界上一些地方，发现了不少远古人类的化石、遗迹和遗物，证明了达尔文和恩格斯关于人类起源的理论是正确的。根据非洲出土的古人类头骨化石和石器等遗物判断，大约在200万年~300万年以前，地球上已出现了人类。

新的人类起源——海猿说

今天我们的绝大多数人都相信人类是古猿进化而来的。然而，这种进化模式受到了挑战，1960 年，英国人类学家阿利斯特·哈代提出了人类的祖先是生活在大海中的海猿的假设。这是因为人与古猿之间固然存在有许多相同点，但同样也存在着很多不同之处。这些不同之处就成了一些科学家研究的突破口。20 世纪中叶，一些人类学家基于对人及其他陆生哺乳动物、海生哺乳动物生理学方面特征的比较分析，在关于人类起源问题方面得出了一个颇具影响力的论断界——海猿说。

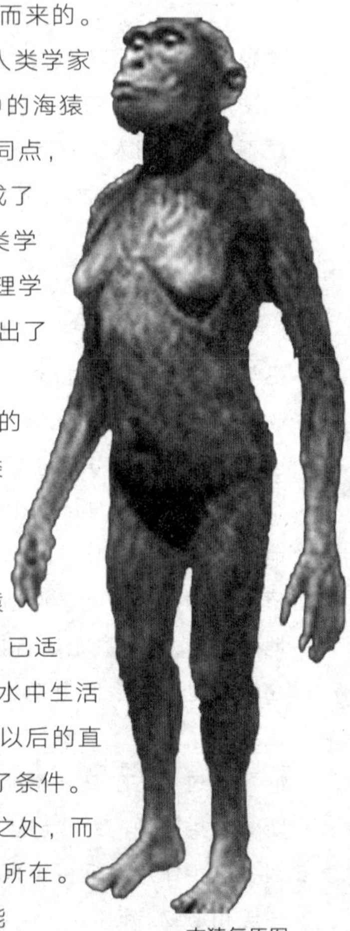

南猿复原图

阿利斯特·哈代等人认为在化石空白期，人类的祖先不是生活在陆地上，而是生活在海洋中，人类进化史中，存在着几百万年前的水生海猿阶段。地质史表明，800 万年前至 400 万年前，在非洲的东部和北部曾有大片地区被海水淹没，迫使部分古猿下海生活，进化为海猿。几百万年后，海水退却，已适应水中生活的海猿重返陆地，成为人类的祖先。在水中生活过的海猿进化出了两足直立、控制呼吸等本领，为以后的直立行走、解放双手、进行语言交流等重大进化创造了条件。

人类与海洋哺乳动物在许多方面都存在着相似之处，而这些相似之处恰恰又是人类与古猿之间的重要区别所在。例如，猿猴厌恶水，而人类的婴儿几乎一出生就能游泳，而且游泳是孕妇妊娠期内唯一能进行的安全运动。猿猴不会流泪，而人和海洋哺乳动物都有眼泪。再从身体的结构上看，人的躯体绝大部分是光滑的，和海洋哺乳动物相同，只有头部长有毛发，这可能和游泳时头露出水面有关。人和海豚有皮下脂肪，猿猴却没有；人的脊柱可以弯曲，适合于水中运动，而猿猴的脊柱是不能向后弯的。人类喜欢吃鱼、贝和海藻等水生物，而猿猴则不。最令人瞩目的是，雄性猿猴和雌性猿猴的交配是伏于背部进行的，而大部分海洋哺乳动物是面对面进行交配的。海豚生产时也像人那样，是由充当“接生婆”的海豚用“手”迎接新生儿的。综合这些特性，英国人类学家阿利斯特·哈代认为人是由海洋哺乳动物进化而来的。

科学家在研究人类与其他哺乳动物控制体内盐分平衡的生理机制后发现，人类对食盐的需求量是没有感觉的，摄入食盐的量也毫无分寸，不具备别的陆生哺乳动物那种对食盐摄入的精确调节本领。这一特性与生活在盐分充足的海洋中的海兽相似。而且，人类在潜水时的生理反应与海豹等海兽的潜水反应也十分相似。潜入水中后，肌肉收缩，全身动脉血和血流量减少，呼吸暂停，心跳也变得缓慢。此时，饱含氧气的血液不再输入皮肤组织、骨骼和其他器官，而全部集中到维持生命的最重要的机体中心界——大脑和心脏上，使细胞得以在几十分钟的时间内不致死亡。

英国伦敦动物园的营养生物化学家威克劳·福特教授经过多年的研究指出：“人类进化成智慧高、脑容量大的动物，主要得益于所食的鱼。”鱼和贝类体内含有较多的不饱和脂肪酸，这种成分对人脑的发育有益，而人体其他部分的生长则需要大量的蛋白质。脑力仅次于人类的海豚在陆地上生活时，其食谱和当时沿海地区的人类并没什么区别。由此可见，人脑是靠捕食鱼进化而来的，而不是通常生育的自然选择。

提出海猿说的科学家还认为，对十从海猿到人这一进化过程，大致可以这样设想：海水分隔了古猿群体，迫使其中一部分下海生活，进化为海猿。几百万年后，海水消退，海猿重返陆地，成为人类祖先。甚至还可以进行更大胆的设想：在几百万年中的某个时期，古猿群体分成了两支，一支上了陆地，进化成现在的人类；另一支留在水中，由于适应环境，进化较快，成了高于陆地文明的海底人。

达尔文的进化论从其诞生的第一天起就随时间的推移而赢得了越来越多的支持者，但进化论中的人类进化时间表中出现了不少空白期，还需要解释。达尔文创立的进化论是人类伟大的科学发现之一，但这一学说也有不完备的地方。我们不妨看看根据进化论得出的人类进化时间：

古猿生活于 1400 万年前 ~800 万年前，南猿生活于 400 万年前 ~190 万年前，猿人生活于 170 万年前 ~20 万年前。

450 万 ~150 万年前生活在南非与东非的类人猿有许多种类。不像其他非洲猿，它们是一群适应非洲林地边缘与干草原生活的动物；而现今黑猩猩与大猩猩的祖先则是适应以较浓密的雨林为居。由于南猿以两只脚直立行走，因此对现代人来说，具有莫大的魅力。我们很幸运不像黑猩猩或大猩猩的祖先，它们住在现今已不再拥有浓密雨林的地方。即使如此，它们的化石仍旧稀疏。而经过多年的细心研究，我们确实对南猿的生活有了不少了解。

这里有两个空白期：古猿与南猿（相当于类人猿）之间空缺 400 万年，南猿与猿人之间空缺 20 万年。所谓空白期，就是指没有发现这一时期的化石。相比而言，400 万年的空白期更引人注目，人们对此进行着种种猜测。

海猿说已证明了人类确实有许多性状与其他陆生灵长类动物不一致，而只与水生物相仿。也许人类的祖先真的经历过下海这一阶段，并在这段 400 万年间为登陆做好了准备。

地球上存在过高级人类吗

科学家们在研究中发现，地球上的环境变化是有周期性的，而周期性的气候变化又会导致地球上人类周期性的起源和进化。他们认为，地球绕太阳转，太阳系绕银河系转。当太阳系或银河系运行到宇宙间某个特定位置时，地球上将会产生不适合人类生存的气候条件。因此，有可能在这之前，地球上已经存在着高级人类，他们拥有超过现今地球人类的智慧水平。例如下列证据：

1880 年，美国科罗拉多州一个农民在山上挖掘到一块煤炭。他把煤炭劈开，在里面发现一枚铸铁环。据查，这个煤矿区的成煤年代大约距今 7000 万年，可是 7000 万年以前地球上还没有人类，怎么会有铸铁？

1858 年，在美国多尔切斯特附近，人们在岩石碎屑中捡到了两块折断了的金属碎片。两块金属碎片合拢后竟组成了一个钟形器皿，使在场的人十分惊讶。该物体高 12 厘米，宽 17 厘米，壁厚 35 厘米，表面刻着 6 朵花，花蕊中有纯银，底面刻有精美绝伦的藤蔓和花环图案。

1885 年 11 月 1 日，在澳大利亚的一个作坊里，工人们在砸开煤块时，发现一个闪闪发光的东西，它是一个类似于平行六面体的金属物。这个平行六面体金属物两面鼓起，其余四面刻以深槽，形状规则，使人无法相信它不是人工制造的。

此外，还有南美洲的地下飞机跑道、复活节岛上的600多座石头雕像、埃及金字塔、巴尔贝克平台以及日本的“宇航家”雕像等。以上这些，有人认为都是上一届高级人类留下的文明产物。那么，为什么上一届高级人类留下的遗迹和化石这样少呢？

我们的地球曾经不止一次遭到大洪水、大爆炸等大灾难的侵袭，因此古文明可能一毁再毁，古人类也死而复生，生而复死。

最近从海底探测获得的资料显示，那个在古代哲学家的著作中被称为“奇迹”的亚特兰蒂斯，可能正沉在百慕大三角西部。由水中拍摄的照片和实地勘测可知，1.2万年前的人类已能举起数百吨重的巨石了。这个“大洪水”时代以前的文明废墟，其海底墙壁和海中道路的浩大精妙不逊于今日被视为谜的埃及大金字塔。

如今，人类有记载的文明已经有8000多年，可当我们把目光投向更远处，也就是我们谈论、揣测的史前文明，那我们这8000多年的人类文明似乎也不过是一代文明罢了。如果我们把目光放得再远一些呢？因此，也许在1.2万年前，人类对宇宙的知识已经超过了今日；也许在3万~4万年前或10多万年以前，人类已经有了数次文明的高峰。我们仅仅可以知道地球文明史的高峰是人类创造的，但无法得知人类文明的进程。这些未知之谜还要等待科学家的进一步探索。

地球气候变化对生物影响的奥秘

科学家们研究近2亿年来全球气候变化与人类进化历程后发现全球性气候变化对生物进化有着决定性的影响。

在2亿年前地球平均温度是21℃，当时出现了早期哺乳动物。

科学研究表明目前构成大陆的所有板块曾经是科学家称为联合古大陆的单一超级大陆的组成部分。由于巨大地质力量的融合，碰撞的大地板块向上隆起形成巨大的山脉，当今存在的其余部分形成美国的阿巴拉契亚山脉和俄罗斯的乌拉尔山脉。联合古大陆环境从茂盛的热带延伸到灼热的沙漠地带，而且有些地区温度的变化幅度高达 54℃。大型爬行动物、恐龙的祖先以及极小的獾类生物出没在这块土地上，獾类几乎是所有哺乳动物包括人类的祖先。

在 6500 万年前，地球平均温度为 23℃，这一阶段恐龙绝迹，早期灵长类动物出现。

这一阶段联合古大陆随着向上涌出的熔岩流裂开，分裂开的大地板块大致呈现出现代大陆的形状，继续朝着其现在发生的位置移动。科学研究表明，恐龙在 1 亿年来的世界上起着支配的作用。约在 6500 万年以前，地球受到巨大的陨石撞击，这种碰撞使气候发生剧烈变化，恐龙迅速绝迹，而哺乳动物生存了下来。其中一种哺乳动物是早期的灵长类动物界——现代猴、猿、人类的祖先。

在 2500 万年前，地球平均温度下降到 16℃，这时黑猩猩和人类从其共同的祖先中分离出来，人类祖先开始用两腿行走。

这一阶段大陆继续沉到目前的位置，地质变动使地中海从大西洋切断，海洋大量蒸发，留下荒芜的盐地。当海平面再次升高时，水流回到地中海流域的力量比尼亚加拉瀑布的力量高数百倍，这种循环反复进行。同时，喜马拉雅山脉增加得更高，改变着大气中风的流动和天气状况。全球变冷，非洲大片森林被小块的草原所分开。大约在这一时期，灵长类动物开始分化，一部分分化为现代猿人，另一部分分化成为人类。化石足迹标本表明：在 375 万年以前，人类的祖先正开始直立行走。

在 250 万年前，地球平均温度变为 13℃，地球出现了原始人。

此时喜马拉雅山增加得更高，阻止了北半球的大气流动。对于地球史的初期来说，北极冰帽出现。当地球变得更冷时，非洲许多地区辽阔茂密的森林消失；这一时期的化石证据表明，生活在森林中的许多羚羊种绝迹，生活在更复杂、更宽阔环境中新的羚羊种突然出现。直立的灵长类动物分化出许多新物种，包括能人（能够制造工具的动物）。其大脑比所有以前灵长类动物的大脑还大，它标志着人类的起源。从这点上看，地球气候转变成一直持续到目前的周期性循环的新格局：地球倾斜以及其围绕太阳轨道的微小周期性波动都能导致较长的冷期和暖期的重复循环，冷期持续 5 万 ~8 万年，暖期约持续 1 万年。今天的地球接近于这些短暂暖期中心的一个末端。

当地球的冰川再次退去时，与今天一样温暖的地球气候平均温度为 15℃

出现在 12.5 万年以前。此时现代人开始出现，人类祖先能人代替了一种称之为直立人的早期人种。这些动物是居住在非洲的原始人类祖先，他们约在 100 万年前从大陆迁来。扩展到旧大陆的大部分地区：当暖期约在 115000 年前结束时，地球气候步入到另一个剧烈的寒冷冰蚀时期。实质上，正是这种最后的气候转变时期使得早期像现代人的人类界——智人，开始出现在非洲和近东。在第二个 8 万年的时间里，现代人将迁居到全球。从北极的冻原到南美洲的最高端。

在 1.8 万年前地球平均温度剧降到 10℃，人类生活在地球史上最冷的气候时期。

这一阶段是地球剧烈的冰河期，1.5 千米厚的冰川一直到达目前美国芝加哥的地方，覆盖新英格兰的大部分地区。冰川也覆盖了大部分欧洲，那些没有被冰封住的地区被冻原覆盖。欧洲的古鲁马农人完全地进入到文化爆炸时期，这一时期产生了数以千计的艺术作品——包括法国和西班牙南部的优美绘画，出土于当时的古针表明人类穿着温暖的紧身衣服。后来出土的弓箭说明，他们已经强化了狩猎和采集的生活方式。

在 1.1 万年前地球平均温度升到 15℃，人类开始依赖农业。

此时冰川随着这次剧烈“全球变暖”趋势的出现而消失。曾存在于中东茂盛的、接近于伊甸园式的环境突然向北移动，留下干旱的土地。被称为纳图菲人的部落集中居住在一个由山、海、沙漠环绕的小块肥沃土地上，他们停止了放牧生活。突然的气候变动产生了持续 1000 年时间的冷期，纳图菲人为了生存不得不从事农业活动。当气候再次变暖时，纳图菲人中的人口爆炸使纳图菲人及其后裔与农业生活进一步联系在了一起。

因此，由地球气候变化对生物影响可以看出在某种情况下，气候变化影响了人类的进化。

生物进化的证据——化石

化石是指埋藏在地下的生物的遗体或生活痕迹。科学家们可以根据对化石的种类、被埋藏的深度以及化石本身的结构来推测出这些化石是在什么时候形成的，从而推测出形成化石的生物生活的年代。这样，我们就会知道各类生物在地球上出现的先后顺序。

到目前为止，全世界已经发现了许多化石。

例如，1973 年春天，在我国甘肃省合水县马莲河畔发现了一具剑齿象的骨骼。如今修复完好的骨架被陈列在北京自然博物馆。它作为陇东高原沧桑历史的见证者，向人们叙述着大自然进化的奥秘：在一个炎热夏天的中午，远处近处的树叶一动不动，只有烈日把大地烤得冒烟。一只老象向河边奔去，不幸的是它走进河去，就再也没有上来，它陷进了泥潭。当人们发现它的时候已是公元 20 世纪了。它在马莲河畔沉睡了 200 万年，肌肉已经腐烂，而骨骼则成为了化石。

黄河象化石

根据黄河象化石绘制的复原图

黄河象化石，是一个老年个体，身高 4 米，体长 8 米，门齿长 3.02 米，全身骨骼保存完整。是迄今世界上个体最长、保存最完整的象化石。经专家鉴定，此象属长鼻类中的一种剑齿象，是生活在第四纪更新世早期，距今约 250 万年早已灭绝了的古象。黄河象的出土，在国内外引起很大轰动，它的发现，对研究黄土高原远古时期的地形、地貌、气候、物种等提供了极为珍贵的资料。黄河象化石，经过修复装架，现陈列在北京自然博物馆，兰州、天津、上海等地有复制模型，北京教科电影制片厂拍摄了《黄河古象》科教片，在全国上映。而后，国家教委又将这一重大考古发现作为教材编写进小学语文课本，成为国情教育的范文。1982 年复原骨架的真品作为中日两国人民的友好使者，从北京出发，东渡日本东京，向日本人民展示了黄河流域的远古文明。

为什么说化石是生物进化的最好证据呢？

原来，科学家们从已经发现的化石分析，在越古老的地层里，成为化石的生物越简单、越低等，而且水生生物也越多；在越接近的地层里，成为化石的生物就越复杂、越高等，陆生生物也就越多。

生物化石在寒武纪大量出现，在寒武纪以前生物已经有一个长期发展的阶段，但在那个时候，其生物的类型比寒武纪更加低级，它们的个体要小，可以形成化石的就很少了，而且由于那时的地质岩石层不坚固，化石不易被保存下来。

现在发现的一些最早化石，如细菌化石，它们形成于距今 32 亿年以前的地层里，蓝绿藻一类的生物化石形成于距今大约 30 亿年地层里。处于中间过渡类型的生物形成化石的也比较少，那是由于中间类型的生物不适应当时环境，在生存斗争中容易灭绝，所以形成化石的就更少了。

现在发现的始祖鸟化石就是代表从爬行类到鸟类的中间过渡类型。始祖鸟生活在 1.4 亿年前的侏罗纪晚期，和乌鸦一般大小，有着像蜥蜴一样的由多节尾椎骨组成的长尾，嘴里有牙齿，翅膀前端残留着爪，如果不是找到了它的羽毛的印痕，很可能把它鉴定为另一种爬行动物。始祖鸟的这种具有爬行类和鸟类的双重特征，为我们提供了爬行动物过渡到鸟类的极好证据。当然，这些化石并不是像百货商店里的商品那样规格，品种齐全，而是残缺不全的，只有发掘更多的化石，生物进化的证据才能更确凿。

图为中国邮政 1992 年发行的一套杉树邮票分别为：水杉、银杉、秃杉、百山祖冷杉。松杉植物是植物分类学上松杉纲植物的总称，属裸子植物门。水杉、银杉、秃杉、百山祖冷杉分别隶属于松科和杉科的四个不同的属

除了上面介绍的化石外，在我们的地球上还有另外一种化石界——活化石。活化石就是在生物进化过程中既停止进化而又没有灭绝的物种。在我们国家有植物的活化石界——银杏和水杉；动物活化石界——矛尾鱼和大熊猫。水杉曾被植物学界认为早已灭绝的植物，居然在我国川鄂边境的方圆不过 400 千米的山林中几经风霜而艰难地繁衍到现在。

化石除了作为生物进化的证据，有着重要的理论意义外，还有许多实际用途。

一是应用于寻找矿藏的地质工作中，许多矿产，特别是沉积矿产，如煤、铁、锰等的发现都离不开对化石的分析。

二是在地理学方面的贡献，我们或多或少听说过这样的事情：喜马拉雅山地区曾经是古地中海的一部分，黄土高原的很多地方曾经是湖沼河川，北京周口店地区曾经生长着茂密的原始森林。科学家们是怎样得出这样的结论的呢？原来，喜马拉雅山发现了鱼龙化石，黄土高原发现了蚌壳化石，周口店地区发现了犀牛化石、植物化石，这些都是上述结论的证据。

DNA 是什么

科学家在研究中发现生物界的每种生物都会千方百计使自己的后代长得像自己，具有遗传的本能。那么遗传到底是怎么回事呢？其物质基础又是什么呢？

对这一现象，科学家们进行了艰难的探索。

1910 年，科学家摩尔根等人经过了长期的努力，根据果蝇遗传学实验，发现双亲传给后代的遗传信息是装在细胞核中的染色体里面的，染色体上排列着许许多多的遗传小单位，这就是基因。由于千百年来遗传基因的重新组合和突发的变化，才创造了生物界中千姿百态的物种。

摩尔根的工作使人们知道生物遗传是染色体或基因的杰作，但染色体和基因的化学本质是什么呢？也就是说染色体和基因是由哪些元素，各出多少个分子，组成一个什么样的结构呢？

在 1928 年以前，人们认为基因的化学本质是蛋白质，因为 20 种氨基酸可以构成各种各样的蛋白质。当时人们普遍认为蛋白质功能多样，又能直接控制新陈代谢，如激素、酶、抗体等都是蛋白质，好像蛋白质就是遗传物质，而且有许多人试图通过蛋白质的多样性来解释基因的多样性。可是蛋白质有一个致命的弱点，使它终究不能担当遗传的使命，因为它不能够复制自己。

在进一步研究中，1944 年美国生物化学家发现了 DNA 是遗传物质，并于 1949 年使用 DNA 进行遗传试验成功。

研究表明，DNA 是一种酸性物质，组成元素为 C、H、O、N、P 等，组成单位为核苷酸，而核苷酸又是由脱氧核苷和磷酸结合而成的。1953 年，美国生物化学家沃森和英国物理学家克里克综合 DNA 的化学分析和 *X* 光衍射的数据，指出 DNA 的结构呈一种双螺旋梯状结构，外面的两条螺旋是由磷酸和脱氧核糖相间连接而成的，里面的横挡是由一对一对的碱基组成的。这种双螺旋结构于 1956 年被美国生物化学家康贝格所证实，他按照沃森和克里克的理论成功地人工合成了 DNA 分子。

DNA 双螺旋结构的发现开启了分子生物学时代。它使生物大分子的研究进入一个崭新的阶段，使遗传的研究深入到分子层次，“生命之谜”被打开，人们清楚地了解遗传信息的构成和传递的途径。

DNA 的碱基有四种，分别叫作 A、G、C、T，并且 A 和 C 的数目总是与 T 和 G 的数目相等，而在 DNA 分子中，A 和 T 成一对，G 和 C 成一对，如果把 DNA 分子从中间分成两条单链状结构，这两条单链如果在有核苷酸和其他适宜条件下各自又可以形成和被分开之前一样的两条双螺旋状的 DNA 分子，这就是 DNA 分子的复制，也是遗传的真正奥秘。前面所谓的基因只不过是 DNA 的一部分，因为 DNA 决定生物体的性状特征，其中决定某一特征的一段 DNA 就是决定该性状的基因。

从此，人们就走进了生物学的一个新天地界——遗传学领域，并且在很短的时间里取得了很多突破性的成就。

遗传密码与克隆的奥秘

在 20 世纪初，没有人能够想到 DNA 就是遗传物质。当时科学家们猜测，生命的遗传物质应该是蛋白质，因为 20 种氨基酸多种不同的组合，可以形成许多不同的蛋白质，蛋白质作为酶的催化生物代谢反应，由此控制多种遗传性状的表达。然而在沃森和克里克发现 DNA 双螺旋结构后，科学家们终于明白了，DNA 的 4 种核苷酸分子不同的组合或序列构成了成千上万种基因，这些“化学语言”编码着不同的遗传信息，指导和控制着生物体的生化、形态、生理和行为等多种性状的表达和变化。DNA 是自然界唯一能够自我复制的分子，正是这种精细准确的复制，为生物将其特性传递给下一代提供了最基本的分子基础。

因此，我们知道 DNA 是蕴藏着生命遗传信息的“神秘文件”，但是怎样才能读懂这些文件呢？也就是说，DNA 上的核苷酸是怎样决定生物性状的呢？

科学研究表明 DNA 中的核苷酸有 4 种，分别含有 A、G、C、T 四种不同的碱基。这些核苷酸是通过排列顺序的不同来决定生物性状的。生物的性状主要是由蛋白质表现的，我们长得像父母就是因为我们的蛋白质像父母。而且，如果我们的身体里含有一种多余的蛋白质或缺一种人体必需的蛋白质都会患严重的疾病，不要说是缺，就连哪种蛋白质少一点也不行。蛋白质又是由氨基酸组成的，那么，DNA 的顺序怎样决定蛋白质的顺序呢？

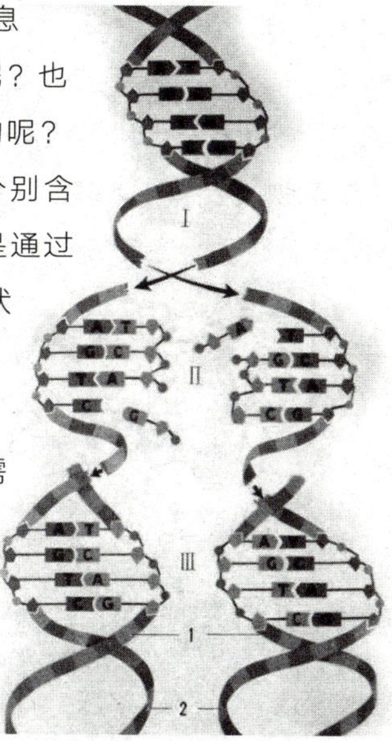

DNA 分子结构的复制

虽然科学家已经知道一个遗传密码代表了一种氨基酸位置，在生物体内一共有 20 种氨基酸，而核苷酸只有 4 种，怎样用这 4 种核苷酸的不同顺序把这 20 种氨基酸表示出来呢？还有待于科学实验的证明。需要说明的是，在 DNA 指导蛋白质合成的过程中，有一个中间媒介就是信使 RNA。因为它是单链的，所以密码用它的核苷酸顺序更好，但应该注意，DNA 和 RNA 相比，用 U 代替了 T，故它的 4 种碱基为 A、G、C、U。

1961 年，美国三位著名的生物化学家纽伦堡、马泰和考拉那用了 5 年时间，采用 RNA 的 3 个碱基组成了一个遗传密码代表一种氨基酸的方法，编出了生物遗传的密码“字典”。科学家通过这一方法可以克隆生命。

例如，塔斯马尼亚虎是历史上的绝种动物。1936 年最后一只塔斯马尼亚虎死于澳洲的霍巴特动物园。塔斯马尼亚虎是一种食肉的有袋类动物，身上有虎皮斑纹，后腿像袋鼠的腿，腹部有育儿袋，实际上更像狼，曾生活于澳大利亚、巴布亚新几内亚和塔斯马尼亚岛。当 200 年前白人来到这些地方后，因其吃羊而大量捕杀，终于造成塔斯马尼亚虎灭绝。2002 年 5 月 28 日，澳大利亚博物馆馆长迈克·阿彻在悉尼宣布，科学家从保存130年之久的塔斯马尼亚虎标本中提取出了DNA并复制成功，这只标本从1866年以来便泡在酒精中保存。他们希望在10年之内克隆出一头塔斯马尼亚虎。科学家认为，从死亡动物身上取得的DNA，并没有“失效”，与从活着的动物身上取得的DNA一样有效。如果克隆塔斯马尼亚虎成功，可以推而广之到其他灭绝的动物。这绝对是一个利好的消息。如果科学家克隆塔斯马尼亚虎成功，就表明许多其他的绝种动物都可以克隆。从某种意义上说，绝种并不一定意味着永久消失。这正是遗传密码的妙用之一。

RNA分子是否比蛋白质更早

在生命起源时，究竟是先有蛋白质还是先有核酸呢？在20世纪50年代，科学界对此众说纷纭。一派认为先有蛋白质，另一派认为先有核酸，再有一派认为蛋白质和核酸同时起源。在核酸派里，有的提出先有脱氧核糖核酸DNA，有的则认为先有核糖核酸RNA。40年过去了，遗传物质DNA双螺旋结构的阐明以及20世纪60年代出现的中心法则界——DNA、RNA、蛋白质三者的关系，揭示了生命遗传、发育和进化的内在联系。

遗传信息的保存、传递和表达是以DNA为出发点的，并且还发现了遗传密码的编码机理。通过比较研究，科学家发现所有生物，从细菌到人，遗传密码都是通用的，这证明所有生物在分子进化上都有着共同的起源。

蛋白质和核酸是组成生命的两大主角。蛋白质是生命功能的执行者、表演者。人体中有几十万种蛋白质，地球上有150万种生物，蛋白质总数估计有10种~12种。一种细胞中有几千种蛋白质。蛋白质是由氨基酸组成的长链，组成人体蛋白质的氨基酸共有20种。核酸是一种多聚核苷酸，它的基本结构单位是核苷酸，而核苷酸又由碱基、戊糖与磷酸组成。根据核酸中所含戊糖种类的不同，分为核糖核酸RNA和脱氧核糖核酸DNA两大类。

关于核酸RNA先发生的学说，早在20世纪60年代，科学家克里克、奥吉尔(Orgel)、伍斯(C·R·Woose)分别在研究早期的遗传系统时，基于RNA在把基因的碱基顺序翻译成为蛋白质的氨基酸顺序时具有多方面的重要作用，曾指出 RNA 可能出现在 DNA 之前。进入 20 世纪 80 年代后，奥吉尔等人在无蛋白质参与情况下，成功地合成出寡聚核苷酸，有力地支持了 RNA 出现最早的说法。

那么在生命起源的分子过程中，如无蛋白质，仅有 RNA 能否自我复制呢？

1983 年，艾尔麦恩与佩斯合作，确认大肠杆菌和枯草杆菌上的 RNA 部分是货真价实的酶，因为该 RNA 部分能独自加工 RNA 前体。1986 年，塞克确认四膜虫 RNA 的内含子也是地地道道的酶。因为该内含子 RNA 能独自切除自己，并连接两侧的外显子和催化两个以下的内含子寡聚化反应，更重要的是还能像 RNA 聚合酶一样，以寡聚核苷酸（不是三磷酸核苷）为底物，在自己携带的分子内模板上，合成出多聚核苷酸。吉伯特指出，RNA 酶和蛋白质酶催化反应并无实质性的差别，只是蛋白酶催化反应效率更高、速度更快。并认为进化之初是“RNA 的世界”，RNA 可以一身两任，既能保存信息，又能提供酶活性，因此仅有 RNA 也足以把早期的进化引向新的阶段。

由于近几年来对 RNA 的深入研究，目前生物界大多数学者倾向于核酸最先发生。有理由推测，原始的遗传信息大分子就是 RNA，它既能作为转译蛋白质的信使，又能作为传宗接代的遗传物质。因此，生物遗传物质主体最先起源于 RNA 分子或 RNA 与蛋白质构成的复合体，而后向 DNA 界——蛋白质复合体和蛋白质两个方向演变的学说，已逐渐为人们接受。

生物体是怎样控制有机物氧化分解的？

我们每天学习、工作、劳动，要消耗能量。在我们的身体里，心脏永不停息地跳动，热血在周身奔流，细胞的“化学工厂”日夜繁忙，合成机体的各种结构材料，这也要消耗能量。能量不能自生，只能靠转化而获得，这就是要分解所摄取的食物，来释放贮存的化学能。

在生物体内，有机物都可以分解，放出能量，但给生命活动提供能量的却是糖类和脂肪。如果把糖和脂肪在空气中燃烧，其能量很快释放出来，如果在体内也这样快速地放出能量，会使体温升得很高，造成生物死亡。因此，在生命活动中，有机物的氧化分解必须缓慢地进行，使能量缓慢地释放出来。一方面维持恒定的体温，另一方面供给生命活动和生物体运动的需要。

那么，生物体是怎样控制有机物氧化分解的呢？

在化学反应中，控制化学反应速度的是催化剂，生物体控制有机物分解速度的也是一种催化剂界——酶。

科学家在研究酶的过程中，观察到一种极为有趣的现象：反应物加热，在冷却后同样能被酶催化，但是如果酶先被加热，冷却后再加入到反应物中，则反应不能进行。这就使科学家们联想到酶可能是一种蛋白质，因为蛋白质加热后也会变性，在以后的研究工作中发现酶与蛋白质的特征一样，后来得到了酶的晶体，从而完全证实酶就是一种特殊的蛋白质。

酶除了对温度很敏感之外，还有两个明显的特点：一是催化效率很高，能使生物化学反应速度提高 1 亿 ~100 亿倍；二是专一性很强，一种酶只能催化一种或一类化学反应，好比一把钥匙只能开一把锁。

酶参与生命活动的每一个过程，生物的生命现象多种多样，动物的消化、呼吸、运动、生长、繁殖、发育；植物的种子萌发、开花、结果及光合作用，微生物的分裂、发酵等都离不开酶。

大家知道绿色植物会进行光合作用，在阳光下用二氧化碳和水合成淀粉，同时放出氧气。这个过程说起来简单，其实是很复杂的。光合作用的一系列反应都需要酶，现在已经发现，参与光合作用的酶有 100 多种，这些酶都在叶绿体上。绿色植物之所以能把二氧化碳和水合成淀粉，叶绿体是关键，但归根到底还是酶的神奇作用。这个复杂的过程，直到今天人们还不能模拟。

动物和人在摄取食物后要消化，就由一系列的酶催化分解，这些酶由体内各个部位分泌。唾液腺和胰腺分泌淀粉酶，水解淀粉。胃里分泌胃蛋白酶，肠里分泌胰蛋白酶、水解蛋白质等。肠里还释放脂酶、水解脂肪类物质。于是，食物从大分子分级分解成小分子。当食物变成单糖、氨基酶和脂酸以后，便在肠里被吸收，渗入到血液，运输到各种组织和细胞里，进一步分解或合成其他物质，这以后的分解和合成同样需要酶的催化。在生物体内，酶不但能改变生化反应的速度，而且能改变生化反应的方向。例如剧烈运动需要很多能量，酶就将葡萄糖氧化成二氧化碳和水，释放出能量。细胞分裂生长需要新的结构材料时，酶又将葡萄糖加工成细胞结构材料。当这两样都满足时，酶就将葡萄糖转化成糖或脂肪，贮存在细胞内。

现在，科学家们正在努力将酶的这些功能移到体外进行，即所谓的酶工程。酶工程将给人类带来世上没有的新物质，创造大量的财富。

细胞对生命的起源有什么意义

研究细胞及生命的起源，也许是最令人神往的科学探索之一。那么，人们是怎样知道生物是由细胞构成的呢？

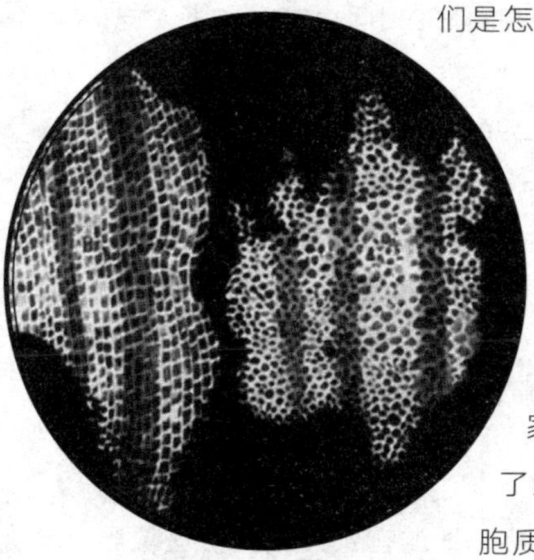
罗伯特·虎克观察到的植物细胞壁

1665 年，英国的眼镜商人罗伯特·虎克用自己制造的显微镜观察软木，发现软木中有许多小孔，状如蜂窝。现在，我们知道虎克当时看到的只是死细胞的细胞壁。1835 年，科学家又在低等动物根足虫和多孔虫的细胞中发现细胞的内含物，1837 年，著名植物学家罗伯特·布朗从兰科植物的表面细胞中发现了细胞核。当时把它们叫内浆，后来证明就是细胞质。

19 世纪 30 年代，德国植物学家施莱登在前人研究的基础上指出，所有植物体都是由细胞构成的。他的这个观点被施旺在动物中所证明，所有动物也是由细胞构成的。施旺指出：“细胞是有机体，整个动物和植物乃是细胞的集合体。他们依照一定的规律排列在动植物体内。”在此基础上形成了大家所接受的细胞学说。

细胞学说的创立，说明动植物微生物有机界是统一的。细胞学说是生物发展的基础。

细胞是组成生物体的最基本的单位，能够从外界吸收一些物质和能量，并且这些物质能在它里面进行转化和转换，并能将它自己产生的废物排出体外。也就是说细胞能进行新陈代谢，它是有生命的。有的生命是由一个细胞组成的，有的则由很多细胞组成，当然由多种细胞构成的生物也要由一种黏合剂将细胞黏在一起，就像房子要用石灰浆一样，这种黏合剂就是细胞间质。

各种不同的细胞，其形状和组成各不相同，多面体的、纺锤体的和粒状体的等。有的植物细胞本来有多种形状，一旦失去了细胞壁以后就变成球状的。有些细胞，原生质的黏滞性会随着生存环境的改变而变动，如变形虫、白细胞等。细胞的形状和功能之间有密切关系，如：神经细胞会伸出一条很长的尾巴，这有利于信息的传导。高大的树木能长得郁郁葱葱、青翠欲滴，这是因为植物内的导管、筛管细胞是管状的，有利于水分、营养的运输。

细胞的大小也相差很大，有的细胞大到人能用肉眼看得见，如鸟的蛋，最大的直径近 10 厘米（鸵鸟蛋）。有的细胞直径只有 0.1 微米，要用高倍显微镜才能看到，如原始的细菌。大多数细胞的直径是 10 微米 ~100 微米，用低倍显微镜就能看到。细胞的大小，即使在同一生物体的相同组织中也不一样。同一个细胞，处在不同发育阶段，它的大小也会改变。

随着细胞生物学的发展，细胞工程的研究学也随之诞生了，细胞工程是生物工程的组成部分。目前，细胞工程的研究已经取得了可喜的成就。

“海拉”细胞

“海拉”细胞是美国黑人妇女亨莉埃塔·拉克斯的宫颈癌细胞。这位当年 31 岁的黑人妇女，1951 年到约翰·霍普金斯大学医疗中心就诊时，确诊得了宫颈癌。医院从她身上取下癌细胞进行人工培养，结果发现这种细胞在凝固的小鸡血上能不断地分裂，在 24 小时内细胞数目增加了一倍。

大多数动物细胞，在人工培养时，经过几代分裂繁殖就要“寿终正寝”了，而且也只能在固定的培养物表面，形成附着于表面的细胞层，被称为“锚地依赖性细胞”。而“海拉”细胞不仅在人工培养下放生不死，而且无论在固体培养物的表面还是液体培养物中，都能形成细胞层。根据这些特性，称之为“确立细胞株”。40 多年来，“海拉”细胞就是依靠它永生不死和没有“锚地”也能“驻扎”的特性，给无数病人带来许许多多的痛苦，也受到世界各国和地区的学者的重视。

癌细胞令人十分害怕，癌症被称为“不治之症”，“癌细胞扩散”与“死亡”几乎是同义语。为什么这类细胞如此猖狂，弄得人类毫无办法呢？

这是因为目前在医学上还很难将癌细胞和正常的机体细胞区分开，分别对待。对于癌症，传统的治疗方法是化学药物疗法和放射性疗法，虽然这两种方法可以较多地杀死癌细胞，但同时也将正常机体细胞大量杀死，甚至可能诱发正常细胞的癌变，又产生新的癌细胞。故用传统方法要彻底消灭癌细胞是不可能的。

现代医学的理论和临床研究表明：要成功地治疗癌症，就必须设法提高治疗方法对癌症及癌细胞的针对性。为此，医学家们正从以下三个方面努力：

寻找和研制针对性强、副作用小的化学抗癌药物

例如，美国迈阿密大学的研究者们发现了治疗乳腺癌、皮肤癌的一种很有希望的药物。另外，美国国立癌症研究所病理实验室的负责人声称，他们发现了一种化合物 CAI，它可以有效地阻断癌细胞的扩散。

进行癌症的免疫治疗

机体的免疫系统具有抵抗外来感染和监视机体的正常生理活动的功能，可以将机体产生的异常细胞和衰老死亡的细胞清除掉。癌细胞也是异常细胞之一，只要有足够的免疫能力，癌细胞就不可能生存下来。提高人体的免疫力是癌症以及其他许多疾病治疗的好方法。但免疫力过强也不行，它将会清除人体正常细胞。

运用基因疗法

生物体的性状是由基因决定的，细胞的癌变也不例外，尽管引起细胞癌变的外因各不相同，但最终还是要通过改变基因而起作用。科学家们已经发现许多致癌基因，如果能够找到或人工合成抗癌基因，然后把它们注射到体细胞核中，细胞就能产生一种或几种抗癌蛋白而攻克这些"不治之症"。

进行身份识别的 DNA

DNA 是包含一个人所有遗传信息的片段，与生俱有，并终身保持不变。这种遗传信息蕴含在人的骨骼、毛发、血液、唾液等所有人体组织器官中。

DNA 鉴定的主要原理是通过 DNA 分析仪，比较被鉴定人与其亲属间重复相关的 DNA 数据，从而识别出被鉴定人的身份。近年来，科学家们开发出多种 DNA 遗传标记用于个体识别。其中短片段重复序列（简称 STR）广泛存在于人的基因组中，目前已用于亲子鉴定和各类刑事案件的犯罪嫌疑人排除和认定，人类的灾难性事故（如塌方、矿井爆炸、飞机失事等）的个体认定，

并在遭遇意外事故、失散、财产继承、试管婴儿、骨髓移植、克隆器官或克隆生命体等原因引起的需要进行个体识别和亲子鉴定中发挥作用。

在当今社会，DNA 鉴定应用非常广泛。

例如，山西临汾的施先生越看自己的女儿越不像自己，也不像自己的妻子。2001 年 7 月 9 日，他携妻带女一同到北京做 DNA 亲子关系鉴定。结果令他和妻子大吃一惊，他们夫妻不是女儿的生物学父母。为此他们将妻子生产时的医院临汾铁路分局中心医院告上了法庭，要求返还亲生女儿并赔偿经济损失及精神损害。2001 年 8 月，法院不公开开庭审理了此案。施先生得到了一份医院提供的与其妻子同时住院者的名单，于是他便开始一家一户地悄悄寻找。一天，施先生按照名单找到了一家小卖部，一眼就看到了女主人段女士居然和自己的“女儿”长得一模一样，并且段女士的“女儿”长得又很像自己的妻子。2001 年 11 月 19 日，施先生夫妇及“女儿”、段女士夫妇及“女儿”共 6 人在法院的监督下在临汾地区医院抽取血样各一份并当场贴了封条。次日，两个家庭的血样送到公安部物证鉴定中心做 DNA 亲缘关系鉴定。22 日，检验出来的结果为：施先生的女儿是段女士夫妇之生女的相对机会为 99.9999%；段女士的女儿是施先生夫妇之生女的相对机会为 99.9999%。至此，案件的基本事实终于大白于天下。公安部物证鉴定中心为此案所作检验时就用了 DNA 的检测技术。

例如，2004 年印度洋大海啸发生后，我国政府在相继派出几支救援队的同时，首次派出 DNA 鉴定专家组，引起国际国内的广泛关注。中国 DNA 鉴定组与中国国际救援队一起参加了灾区救援与检测工作，取得了良好的成绩。值得一提的是，这几年，中国科学家先后参与 1% 人类基因组计划、超级杂交水稻基因组测序等一系列重大科研活动，取得了一系列在国际上产生重大影响的成果。这次，中国专门派科学家参与海啸后遗体的个体识别，表明中国基因技术已经达到国际先进水平。

为什么 DNA 可以进行身份识别呢？现代分子生物学知识告诉我们，人身上的每个细胞有总数约为 30 亿个碱基对的 DNA，而每个人的 DNA 都不完全相同，人与人之间不同的碱基对数目达几百万之多（克隆人除外），因此通过分子生物学方法所显示出来的人的 DNA 模样就会因人而异，人们就可以像指纹那样分辨人与人的不同了。

基因芯片是什么

在信息时代，一说到电脑芯片恐怕大家都不会陌生，虽然了解得不一定特别详细，也大概知道那是一块装满微小的集成电路的小“芯片”，它是计算机的“心脏”。但要说到基因芯片是什么东西时，知道的人恐怕就不多了。那么到底基因芯片是什么呢？

基因芯片又叫DNA芯片，是近年来发展起来的一种新型分子生物学技术。它用的也是一块小片儿，当然不是集成电路片，而是五六平方厘米见方的玻璃片。装在这种玻璃片上的也不是电路元件，而是一个个可长可短的DNA分子。这些DNA分子通过一种特殊的方法黏在玻璃片上，而它们的DNA序列和所黏贴的位置都作为最重要的信息被贮存在一台计算机里，在一小块基因芯片上一般至少可以黏20万个DNA分子。因此，基因芯片可以看作是计算机与DNA分子结合的产物。

基因芯片的用途很多，它可以用于监测基因表达的变化，可以用于基因序列的分析，也可以用于寻找新的基因和新药分子。基因芯片的工作原理其实很简单，以监测基因表达变化为例，比如人体大约有10万个基因，人们可以把这些基因都黏在一小片玻璃片上制成基因芯片，如果有人对肿瘤细胞的基因表达感兴趣，只需分别把肿瘤细胞和正常细胞中的DNA放在基因芯片上反应，然后通过计算机识别，就可以很快找出肿瘤细胞中的基因表达与正常细胞有何差异，从而找出与肿瘤相关的因素。当然，目前这还只是一个梦想，因为已克隆的人的基因数目仍有限。不过，随着人类基因组计划的迅速进展，这种梦想将会很快变成现实。

探秘人类基因组

人类基因组计划是美国科学家于 1985 年率先提出的，旨在阐明人类基因组 30 亿个碱基对的序列，发现所有人类基因并搞清其在染色体上的位置，破译人类全部遗传信息，使人类第一次在分子水平上全面地认识自我。

现代遗传学家认为，基因是 DNA（脱氧核糖核酸）分子上具有遗传效应的特定核苷酸序列的总称，是具有遗传效应的 DNA 分子片段。基因位于染色体上，并在染色体上呈线性排列。基因不仅可以通过复制把遗传信息传递给下一代，还可以使遗传信息得到表达。不同人种之间头发、肤色、眼睛、鼻子等不同，是基因差异所致。科学研究表明人类只有一个基因组，大约有 5 万 ~10 万个基因。

随着人类基因组逐渐被破译，一张生命之图将被绘成，人们的生活也将发生巨大变化。基因药物已经走进人们的生活，利用基因治疗更多的疾病不再是一个奢望。因为随着我们对人类本身的了解迈上新的台阶，很多疾病的病因将被揭开，药物就会设计得更好些，治疗方案就能“对症下药”，生活起居、饮食习惯有可能根据基因情况进行调整，人类的整体健康状况将会提高，21 世纪的医学基础将由此奠定。

人类基因组计划 (Human Genome Project，HGP) 早在 1990 年正式启动，其主要目标有：识别人类 DNA 中所有基因（超过 10 万个）；测定组成人类 DNA 的 30 亿碱基对的序列；将这些信息储存到数据库中；开发出有关数据分析工具；致力于解决该计划可能引发的伦理、法律和社会问题。

经过多国科学家的共同努力，1999 年 11 月 23 日，美国国家科学院的官员和参加人类基因组计划的科学家们庆祝人类基因组计划公众 DNA 测序工作完成第 10 亿个碱基对的测定。12 月 1 日，一个由英、美、日等国的科学家组成的研究小组宣布，他们已经破译了人类第 22 对染色体中所有 (545 个) 与蛋白质合成有关的基因序列，这是人类首次了解了一条完整的人类染色体的结构，它可能使人们找到多种治疗疾病的新方法。研究显示，第 22 对染色体与免疫系统、先天性心脏病、精神分裂、智力迟钝和白血病以及多种癌症相关。完成对第 22 对染色体的测定将对这些疾病的早期诊断和治疗起到帮助作用。这一成果是人类基因组计划的一个宏大的里程碑。

我国在 1993 年启动了相关研究项目，近两年又在上海和北京相继成立了国家人类基因组南、北两个中心。1999 年 7 月，我国在国际人类基因组注册，承担了其中 1% 的测序任务，此举标志着我国已掌握生命科学领域中最前沿的大片段基因组测序技术，在结构基因组学中占了一席之地。

人类基因组计划是当代生命科学一项伟大的科学工程，它奠定了 21 世纪生命科学发展和现代医药生物技术产业化的基础。目前，全世界的科学家均在从事“后基因时代”的研究。人类的基因类型和治疗因人而异，要达到最佳治疗效果，就要先了解各类人基因组的不同，知道了这些差异，将会促进最新药物的研制，改善诊断疾病的技术。

遗传病与基因疗法

科学研究表明，我们人类细胞里大约有 10 万个左右的结构基因，其中已初步确定至少有 3000 个基因若发生变异就能致病。而且从事医学研究的专家学者也相信，每年遗传病将以 100 种的速度递增，因此，更多类型的遗传病有待于进一步研究和防治。

不过，基因工程的发展，给人类优生带来了曙光。基因工程在遗传病防治方面的应用就是“基因治疗”。科学研究发现，人体内至少能合成 5000 多种蛋白质，而每一种蛋白质的合成都是由多个基因控制的，某一个基因发生变化，就会合成出结构异常的蛋白质，从而引起多种病变。而“基因治疗”，就是用一个正常的相应的基因工程的方法取代某一致病基因，从而达到治疗某种遗传病的目的。

在文明程度低的社会里，遗传病产生的可能性大，但遗传病的致病基因消失的可能性也大。因为当时遗传病患者大多没有结婚的机会，这些患者所携带的基因便会消失。适者生存，不适者被淘汰，自然选择对人类同样起作用。

然而，在文明的社会里，医学的发展已能把遗传缺陷治疗得近于正常，但遗传病基因还存在于患者体内，社会福利制度的健全，使有缺陷者受到正常人更优厚的保护和资助，这些措施本身当然受到人们的欢迎，但这些措施在客观上也加速了遗传病在人类中的蔓延。过去本应该在人群中被淘汰的不健康基因却有更多的机会在人群中传播，使后代遗传病患者比重增加是完全有可能的。

在我国，遗传病患者还没有一个准确的数字报道，仅就遗传性痴呆而言，大约有 400 万人以上，还有 200 万先天愚症病人，200 万精神分裂病人和 400 万智力不全者。一个痴呆儿在美国可能要耗资 20 万美金，在我国如以 5000 元人民币计算的话，全国 400 万痴呆儿将要耗资 200 亿元人民币。这是一笔巨大的数目，而患者一生给家庭和社会带来的精神负担更难以用金钱计算。现在虽然可以对胎儿进行产前诊断，有遗传缺陷的、不健康的胎儿可以进行人工流产而排除掉，但这些毕竟是一种补救措施，并且也不十分准确。

近年来，基因治疗遗传病的研究已取得引人注目的成就。例如，“羊白头”病是一种常见的遗传病。病人一生下来便满头白发，皮肤也有白化现象，这是缺少黑色素的缘故，而黑色素的合成又是由基因控制的。由于这个基因缺损，就出现了“羊白头”病。要治疗这种病，最好的办法就是把引起“羊白头”病的基因割下来，换上正常的黑色素基因，这种病就能得到根治。

还有一种遗传病叫半乳糖血症，这是因为患者失去一个基因，这个基因是控制合成 1- 磷酸半乳糖尿苷转移酶的。缺少这种酶的人，半乳糖不能变成葡萄糖。所以在患者的细胞中积累有很多 1- 磷酸半乳糖，出现肝脏肿大，眼睛白内障，生长迟缓，智力障碍等严重症状，病情严重的还会引起死亡。1971 年，美国科学家曼尔用基因工程技术在患者的离体细胞（从病人身上取下的细胞）中插入患者所缺乏的那种基因，这样离体细胞能够利用半乳糖合成葡萄糖。

据 2003 年 10 月 23 日《香港育报》报道，世界上第一个基因治疗药物“今又生”由深圳一家公司研发成功，它可以根治肿瘤。而近年来，糖尿病已经可以用替代基因治疗、免疫基因治疗和调查基因防疗三部分进行。

相信不久的将来，世界各国和地区参与的人类基因组计划将为基因治疗打开一个全新的局面。

生命的死亡标准是什么

生命的死亡从来都是大家最关心的问题，对传统的中国人来说，死亡就是指心脏死亡。心脏死亡的定义很简单，即心脏停止跳动，这一观念是被人们普遍接受的。而脑死亡的判断则是医学上的另一死亡标准，脑死亡需符合以下 5 个条件并在 6 个小时内毫无变化：不可逆深昏迷、脑干反应能力消失、脑电波无起伏、无自动呼吸、经颅脑多普勒超声检查呈脑死亡图形。

脑死亡的概念是 1968 年由美国哈佛大学医学院最早提出的。到 2000 年年底，联合国 189 个成员国中已有 80 个承认了脑死亡的标准。中国在 1986 年草拟了有关脑死亡的诊断依据，1999 年 5 月提出了脑死亡标准的草案，但脑死亡的概念对国人来说还是很陌生的。

在 20 世纪以前，如果发现病人脑死亡，包括脑干在内的全脑功能不可改变以后，接着几分钟后心跳呼吸停止，瞳孔散大，即可宣布其死亡。可是随着科技进步，现在有很多先进的办法（可以通过仪器和其他方法）维持病人的呼吸，甚至可以维持很长的时间。在美国，用呼吸机最长的可以维持 14 年。当然维持几天几个星期那就更容易了。

科学研究表明，脑死亡一般都发生在心脏停搏之前，这时人的大脑皮层和脑干的神经细胞都已死亡，死亡的神经细胞是肯定不能复活的。有些人对脑已经死亡，但心脏还在跳动的现象无法理解，其实这是因为心脏虽然也受大脑的支配和调节，但它又是一个自主性较强的脏器，拥有一套独立的指挥心肌收缩和舒张的起搏、传导系统，所以脑死亡之后，在接受人工呼吸等支持的情况下，心脏仍能跳动并保持全身的血液循环。但由于大脑已无法复苏，所以对此时的生命来说，心跳已无意义。专家认为，脑的功能状态才是死亡的一个更为可靠而根本的确认指标。

那么，为什么要推广“脑死亡”的新概念呢？

这是因为，从医学上讲，死亡的脑神经细胞不能复活，即使心脏尚在跳动，或者通过人工呼吸和心脏按摩，心脏恢复跳动，抢救脑死亡者也是徒劳无功的。中国知名脑神经内科专家李舜伟教授曾执笔撰写过中国第一个脑死亡标准的讨论稿。据李教授介绍，确立脑死亡标准的关键意义在于，与呼吸和心跳的停止相比，脑死亡具有不可回逆性，也就是说，脑死亡者是 100% 不可能被救活的。

艾滋病为何至今仍无法治愈

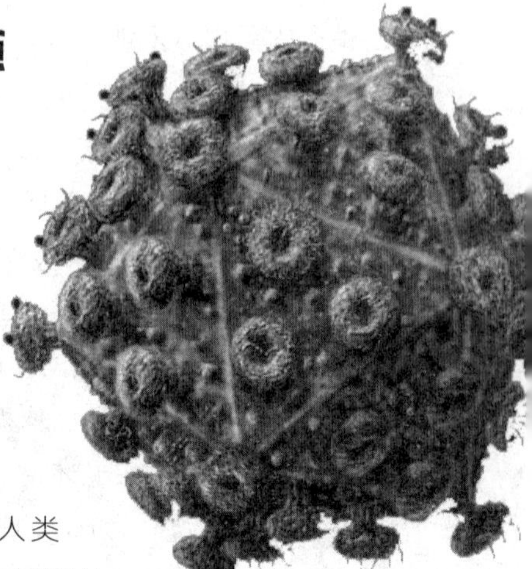
电子显微镜下的艾滋病病毒

艾滋病是一种免疫能力减退的传染病。自从 1983 年发现首例人类艾滋病以来，艾滋病就成为现代社会可怕的疾病之一，令人们谈之色变。然而，恐惧之余，人们不禁困惑：人类为何会患上艾滋病？艾滋病为何至今仍无法治愈？

研究发现，艾滋病最初是由猴子传染给人类的。在此之前，人类并不曾患上人体免疫功能减退的病症，只在猴子身上才出现。据说，最初患上艾滋病的那个人是因为吃了患有艾滋病的猴子肉才染上这一病症的。

在非洲，猴子肉是一种食物。在当地市场上出售的猴子和类人猿的肉中，有相当一部分带有猴免疫缺陷病毒 (SIV)，这种病毒与人类所感染的艾滋病病毒非常相似，这说明食用野生灵长类动物有染上艾滋病的可能。

许多研究艾滋病的专家则认为，由于吃了猴子肉而患上艾滋病的理论并不完整，其中存在着一个问题：既然艾滋病是通过体液传染的疾病，那么吃病猴子肉似乎并不是感染该病的直接途径。他们认为，艾滋病病毒是在 20 世纪上半叶的某个时候从黑猩猩的身上跳到人类的身上的。在类人猿免疫缺陷病毒进入西非或中非狩猎者的伤口时，人类首次感染艾滋病病毒。

为此，科学家做了一个实验。他们用带有艾滋病病毒的血来喂飞蝇，发现经过消化道的艾滋病毒丝毫没有变化，依然具有感染能力。而这种飞蝇在叮咬过程中总是要吐出一些在其前肠中的血到受害者的血液中。这一研究表明，艾滋病最初由猴子身上传到人身上是由一种名叫厩螯蝇的昆虫引起的。

这种飞蝇先是叮咬了患有艾滋病的猴子，吸入了含有艾滋病病毒的血，然后又叮咬了人，使人感染了艾滋病病毒，从而引发了艾滋病的蔓延。不过从科学角度而言，他们的实验结果还不能算是直接的证据。

人为什么必须睡觉

在人的一生中，约有三分之一的时间是在睡眠中度过的，可见睡眠对每一个人是多么重要。从某种意义上说，睡眠的质量决定着生活的质量。可是人为什么要睡眠呢？最近，据英国《新科学家》杂志报道，科学家们针对睡眠的原因提出了几种说法，从养精蓄锐的浅显理论到涉及记忆处理的复杂理论，对人类的睡眠进行了全面的探讨。

科学家们发现，睡眠可以分成两种完全不同的状态：

一种叫快波睡眠，也有人把这种睡眠状态称快速眼动睡眠。顾名思义，就是睡眠时眼球转动得很快，人脑也非常活跃，人做梦都是出现在这个时期。

另一种状态是叫慢波睡眠，它是第一种状态的深化，睡眠人进入了更深的无意识状态。科学家发现，快波睡眠和慢波睡眠的作用是不一样的，两种状态也在睡眠过程中交替出现。

科学家比较一致的看法是，睡眠是让大脑和小脑休息的。动物需要睡觉，而没有大脑的植物不睡觉；人体的有些器官，比如肝脏，是不休息的。这表明睡眠是整个脑部特有的现象，至少慢波睡眠可以使脑部修补自由基所造成的损害。自由基是新陈代谢的副产物，可损伤人体细胞。其他器官可以通过放弃，和替换受损细胞来修补这种损害，但脑部却不能这样做，只能让人进入睡眠状态，尤其是慢波睡眠状态，人体组织才能利用这段难得的“闲暇时间”进行“抢修”作业。

那么快波睡眠又有什么作用呢？有些研究者提出，这是脑部在进入慢波睡眠之前所做的“准备动作”和“整理动作”，是对慢波睡眠的补充。可是也有研究者不同意这种看法，认为快波睡眠可能与早期脑部发育有关，但持这种观点的科学家还没有找到令人信服的证据。

我们的作息都是受生物钟控制。这个周期一般是 24 小时，但也因人而异。

作息周期短的人属于“云雀型”，早睡早起；而另一种被称为“夜猫子型”，这类人晚上异常活跃，早上则很晚才起床。

科学家们发现，每个人需要睡眠的时间长短依赖于多种因素，包括年龄。对大部分成年人来说，每晚 8 个小时左右是最佳的睡眠时间，当然，有些人可能睡的时间少一些，每晚只需 5 个小时，而另有些人则可需多一些，多达 10 个小时。如果一个人缺乏睡眠的话，那么他需要的睡眠时间也会增加。睡眠太少就会造成“睡眠债务”，就跟在银行里透支一样，最终，你的身体将要求这个债务一定要偿还。

人们变老后，尽管他们所需的睡眠时间与青少年时所需的睡眠时间一样多，但他们的睡眠会更“浅”，而且时间跨度也更小。差不多有一半的 65 岁以上的老人经常面临失眠等问题，而许多年纪大的人的慢波睡眠阶段经常变得非常短，或者完全没有，这种变化对老年人来说是正常的。

睡眠和健康关系密切，睡眠不好，身体机能就会发生紊乱，比如，中风和哮喘这样的问题就经常发生在夜晚或凌晨，这可能是因为荷尔蒙、心跳速度以及与睡眠有关的其他特性变化引起的。

几乎所有精神失调的人都有睡眠方面的问题，比如心情沮丧的人经常在凌晨时醒来，而且无法再入睡。缺乏睡眠还会引发癫痫症发作。健康的人如果极度缺乏睡眠，可能会导致进入精神疾病的偏执狂和幻觉阶段，而中断睡眠则会引发躁狂抑郁症患者的癫狂（兴奋和极度活跃）。

研究人员指出，如果你在白天感到昏昏欲睡，这说明你没有得到足够的睡眠。如果你躺下 5 分钟后就睡着了，说明你也许严重缺乏睡眠。醒着时有时会出现短暂的昏睡（尤指失去正常睡眠者的阵发性昏睡，通常仅持续 1 秒钟至 10 秒钟）或者很短的睡眠现象，这也是睡眠缺乏的另一个标志。在许多情况下，人们不知道自己经历过短暂的昏睡现象。现在的人们普遍有一种叫“滥耗精力”的习惯，这会让人们极度缺乏睡眠。研究还清楚地表明，缺乏睡眠是危险的。用驾驶模拟器或者进行手眼协调工作进行试验，结果发现，缺乏睡眠的人与喝醉了酒的人表现一样差，甚至是更差。

梦游到底是怎么一回事呢

梦游让人称奇：梦游者可以爬上危险的屋顶；可以解出平时不会的数学难题；能在钢琴上奏出动人的音乐；还会越过有玻璃的窗户，在睡觉时谋杀犯罪，而醒后却一无所知。为了阻止自己的行为，他们常常在睡前把门锁好，藏起钥匙，插好窗户，安上各种装置来随时叫醒自己，然后再把自己捆在床上。可是在他们睡着后，仍能用一种奇特的方法来摆脱这些束缚，走到户外去。对此，人类目前还找不出很好的解答。

法国有一名警探，奉命去调查一宗谋杀案。该案受害者胸部中弹，因流血过多而死，尸体倒在一处海滩上。由于案件发生在深夜和偏僻的海滩上，没有目击证人，因此破案非常困难。这名警探以锐利的目光巡视现场，从遗留在沙滩上的痕迹发现，凶手没有穿鞋子而右脚只有 4 个脚趾。这一发现使他大吃一惊。因为他的右脚只有 4 个脚趾，他本人又患有梦游症。后来他把受害者身上的弹头取出来检验，结果证实正是自己使用的枪弹。他立即向当局自首投案。

由于他是在梦游症发作时误伤人命，他被判无罪。

关于梦游还有其他一些有趣的问题。例如人们通常认为把梦游者突然叫醒是非常不好的，甚至会造成难以想象的后果。然而专家却认为这种影响和用闹钟把沉睡的人唤醒所造成的影响差不多。

那么，梦游者是睡着的，还是醒着的？

美国铁普里特兹博士曾花了 10 年的时间对这个问题进行了研究，他说：“梦游者的运动器官是醒着的，而感觉器官却睡着了，起码是部分睡着了。换句话说，他们可以在睡眠状态下走路做事，但却不知道自己到底正在做什么事情。”

瑞士科学家最近经过研究指出，梦游症是可以遗传的，并且这种病症非常危险。他们认为一种基因的转变可以增加患睡眠紊乱症的概率。

瑞士苏黎世大学的研究者在过去的 30 年间对 74 名被诊断为患有成人梦游症的病人进行了调查，病人中有很大一部分都存在健康问题，其中包括精神疾病或酗酒等。此外，研究者还发现一半病人的免疫系统基因中存在一个独特的基因标志，正常人中存在这一标志的概率仅为 24%。

科学家们的研究结果发表在了最新一期的《每日电信》上，文章指出虽然他们目前还不能确定引起这一现象的主要原因，但相信梦游症要比人们目前的认识危险许多。在他们的调查中，有 32% 的人在梦游中有过“暴力事故”，19% 的人在梦游中受到过伤害。

科学家们认为，成人梦游症与儿童期的梦游症不同，或许与 REM（迅速的眼睛移动）睡眠行为紊乱有关。瑞世苏黎世大学的教授克劳迪奥·巴塞蒂称：“正常的 REM 睡眠是在麻痹的状态下进行的，而带有梦游活动的 REM 患者可能没有进入麻痹状态。”

总之，梦游是一个迷惑了人类几个世纪的问题，人们一直在争论。

人类的发音规则——语言“切换”

为什么许多人除了掌握自己的母语之外，还会另外几门外语呢？

德国科学家的一项最新研究显示，人们之所以在使用不同的语言时可以迅速“切换”而不会混淆，是因为各种语言的不同发音规则如同一个“过滤器”，使得说话者可以分辨出不同的语言，进而自如切换。

德国马格德堡的奥托·格里克大学的科学家蒙特带领的研究小组选取能够熟练掌握西班牙语和加泰罗尼亚语（西班牙东北地区语言）的人作为研究对象，让其对西班牙语词汇、加泰罗尼亚语词汇和故意编造的“伪词汇”进行辨别。研究人员同时利用功能核磁共振技术监测受试者脑部活动。结果发现，与只会一门语言的人直接从单词联系到其含义的过程相比较，双语受试者总是先确定其语言种类，然后才反应出其含义。科学家认为，这是由于各种语言不同的发音规则如同一个“过滤器”，首先确定语言并“关闭”掉脑部对另外一种语言的反应能力，然后才分辨其含义。

科学家介绍说，以前人们认为可能是大脑的不同功能区分别控制各种语言，才使得人们在各种语言间切换时不至于混淆。但新发现表明，各种语言在脑部属于同一脑部功能区管理，语言的发音规则才是控制其识别机理过程的关键。

人体“左右分工”的奥秘

人体，在外观上是左右对称的，但在内部组织的解剖结构和功能上，则有很多地方不对称。

首先是呼吸器官。人体气管大约在肺门分为左、右主支气管而分别进入左、右肺脏，但左、右主支气管的长短、粗细和走向都大不相同：左主支气管较细长，而右主支气管短而粗。由于这一解剖特点，临床上气管异物多坠入右主支气管内。呼吸器官不但左、右主支气管在解剖上不对称，而且左右肺脏在解剖上也是不对称的。左肺较为狭长，右肺则显得宽而短。就左右两肺的容量来说，右肺要大于左肺。

人体其他器官也存在着这一左右不对称的有趣现象。例如，泌尿器官肾脏，左右各一，但形态上左肾狭长而右肾宽短。位于左右两肾上方的内分泌腺界——肾上腺，形状也有不同，右侧肾上腺呈三角形，左侧的则近似于半月形，而且略大。男性生殖系统的睾丸，也是左右各一，位于阴囊之内；但位置上却高低不一，一般左侧略低于右侧。

人体器官在结构和功能上的不对称，最明显的例子恐怕要算大脑了。人们常可在一些科普文章中看到“优势半球”的提法。所谓“优势半球”，其实是人类语言功能在大脑左、右半球不对称的别称。它的意思是说，人的语言功能主要由占优势的那一侧大脑半球所管理。一般来说，右利者优势半球是左侧。照理，左利者，即“左撇子”的优势半球就应是右侧。但事实上，左利者也有一半人优势半球是左侧。因此，绝大多数人都是左侧大脑半球掌管着逻辑思维和抽象思维，即掌管着语言的功能。这样左侧大脑半球又常被称为“语言脑”。右侧大脑半球则主要接受非语言材料并对他们进行加工和处理，如对声音、节奏、图形的感知和进行形象思维等。但日本人和南太平洋一些岛屿上的民族，大脑左半球不但管语言，而且还管“听声音”。例如，有些民族的人对于虫叫、鸟鸣和小河流水声往往置若罔闻，甚至还会视若噪声；

但日本人的感觉就大不相同，他们会觉得虫鸟是在说话、在倾诉，因此日本人对大自然可谓有一种独特的、异常纤细的理解。但是，对于钢琴、小提琴、交响乐等音响，日本人和其他民族的人一样，只能依靠右脑去欣赏。

根据大脑功能左、右的不对称，还可以对一些过去难以理解的现象进行解释。如梦境何以容易被淡忘？国外一些学者认为，由于梦境是以形象为主的非语言性体验，因此主要为非优势半球的功能活动。对绝大多数人而言，主要是右侧大脑半球的功能活动；而语言是优势半球，即左侧大脑半球的功能活动。要用优势半球的语言功能去解释和翻译非优势半球的梦像，中间存在着相当的困难，所以那些用语言难以形容和令人费解的梦中影像，绝大多数便自生自灭地淡忘了。

大脑左、右半球（也称左、右脑）不仅在语言功能方面有分工，而且对机体左、右两侧的感觉和运动的支配也有分工。例如，左侧半球控制右侧肢体的感觉和运动，右侧半球则控制左侧肢体的感觉和运动。而这一分工，又决定了人类肢体的分工。最简单的例子莫过于吃饭了，多数人都是右手拿筷子而左手端饭碗。如果把左、右手的这种分工调换一下，恐怕同样灵活自如、得心应手者就寥寥无几了。

虽然人体两半以右侧稍重，但人体的重心却位于左侧。据现代运动生理学的研究发现，无论是右利者还是左利者，双脚并排站立时，左脚接触地面的面积都大于右脚。这说明人类的左脚是人体重心的主轴，起着支撑人体的作用，因此左脚又被称为“支持脚”。右脚的功能较左脚则有所不同，其主要是运动和调节速度，因而右脚又被称为“运动脚”。现在的田径运动界——跑步都是按逆时针方向进行的，即在运动场上沿着左手内侧跑。但早年的奥运会，跑步比赛是按顺时针方向进行的。直到1908年，国际奥委会才正式通过沿用至今的逆时针跑步比赛规则。国际奥委会的这一决定，刚好与现代运动生理学“左脚是身体支柱”的观点相吻合，因为沿左手内侧跑，转弯时身体容易保持平衡。根据左、右脚的这种分工，现在我们就可以解释为什么“蹲踞式起跑”大多数运动员都以左脚在前：因为左脚支撑着全身体重，起跑时向后一蹬，可使起跑的速度增加到最大。在手球、足球、柔道、击剑等对抗性运动中，以左脚支持和控制身体平衡者更是占多数。

人体的美感源于何处

科学家通过对动物的一系列研究发现人类的爱美之心来源于生物学基础。

据心理学家调查，男性通常觉得颚骨短小的女性比较美丽，而女性则认为下巴较宽的男性更富有男子汉的阳刚气概。科学家推测，人类的这种审美观很可能源于远古时代。在远古时代，人类的祖先同所有的动物一样，雄性往往会本能地追求将自己的基因尽可能多地遗传给后代，而雌性则会本能地关注其后代的生存机会。颚骨短小往往显示出雌性体内的睾酮含量低，而雌激素含量高，因此其生育能力较强；同样，下巴宽大则表明雄性体内的睾酮和其雄性激素含量高，而这恰恰正是体格健壮所不可缺少的基础条件。通过对这两个特征的追求，雄性和雌性就使其后代获得了进化上的有利条件。随着时光的流逝，最后这两个特征终于在人们的心目中演化为人体的美感特征。

过去人们普遍认为，不同文化和年龄特征的人，对人体美会有不同的审美情趣。但最新的研究却显示，种族、民族和年龄的差异并不影响人们对人的容貌和体形作出相似的审美判断，人们似乎都在不知不觉中以共同的标准来衡量人的外表。

研究人员曾做过一次实验，他们让来自英国、中国和印度的女性，分别对希腊男子的照片发表观感。令人称奇的是，这些女性对照片上人物的审美观几乎如出一辙。在另一次实验中，甚至来自13个国家的白人、黑人、亚洲人和拉美人，也对一组不同面容的照片给出了极其相似的判定。这表明，尽管他们的种族迥异，有着不同的文化背景，但并没有对他们的审美观产生明显的影响。

研究人员的一系列研究还表明，甚至婴儿也有着与成人相近的人体审美观。心理学家曾分别给3个月大和6个月大的婴儿观看几组不同的人脸照片，在每组照片中，都有一张是成人认为比较漂亮的脸，而另一张则属相貌平平的脸。测试的结果相当有趣，婴儿注视漂亮面庞的时间往往要长一些。即使将观察对象改换成其他婴儿的脸，情况仍然如此。虽然尽管这些襁褓中的婴儿对人脸的审美观尚未受到社会、文化的影响，但却与成年人不谋而合。这从另一个角度可以清楚地表明，在人类的潜意识中，确实存在着相似的审美标准。

那么，影响我们审美观的因素究竟是什么呢？科学家研究后认为，人体美的一个重要因素是对称性。

长期以来，生物学家一直以对称性来评估生物发育的稳定性。生物学家认为，如果生长条件和环境良好，动物的翅膀、耳朵、眼睛和脚掌等配对的特征都会生长发育得基本对称。而污染和疾病会破坏这种生长发育过程，结果导致对称性降低。生物个体的适应能力越弱，其对称性就越差。

美国科学家曾对几百名男女大学生身体的对称性进行过研究。他们先对受试者的脚、踝、手、腕和肘部的宽度以及耳朵的宽度与长度 7 对特征进行测量，然后据此统计出每个人的对称度，再让这些受测试的男女大学生填写一份关于其私人生活的保密问卷，以寻找两者之间的联系。

以往，若要提出一个体形美的标准，被认为是不可能的。这是因为，常识告诉我们，不同时代有着不同的审美观。比如，在生产力相对低下的农业社会，人们以胖为美；而在现代社会中，胖恰恰是人们所竭力避免的。此外，各人的审美情趣也不尽相同。有的人觉得苗条的时装模特儿的体形最美；而有的人则更欣赏佛兰德斯（西欧的一个历史地名）画家鲁本斯笔下丰腴的古典女性形象，觉得她们才真正体现了女性美。

然而，科学家通过研究发现，古今和各人间对人体的审美观并非大异其趣。相反，从本质上说，人们对形体美的审美情趣，实际上是十分相近的，即人们的潜意识都认为腰臀比率小（腰围与臀围的比率）是女性形体美的重要特征之一。一个有说服力的例子是，虽然当今颇受女孩子青睐的芭比娃娃玩偶与古代的生育女神雕像在体形上相去甚远，前者苗条颀长，后者丰满敦实，但她们却有一个共同的特征，那就是她们的腰臀比率都比较小。

统计表明，在更年期前，健康女性的腰围与臀围之比通常为 0.67~0.8，即不管其体重如何，她们的腰围总是臀围的 67%~80%。例如，三围尺寸分别为 36、25、36 的妇女，其腰臀比为 0.69。

1993 年，荷兰的研究人员在研究中发现，腰臀比在 0.69 这个范围内的妇女都比较健康，生育力也较强；而比值相对略有增加者，则意味着其生育力会有所下降。他们发现，在 500 名接受人工授精的妇女中，腰臀比每增加 10%，其受孕的可能性就下降 30%。换句话说，不论年龄或体重，腰臀比为 0.9 的妇女，其受孕的机会要比腰臀比为 0.8 的妇女低三分之一。

心理学家也曾做过这样一个有趣的实验。他们用简洁的线条勾画出不同的妇女体形轮廓图，然后让男性评阅者按魅力、健康状况和生育能力给她们评分。虽然这些评阅者的文化背景和国籍各不相同，年龄也从 8 岁到 85 岁不等，但他们都不约而同地给腰臀比约为 0.7 的体形打了最高分。

显而易见，科学家的研究仅是从一个侧面揭示出了人体美与自然属性之间的联系。虽在一定程度上揭示了人类形体的一些秘密，但对人类的研究还亟待不断地深入，因为它会有助于人类更好地认识自己。

人体是怎样抗热的

有的人在三伏天也能全力奔跑，而有的人则会中暑，这是为什么呢？

让我们先看看人体耐热的潜力。三伏夏日，气温常在 38℃ ~39℃，人们仍能从事学习和工作；有“火炉”之称的山城重庆及武汉、南京盛夏气温有时高达 40℃ ~41℃，人们照常生活；戈壁滩上的温度达 45℃以上，沙海中热得能烫熟鸡蛋，然而，科学探险队、地质队员们照样外出考察，留下奋斗拼搏的足迹。科学家们通过试验表明，在干燥空气中，人能在 72℃时忍受 1 小时；82℃时忍受 49 分钟；140℃时可忍受 26 分钟；如果人体不直接接触热源，空气绝对干燥又通风良好，可承受 160℃的高温。

那么，人体是如何战胜高温的呢？原来，在人脑中的下丘脑部有一个“体温调节中枢”，它的灵敏度极高，当机体受到环境影响，体温偏离 37℃左右这一标准时，体温调节中枢便进行调节。它还拥有忠于职守的温度情报系统，对外界环境温度及自身温度的波动，能及时向大脑报告信息。譬如外界温度升高时，皮肤和血管内的温度感受器会及时将信息通过神经，迅速传给体温调节中枢。在大脑皮层的控制下，体温调节中枢便发出指令。命令到达皮肤和血管后，皮下血管扩张，血流量增加，把体内热量带到体表。同时，皮肤上的 200 万到 500 万个汗腺竞相张开，分泌汗液。75% 的热量以辐射、传导和对流的方式散发出去，14.5% 的热量由汗液带出体外。夏天，在高温高湿环境劳动的人，一昼夜可分泌 6000 毫升 ~8000 毫升汗液，有的多达 1 万毫升 ~2 万毫升。每排出 1000 毫升汗液可带走热量 2424 千焦，使一个 90 千克体重的人，体温降低 2℃。肌肉接到命令后，会减慢工作，紧张度下降，产热减少。甲状腺和肾上腺接到命令便减少分泌甲状腺和肾上腺激素，使体内的糖、脂肪、蛋白质分解减慢，减少产生热量。我们的人体就是凭借着“空调器”支配体温调节中枢和它的温度情报系统，卓有成效地辛勤工作，使机体保持恒定的温度，充满勃勃生机。

既然人体有这样强的抗热本领，是不是可以高枕无忧不怕高温呢？

当然不是的。如果在高温高湿环境下劳动，不注意自我保健，体温调节中枢的功能也会发生故障，导致“空调器”失灵，体内就会出现一系列病理生理改变，引起中暑等疾病。

所以，要想增强机体的抗热本领，必须注重人体的养生。工作环境及居室应有防暑降温措施，保持适宜的温湿度；夏天出汗多，常喝些淡盐水、绿豆汤及清凉饮料，补充体内丢失的水分和盐分；不要暴食冷饮，以喝绿茶热饮为好，有利于排汗、散热防中暑，合理调配膳食，宜多吃一些富含蛋白质、维生素及无机盐的肉、蛋、牛奶、新鲜瓜果蔬菜，并注意饮食卫生；安排好作息时间，保证睡眠，外出劳动要戴遮阳帽，防止日光直射；穿衣应宽松，以利通风散热；要保护好皮肤汗腺，每天洗澡，使皮肤清洁、汗腺通畅，利于排汗散发热量；尤为重要的是经常参加适宜的体育锻炼，清晨到公园跑跳玩练；傍晚漫步于林荫道旁。幽雅的锻炼环境，持之以恒的运动，可使植物神经保持良好的调节功能，有利于在高温天气对热环境作出应激反应，使体内的“空调器”正常运转。只要做到这几点，就会使机体的抗热本领进一步增强，身体更健康！

血型可能会发生变异吗

1902 年，奥地利病理学家兰德施泰纳发现第一个血型系统 (ABO 血型)，即 A、B、AB 和 O 四种类型。每个人的血液都只属其中的一种。随着科学的发展，迄今又发现有 RH 等十多种血型系统。在一般情况下，ABO 血型系统是人们检查血型最常用的简便而可靠的方法。

由于血型由遗传而来，在胎儿时期就已经定型了，因此被认为终身不变。在医学上，输血、罪犯鉴别和血缘关系的识别，都是靠血型不变的特点，才得以顺利实施的。

然而新的研究发现，在某些特殊情况下，人的血型可因病而发生变异。

科学研究发现，慢性白血病病人的血型竟然无法查认，因为病人从其父母遗传基因继承来的原有血型会向其他血型转变，但随着疾病的治愈，病人又会恢复原来的血型。还有某些癌症病人的血型原来是 O 型血，患病中会不知不觉地变成 B 型或 A 型血。

人在生病时为什么血型会发生变异？

在一些特殊情况下，人的血型也可能发生改变。那么，这种改变是暂时的还是长久的，改变血型的原因、条件和环境是什么？应该如何对待这种改变？这些都是既古老、又新鲜的问题，因此需要从血型和血液学方面来探讨。

移植造血干细胞后发生血型改变

人的造血功能是骨髓中的干细胞来完成的。如果有人患了血液病，如白血病、再生障碍性贫血，患者机体的造血功能减弱和遭到破坏，就需要骨髓造血干细胞移植。移植了骨髓干细胞后的变型，这种特殊情况是有可能改变血型的。2000 年，中国医学科学院的研究人员就发表了干细胞移植后血型发生改变的论文。

短期的或不彻底的血型改变

婴幼儿发育还未成熟、患病尤其是罹患癌症、输血、服药和接受放射性治疗等情况时；还有病人如果短时期内大量输注右旋糖苷等胶体溶液，这时溶液中的胶体分子就可能吸附红细胞表面的抗原，可以使服药者原有的红细胞的抗原发生改变，也就引起了血型的改变。都可以短期内改变或表面上改变一个人的血型。从本质上看，算不上是血型改变，是不彻底的血型改变。

专家们认为，血型不仅受人体遗传基因的控制，还受到人体自身某些能改变血型的潜在因素的控制。至于是何种潜在因素在什么条件下会改变血型，则还有待于科学家去探索。

拇指为什么只有两节

人类的手有五指，食指、中指、无名指、小指均为3节长，4个手指一起维持手功能的一半。只有拇指两节长，短小粗壮，独占手功能的另一半。那么，拇指为什么只有两节呢？

科学家经过研究发现，拇指的这种结构完全是从猿到人进化的结果。

猿猴的四肢爬行，拇指及大足趾与其他四指（趾）分开，拇指短小不能对掌活动，主要靠3节长的其他手指（趾）进行攀缘活动。猿猴下地行走后，上肢逐渐从爬行的功能中解放出来，从事拿工具劳动，下肢专门用于负重行走。

猿猴进化到人类，拇指已变长且更加粗壮有力：还有一群发达的肌肉，使人类的拇指能与其他四指对掌活动。形态与功能是统一的。为了适应拇指的对掌活动，拇指部位的掌腕关节形成鞍状关节面，使拇指能够进行伸屈、收展及旋转等活动。拇指解剖上的这种结构，使拇指能够发挥最大的力学作用，以完成按、持、捏、夹、钳等动作。如果拇指仍保持3节长，活动就不能兼备灵活与稳健两个优点。至于拇指3节长的人，偶尔可见到，这正如长尾巴的人一样，属于返祖现象，是一种先天性的畸形。

人类在进化过程中，在拇指粗壮的同时，大足趾亦适应了负重与步行，向其他足趾靠拢。因此，失去双臂的人，依靠原有的解剖结构基础，也可训练出用足拧毛巾、洗脸、写字、打扑克、持剪刀剪趾甲及穿针线、缝衣服等功能。

人体会打嗝的原因是什么

人体打嗝，又叫打呃或呃逆，是一种极为常见的消化道受刺激的症状。那么，人为什么会打嗝呢？

原来在人体的胸腔与腹腔之间，有一层横膈，也就是由肌肉组成的膈肌。它不但起到分隔胸腔与腹腔的作用，还具有辅助呼吸的功能。但当这块膈肌产生不正常的强烈收缩时，就会造成空气突然地被吸进气管，因为同时伴有声带的关闭，所以会发出一种呃声。

那么，膈肌为什么会发生不正常的强烈收缩呢？

研究发现，这要从两根神经说起。支配横膈本身的是膈神经；支配胸腹部大部分内脏器官的是迷走神经。如果有什么不良刺激，例如进食太快，突然吃冰凉的东西，迎风大口吸入凉风，吃东西太多太饱等，都可以刺激膈神经或迷走神经，结果通过一系列复杂的神经反射，引起膈肌不正常的强烈收缩，于是发生打嗝。

正常人发生打嗝大多是轻而短暂的，采用上腹部轻轻按摩，喝上一口温热茶水，用手捂一会儿鼻子嘴巴，或者采用针刺疗法，打嗝一般很快会停止。个别顽固与持久打嗝，恐怕是由于疾病引起的，例如脑部疾病、腹腔内有感染等，则应请医生进一步检查与治疗。

为什么会产生左撇子

在生活中，大多数人习惯用右手做事，比如写字、拿筷子、打球等，但有少数人却习惯用左手来做这一切，被称为“左撇子”。

世界许多国家和地区都对左撇子有偏见，在西方失业大军中，左撇子比例高得惊人。南美某些地区，左撇子往往被认为是不祥之兆。在许多种文字中，都以轻蔑贬义之词形容左撇子，拉丁文中，“左”与凶兆同义，“右”则与灵敏同义；英语中左手义同可疑，右手即为正确；德语中则把贵族男子和平民之女门第不当的婚姻称为左手婚姻。

实际上，左撇子的天资一般都比较高，在体育、建筑等需要良好空间感的职业中，他们更容易成功；在击剑、网球、乒乓球等项目中，左撇子运动员往往占有优势。而在美国一所著名的建筑学院里，左撇子教授和左撇子学生所占的比例也很高。

历史上不少名人也是左撇子。如马其顿国王亚历山大、罗马皇帝恺撒、法国皇帝拿破仑、法兰克国王查理曼，还有毕加索、卓别林都是左撇子，有人还曾作过统计，《圣经》中共描写了 7 名百发百中的左撇子。

当然，左撇子在生活中的确有一些不方便之处，并且，一些科学家认为：大脑左侧是处理逻辑和信息的，大脑右侧则倾向于处理心绪和情感，所以左撇子受到刺激时反应更强烈，情绪更容易波动，也更容易得癫痫和精神失常等疾病。

说来大家或许不信，在胎儿中就有左撇子。爱尔兰皇后大学科学家用超声波扫描仪观测了 224 例胎儿，发现其中 212 例在母腹中喜吮右指，另 12 例则喜吮左指，进一步研究还显示，后者在降生时，头都往左转，这些孩子长大后都成了左撇子。

那么，为什么会产生左撇子呢？

科学研究发现，在人类进化过程中，产生了语言、思维等高级生理和心理活动，大脑两半球也分了工，左半球控制着人的右侧，右半球则管着人的左侧，大多数人的左脑占优势，所以惯用右手的人多，右脑占优势的人是少数，所以左撇子少。

害羞时为什么会脸红

有的人在大庭广众之下讲话会脸红，有的人在与生人接触时会脸红，有的人在听到别人表扬时会脸红，或者是做错了事，受到别人责备时，脸上也会觉得一阵阵发热，脸红起来。

应该说，难为情、不好意思、害羞都是我们的内心感受，是大脑对外界刺激作出的反应，跟脸红有什么关系呢？

原来，我们的视觉和听觉神经，都集中在头部，仿佛电话线集中在交换机上一样。当我们看到和听到使人们害羞的事情时，眼睛和耳朵就立刻把消息传给大脑皮层。大脑皮层得知信息后，会通过神经与有关部位联系，以作出相应的反应，其中交感神经的反应非常迅速而广泛。支配面部皮下血管舒张的交感神经，一般不兴奋，但在害羞、情绪激动时能很快兴奋，使面部皮下血管扩张，血流量突然增多，因为血液是红的、热的，所以面部立刻显得发红和发热。

人体会怕痒的奥秘

通常大人给孩子洗澡时，不少孩子会痒得“格格”地笑起来；别人用手指在你腋下轻搔几下，你也会因为发痒而笑起来。

研究发现，人体的腋窝、脚心等几处对痒最为敏感，这些地方受到抓搔刺激的机会少，加上这些地方皮肤感受器又比较丰富，所以，对痒的感觉敏感多了，但有人在鼻毛、睫毛、嘴唇等处最怕痒，腋窝、脚心为其次。

据研究，在人的皮肤上有痛点、触点、冷点、热点，偏偏没有痒点，因此，有的科学家认为，痒是痛点受到的轻微刺激所引起的，只要轻轻地连续刺激痛点，传到大脑，就会使人感到痒。但新生儿根本不怕痒，4 岁左右最怕痒，感情丰富的人也比较怕痒。

那么，为什么自己给自己洗澡，或者自己抓搔自己腋下或脚心时并不会痒得发笑呢？这是因为痒与心理因素还有关系。当你自己搓澡或搔痒时，思想上已有准备，大脑对痒的兴奋刺激已经降低。当大脑觉得自己在“戏弄”自己时，用不着防范和害怕，就感受不到痒了。

当然，痒虽然有时令人发笑，但很多时候却令人难受。古代阿拉伯的刑罚之一，就是不断地搔抓犯人的脚掌，让犯人痒得受不了，以达到惩治的目的。

眼皮为什么会跳

人们的眼皮，有时会无缘无故地突然之间连续地跳动起来，使人感到很不舒服。眼皮为什么会跳呢？

眼皮是眼睛的门户，起着保护眼球的作用。在人们的眼睑内，有一条很薄的肌肉，叫轮匝肌。这种肌肉纤维是围着眼睛成轮形生长，它可以随意活动，当它收缩时，眼睑就会闭合。如果轮匝肌纤维的某个部分，受到某种影响，促进它突然产生反复收缩，就会出现“眼皮跳”的现象，医学上叫眼睑震颤。

出现眼睑震颤的原因主要有两个：

一个是由于失眠或睡眠不足，眼睛过度疲劳，或者由于贫血、烟酒过度，使轮匝肌纤维过度收缩，引起收缩和舒张失调而产生的。

另一个是由于某些眼病引起的，如近视、远视、散光、结膜炎和角膜炎等。此外，眼睛受到强光刺激，或者滴有缩小瞳孔的药物，也可能引起眼睑震颤。

由此可见，偶然的眼皮跳动不是什么病，只要闭上眼休息一会儿，做做眼保健操，或用热毛巾敷一会儿，很快就会消失。有人说"左眼跳财，右眼跳灾"，这是一种毫无科学道理的迷信说法。

为什么会笑出眼泪来

人在哭的时候会流泪，笑有时也会笑出眼泪来，这是为什么呢？

研究发现，我们的眼泪并不是我们所想象的只有伤心的时候才哭出来，实际上，它时时刻刻都存在，只不过一般情况下很少，而且是紧沿着眼球表面和眼皮内面的微细空隙向前规规矩矩地走，不会乱流，所以我们不会觉得泪水的存在。然而，在我们睁眼闭眼的一刹那间，这些眼球表面的泪水被吸到眼泪的下水道界——鼻泪管里去了。别看这条不太长的细管子，它却是眼泪通过鼻腔的唯一要道呢。

由于人在放声大笑时，一方面眼皮拼命用力闭紧，把泪水挤向鼻腔；另一方面，鼻腔里的压力增加，泪水向鼻腔流动时受到阻碍，"下水道"不通，泪水流不下去，积在眼里的泪水就越来越多，只有流到脸上来了。

此外，眼泪如果流到我们的嘴里，我们还会尝到它有一股咸味。这又是为什么呢？

原来，盐在人体内分布很广，血里、体液里、组织内到处都有它的踪迹，眼泪是以血做原料，经过泪腺加工而制成的，因而泪水里也含有盐了，也就有股咸味。泪水对眼睛有保护作用，它不仅能杀灭眼睛里的细菌，还能湿润角膜，使它不至于干燥、浑浊等。

人为什么会打喷嚏

打喷嚏本是一种自然现象，古时候，科学落后，人们不知道为什么要打喷嚏，于是对喷嚏便有各种有趣的说法：欧洲人曾一度认为打喷嚏是危险的，因为灵魂会趁着打喷嚏的当儿从体内逃走。非洲南部的祖鲁人对喷嚏的态度则相反，他们根本不怕喷嚏，相信那是友好神灵祝福的表示。只要小孩一打喷嚏他们便大叫一声“长”，希望那位友好的神灵能让孩子长得高大健壮。古希伯莱人也相信喷嚏是好的，因为它象征生命，死人是不会打喷嚏的。日本人则认为，如果你打一个喷嚏，说明有人在说你的好话，打两个喷嚏是有人在说你的坏话，打三个喷嚏就是感冒了。我国民间也流行着打喷嚏是有人在想你或说你等说法。

有关喷嚏，医学史上还有一段有趣的记载。一位美国女学生，某年1月至6月间，连续打了154天喷嚏，除了睡觉之外，每四分钟便打一个。由于连续不断打喷嚏，使她的头部和胸中剧痛，吸呼与饮食困难，经常抽筋、呕吐、全身乏力，身有痛楚与生活之不便，实在是常人难以想象的。于是，各方专家纷纷前来诊视，但都无济于事。6月7日，她被送到迈阿密“退伍军人医院”就诊。古殊纳医生对她采用了一种疗法，即在她的两只前臂上安装两个电极等装置，使她每打一次喷嚏，就立即受到一次电击，再打喷嚏，再受电击，如此长达近4个钟头，喷嚏终于被止住了。当人们向古殊纳医生询问治病秘诀时，他说他采用的是“赏罚分明治疗法”，他认为，这位女学生开始打喷嚏时自然有一定的原因，但她养成这种无法免除的反常习惯，是因为她的喷嚏可以获得很多人的同情，这种同情实际成了对她打喷嚏的奖赏。可是，对她使用电击疗法却使她受到处罚，于是她再也不打喷嚏了。

其实，研究发现，人之所以打喷嚏，是因为人的鼻腔内韵鼻黏膜上有很多敏感的神经细胞，当鼻黏膜受到刺激时，如小飞虫飞进鼻腔、辣椒的辣味以及灰尘等飞进鼻子，就会反射性地打起喷嚏来。打喷嚏对人体起着一种保护作用，它能及时排出上呼吸道中的异物或过多的分泌物，保证吸呼道的畅通，避免机体受到刺激物的伤害。当人们患上了呼吸道疾病时，如感冒初期，由于鼻黏膜首先受到刺激，也会打起喷嚏来。

分不清红绿灯的人——色盲

说起色盲，我们就要提到一位科学家约翰·道尔顿。约翰·道尔顿是英国化学家、物理学家。1808 年他发表了《道尔顿原子学》，从而被誉为原子理论的奠基人。为了纪念他，科学家至今还把他的名字用作原子量的单位。奇怪的是，医学上有一种病叫“道尔顿病”。这里的道尔顿，不是别人，正是这位化学家和物理学家。那么，“道尔顿病”是一种什么病呢？为什么用道尔顿的名字命名？这里还有一个故事呢！

约翰·道尔顿

有一年的圣诞节，青年道尔顿到街上买了一双长筒袜，作为节日礼品，亲手送给母亲。母亲收到这份礼品非常高兴。她打开礼品盒一看，“啊！原来是一双红色的长筒袜。”她感到颜色实在太鲜艳了，与自己的年龄和身份不太相称。她笑着问道：“约翰，你的礼物真让人高兴，但是你怎么看上了这么鲜艳的颜色呢？”这使道尔顿感到有些奇怪。他不以为然地说：“难道深蓝的颜色还不稳重吗？妈妈。”

“什么？约翰，它和樱桃一样红呀！”

“不对，妈妈。是我亲手挑的，是深蓝色。”

“是红色，约翰。妈妈的眼光不坏。”母亲重复回答。

道尔顿找来了弟弟。弟弟也说是蓝色的。而且，他俩对颜色的感受完全一样。

可是，他的朋友们和他俩的识别力却不同。朋友们开玩笑说：“照你所说，你将永远也看不到女性美丽动人的面容。你会把她们面颊上那羞涩的红晕，看成一片浅蓝。”从那天起，道尔顿才知道自己的色觉与别人不同。

道尔顿没有放过这一偶然的发现。他不但仔细分析了自己的体验，还对周围的人做了各种调查研究。在此基础上，他又经过多方考察验证，写出了一部科学著作界——《论色觉》。这是人类第一次发现色盲病，而道尔顿既是色盲病的第一个发现者，也是第一个被发现的色盲病人。

分辨不清红绿灯的人是由于患了色盲症的缘故。人眼之所以能辨别各种色彩，主要是依赖视网膜上数百万个视维细胞。正常人的视维细胞里有三种感光色素，他们能对红、蓝、绿三原色产生反应。当各种颜色的光折射到视网膜上时，这三种色素受到相应的刺激，由于接受刺激的强弱程度存在着差异，所以当他们在眼内被调和在一起后，便使人感受到了各种不同的色彩。

如果一个人眼里的视维细胞缺少了某种感光色素，那么这个人便会患色盲。人群中最多的是红绿色盲，红色盲者常把淡红、紫红、青蓝、深绿等看成同样的色彩；绿色盲者对深红、淡绿、紫、青等颜色难以分辨，把一切色彩几乎都看成是灰蓝、淡黄色的。还有少数人患的是蓝色盲，他们只能辨认深红、橙红、蓝绿、黄绿色，其余色彩都被看成灰白色。还有极少数的人为全色盲，他们只能看到黑、白两色。

色盲是一种遗传性疾病，男性远高于女性，其比例约为 6 ∶ 1。假如夫妇双方均为色盲，其子女一定全是色盲。妻子为色盲，丈夫正常，其子女中女儿正常，儿子都是色盲，呈“交叉遗传”现象。不过，女儿虽自身正常，但在其后代中，男性仍有 50% 的概率患色盲。夫妇中女的正常，男的色盲，其子女都表现正常，但当传到第三代，其女儿生的男孩就有 50% 的概率是色盲，也就是所谓“隔代遗传”现象。据研究确认，控制色盲的基因存在于 X 染色体上，X 染色体是一种性染色体。

肚子饿了为什么咕咕叫

每当我们肚子饿的时候，就会感到肚子在咕咕叫，这好像在提醒人们该吃饭了，那么，肚子饿了为什么会咕咕叫呢？

原来，我们每天一日三餐都要吃进不少食物，这些食物首先送到胃里暂时储存并初步消化，然后排送到小肠里去。当食物在胃中消化将近完毕时，胃液仍然在继续分泌。由于胃里空了，胃的收缩就逐渐加强和延长，就引起了我们的饥饿感觉。随着胃的收缩和加强，饥饿感也就增强了。当胃的收缩达到非常强烈的程度时，就会使胃内液体和吞咽下去的气体不得安稳，结果就会发出咕咕叫的声音。

如果我们在这时候及时补充食物，饥饿感就会随之消失。同时，由于饥饿收缩是周期性的，如果我们由于某种原因不能及时补充食物，以至于饿过了头，饥饿感也会消失，这时候补充食物也会有吃不下的感觉。

一般来讲，胃的强烈收缩只不过延续半小时左右，随后便进入平静期，再这么延续半小时到 1 小时，饥饿感就会消失。人的食欲与饥饿感有紧密联系，只有在有饥饿感时，食欲才会旺盛，随着饥饿感的消失，食欲也就消失，这就是饿过头以后吃不下东西的原因。

为何生气后肚子不饿

肚子饿了，大家就想到吃饭，但有时候，虽然到了吃饭时间，但碰上了让人生气的事情，这时候往往吃饭的兴致就没有了，还说气都气饱了。这是怎么回事呢？

科学家经过研究发现，人们的一举一动，都受大脑皮质的指挥，大脑虽然管事很多，但工作是有条不紊的。一般来说，在一定的时间里，它只处理一件事情，当人们专心致志地做某件事情的时候，对其他的事情总是充耳不闻，这是大脑皮层特有的工作方法。

当人们感到饥饿的时候，大脑皮质管理吃的部位兴奋起来了，于是人们就有了食欲，想吃东西成了这时唯一的任务，其他事情都被搁置起来了。可是如果在这时候发生了不愉快的事情，或者生了气，大脑皮质的另一部分产生强烈兴奋，原来管吃的部分不再兴奋，于是，食欲消退，饭也就吃不下去了。儿童保健医生常常告诫年轻父母，吃饭时不要训斥孩子，以免影响孩子的食欲，也是这个道理。

其实，并不单是生气使人吃不下饭，只要能使大脑皮质引起强烈兴奋的事情，都会影响人们的食欲，使人吃不下饭。比如突然听到令人激动或悲伤的事情，或者做什么事入了迷，如读书、下棋、看电视等，都会使人忘记吃饭，这其中的道理是一样的。

人类能够制造克隆人吗

前不久，美国的科学家看到了恐龙复活的希望。

高科技给人们带来的有喜也有忧，而随意改变自然规律是好还是坏还很难下结论。从哲学的意义上讲，每一种生物都有维护自己的遗传基因以其本来面目出现在这个世界的权利，更有拒绝进入人类实验室的权利。但这个世界从它产生以来就是不公平的。

遗传工程现在已经发展到了相当可怕的地步，有人不但要干涉植物和动物的生命过程，而且已经在打人类的主意了。前苏联的科学家将一个人的受精卵，移入一只母猩猩的子宫内，让猩猩代人育儿。9 个月以后，这只母猩猩顺利产下了一个人类婴儿，体重 3600 克。1987 年，有报道说，新加坡遗传工程学家正在进行让母牛或母羊替人类怀胎的实验。据意大利佛罗伦萨遗传学教授查利里博士说，有一些人正在做另一项实验：将人类的精子与黑猩猩的卵子结合，然后培育出一种非猿非人的东西。他说："进行这样的实验，从技术上来说是毫无困难的。"试想这个胎儿一旦出生，必定是一个半人半兽的怪物。难怪有些国家，甚至联合国都下令限制遗传学的某些发展。他们担心什么呢？大概是担心有一天，突然从遗传工程实验室里跑出一个比人还聪明、比猴子还敏捷、比大象还有力、比狼还凶残，既能在陆地上行走如飞，也能在水中自由来去，更能像鸟一样在空中飞翔的怪物，这绝不是骇人听闻。既然植物和动物可以被制造，那么人是否也可以被制造呢？

虽然有许多生物学家站在维护人类尊严的立场上否定制造人的可能，但从纯技术的角度来看，人也是可以被制造的，而且相信这一天就在不远的将来。

生命的回光

人体是生命的承载体，它不仅承载着生命的神奇，而且也会以特定的方式展示生命的神奇。生命垂危的人在弥留之际有时会突然之间神清志明，饮食倍增，这一情况在中医里称回光返照。正如蜡烛在即将熄灭之前大放光亮，即所称的残灯复明一样，回光返照是生命的最后冲动，仿佛是灵魂离体前的最后告别，在宗教里和哲学中往往会有着奇异的解释。中医认为这是脏腑功能衰竭前全身能量的最后动员。

那么，现代医学又是怎么解释这一现象的呢？这一现象产生的机理究竟是什么？

科学家经过研究发现人体细胞中有一种储存和供应能量的中心物质，叫三磷酸腺苷（ATP）。组成它的主要原料是食物中的蛋白质、脂肪和糖类。在正常情况下机体中的 ATP 的一部分经氧化以供给能量，维持机体的正常体温和日常活动，而其余部分则以化学能的形式储存于细胞中，以备“不时之需”。

当人遇到机体内部或外界的强烈刺激时，如病菌病毒的侵犯、生死格斗、突然遇险、濒临死亡时，ATP 就会迅速地转变为二磷酸腺苷（ADP），同时会释放出巨大的能量，这时人的各个组织器官系统就会突然获得巨大的动力，特别是大脑神经系统和内分泌系统协调人体活动的能量得到加强。因此，垂危病人就会突然表现出一些超凡活动，如神志突然清醒、食欲猛增等。但 ATP 的能源只能维持很短的时间，所以人在临死前的回光返照现象常常是很短暂的。

奇妙的换颅术

人的头部是中枢神经系统的聚居区，不仅结构复杂，而且组织精密，是维持生命不可或缺的部位，也是现代医学研究的重要领地。早在 20 世纪 70 年代，美国科学家罗伯特·荷华就提出人类的大脑可以移植的论断，他还指出移植大脑最好的方法就是把整个头部原封不动地移植过去。这一爆炸性的医学论点顿时成为医学界争议的话题。

然而，在我们还无法想象失去头部的生命体如何能够继续生存之时，现代医学已经开始尝试“换颅术”了。

在 20 世纪 60 年代初，前苏联科学家首次成功地将两只狗的头颅互换。两年后，美国科学家将一只小狗的脑袋搬到一只猴子的颈上重新“安装”，竟也取得了成功。半年后，前苏联的一位生物学家又将一只小猫的头移植到一只灰兔的脖子上，有趣的是：存活的这只小动物既能捕捉老鼠，又爱吃青草与胡萝卜。

前苏联科学家在动物、人体身上进行的一系列大脑移植或生命复苏活动，引起各国和地区科学家的普遍关注。随后，科学界的移植实验如雨后春笋般涌现出来，不胜枚举。

1985 年，在前苏联乌克兰基辅市的一家医学研究所，将一名晚期骨癌患者的头颅移植到一名被判死刑的罪犯身上，成功地完成了有史以来世界上首例头颅移植术。在当时这一新闻轰动了世界。据说这名晚期骨癌患者的名字叫米克哈尔，被处决的罪犯名叫阿拉维，是头部中的枪。据从基辅陆续传来的消息，米克哈尔的头颅移植后，存活了 3 年。在开始的半年里，米克哈尔并无记忆，不知道“我是谁”。直到半年以后，他才渐渐记起过去的人与事。熟悉他的人与他谈话，果然是米克哈尔！此后，米克哈尔的个性也日益鲜明起来。

米克哈尔的存活，使人们既兴奋又疑惑。来信来电询问者络绎不绝。主持头颅移植的米凯尔·索洛霍夫博士言简意赅地向人们介绍了其中的奥秘。

众所周知，人体大脑表层分布着语言中枢、记忆中枢、感觉中枢、运动中枢等各种神经中枢。他们各司其职，从而构成一个活生生的人。人一旦失去了头颅，失去了大脑，也就失去了记忆和生命。当一个健全的头脑移植到另一个健全的身躯上时，只要不出差错，手术便可以成功。不过，米克哈尔的头颅仅仅活了 3 年，他死于心血管系统的全面衰竭。经研究，这并非有机体的互相排斥，而是阿拉维心脏的问题。

在 1994 年时，一起严重的车祸在瑞士苏黎世街头发生。在遭到重创的那辆小汽车里，一对青年男女相拥而亡。送到医院后，面对着头颅完好、四肢和躯干血肉模糊的小伙子和躯体完整、头部却惨不忍睹的姑娘，大夫们都摇头叹息。忽然，人群中不知谁突发奇想：“何不将这对情人拼作一人，以慰双方亲人？”这种想法立即得到赞成，并很快付诸实施。为此，医院特邀正积极钻研换颅术的罗杰博士前来主刀。

可是，这位被叫作“维西亚”（新生与希望之意）的“新人”几乎在睁眼之际便面临着两个问题：其一，无法对维西亚的性别作判定。按照生物学上的定理，性器官特征决定性别，新人该是女性；依据现代性医学原理，性行为和性意识的支配和调节中心是大脑性中枢，新人则为男性。医学家、生物学家们都卷入一场无休止的争论之中，却终无定论。其二，新人维西亚该归哪方家庭？男方家庭说，头脑是人的关键，维西亚当属男方家庭；可女方家庭认为维西亚的身体大部分是女儿的，应归女方家庭。双方争执不下。

维西亚在两面交加的环境下，得知心爱的人离他而去，更是五内俱焚，痛不欲生。他变得越来越暴躁。他骂人、摔东西，甚至拒绝吃药……他那脆弱的生命仅仅维持了短暂的 30 天。然而，这次头颅移植术的成功却在社会各界产生了重大反响。伦理学家、社会学家们忧心忡忡，法国巴黎大学的拉斐尔教授甚至颇为忧虑地指出：“如果换颅术可以普遍推行，那么人类延续至今的血缘关系将被彻底搅乱。”

可是，许多医生、自然科学家却为头颅移植术的成功激动不已。美国哈佛换颅术的争议在于中枢神经是否能再生。人类的神经大致分为中枢神经和末梢神经两类。中枢神经传达“意志”，而末梢神经则起着“把脑的意志转变为行动”的作用。如果切断了某个部位的末梢神经，肉体上的某部分就不能活动，但不至影响其他部分的机能。切断了中枢神经，脖颈以及身体以下部分便麻痹，不能动弹，所以人遇到车祸时，往往因脊髓受破坏而引起残废或瘫痪。

在临床上，末梢神经被切断后，由于再生作用，不久还能恢复正常，断指再植就应用了这个原理。而中枢神经则没有再生现象。如何使中枢神经再生，直接关系到换颅术能否成功。

科学是用来解答难题的，相信未来“死而复生”的事情会真的出现在我们的生活中。

蓝色人

蓝色为一种苍凉而神秘的颜色。当我们真的见到这一泛着蓝光的人种时，会有怎样的反应呢？

据说，在一支来自欧洲的古生物考察队正在非洲一个与世隔绝的山区艰难地跋涉时，他们突然发现前面不远的地方有几个人影一晃而过。是什么人在这个没有人烟的地方居住呢？强烈的好奇心驱使他们要弄个明白，于是队员们悄悄地跟了过去。在前面不远的草地上有几个用兽皮、树叶遮体的人，仔细一看，发现他们的皮肤居然是蓝色的。当这些淡蓝色皮肤的人发现附近有陌生人时，立刻四散而逃，转眼间就消失在密林之中。

真的是蓝色人种吗？众人不敢相信自己的眼睛，决心进一步调查。经过几天的努力，他们终于又找到了这些蓝色皮肤的人，发现蓝色人竟然是一个庞大的家族，居住在洞穴之中，过着原始生活。他们不但皮肤是蓝色的，而且血液也是蓝色的。

不久，又一件事实载入了史册。美国加利福尼亚大学医学院著名运动生理专家维西，在智利欧坎基尔查山海拔 6000 多米的高处，也发现了适应力极强的浑身皮肤呈蓝色的人种。维西教授说，在这样高的山峰上，空气十分稀薄，就连身强力壮的登山运动员行动起来也会感到吃力。而这些奇怪的蓝色人，竟像猴子一样机灵，行动十分敏捷，令人难以与之相比。

中国境内的喜马拉雅山，也发现了蓝色人种。他们不但能在空气十分稀薄的高山上谈笑自若，而且还能在恶劣条件下进行繁重的劳动。

这一系列有关蓝色人种的发现，向传统的人种划分理论提出了挑战：除了黄、白、黑、棕四个人种之外，还应该加上一个蓝色人种。不过，令人奇怪的是，其他四种人血液都是鲜红的，而蓝色人的血液却与他们皮肤的颜色相同。这是为什么呢？对这一现象，科学家们提出以下几种见解：

一种观点认为，红色的血液中含有一种血红蛋白，它们可以使血液呈现红色，而蓝色人的血液中含有一种超高血型蛋白，却缺乏一种控制它增长的酶，所以他们的血液是蓝色的。另一种观点认为，蓝色人的血液中某些化学成分发生了异常变化，导致其颜色改变，这种异常变化可能是由于某种特殊的病态基因造成的。

一些美国科学家指出，在血细胞内，血红蛋白负责输送氧气。当氧气充足时，血红蛋白会呈红色，所以常人血液皆呈红色；当氧气缺乏时，血红蛋白就会变成蓝色。高山上是缺氧的，蓝色的形成应以此为因。蓝色人种血液中的血红素大大地超过正常人，这应该是他们能够适应高山缺氧环境的原因。

还有一些科学家从具有蓝色血液的动物身上得到了启发。他们指出，在海洋中，有一种大王乌贼和马足蟹的血液是蓝色的，而海蛸和墨鱼的血液却是绿色的，由此可见，血液的颜色是由血细胞蛋白中含有的物质元素所决定的。使血液变蓝的叫血蓝蛋白，是因为里面含有铜元素；使血液变绿的叫血绿蛋白，是因为里面含有钒元素。从这一理论出发不难看出，蓝色人种可能是他们血液中缺乏铁元素而铜元素过多造成的。

自然，如果蓝色人种真的存在，那么许多关于人种问题的传统看法便要改变了。

吸血鬼的传说

人类许多的谜都与传说相关，传说总有一定的起源，这就决定了传说在考证某些历史事实中的作用。有关吸血鬼的传说就是这样。

吸血鬼的传说在欧洲已流传了数百年之久。许多学者对此颇感兴趣，想找到传说的起源，却发现了许多现实中的真事。

例如，历史上的德拉库拉确有其人，他曾数度统治罗马尼亚南部地区。但在传说中，他已成了吸血鬼的化身。当时罗马尼亚人时常受到土耳其人和匈牙利人的威胁。在对付土耳其人时，德拉库拉以毫不畏惧和作战英勇而著名。但同时他也以种种丧心病狂的暴行而臭名昭著，被称为“穿心刽子手”。他喜欢随意地挑选 50 名左右的一批俘虏，砍下他们的四肢，然后用一根长长的尖棍把这些人穿起来，他会非常兴奋地、眼睁睁地看着他们哀叫，直至死去。据说在一次疯狂活动中，他竟然以这种方式杀害了 3 万人。就在此时，因罗马尼亚人拒绝向土耳其进贡，土耳其苏丹穆罕默德二世指挥军队来此兴师问罪。结果两军交战，德拉库拉被杀，战胜的土耳其士兵砍下了他的头颅，带回君士坦丁堡。从此，德拉库拉以吸血鬼的恐怖形象在欧洲时常流传。

匈牙利的特兰施伏尼亚伯爵夫人伊丽莎白出生于 1569 年，她的家族是欧洲富有的名门望族之一。伊丽莎白 16 岁时结婚。因丈夫常年征战，不甘寂寞的伊丽莎白和一个因面色苍白而被别人称为“吸血鬼”的贵族青年私奔。1600 年，她的丈夫不明不白地死去，伊丽莎白更加为所欲为。她喜欢以血沐浴。她的男女亲信以招收女仆为借口，疯狂地在乡村寻找未婚少女，把她们诱骗到城堡杀害后抽血给伊丽莎白，这种令人毛骨悚然的罪恶行径竟一直持续了 10 年。越往后，伊丽莎白越发地肆无忌惮。她把抽干了血的尸体扔到荒郊野外喂狼。一次，早起的居民偶然发现了还没有被狼吃掉的 4 具尸体。这件事一下子被传得沸沸扬扬，后来有人报告了国王。1610 年 12 月 30 日，国王命人连夜搜查了城堡，在城堡的大厅里，人们简直不敢相信自己的眼睛，地上躺着的有被抽干了血的少女尸体，有仍然活着被捆绑留作备用的少女，士兵们还在城堡的地下挖掘出 50 具少女尸体。伊丽莎白因出身贵族，可免除死刑，被囚禁在不见天日的暗室里，4 年后死去。她的 16 名亲信和仆人以及巫师索尔科等被告都被判处死刑。

有人从医学角度揭示吸血鬼传说中的迷信色彩。自中世纪以来，吸血鬼之说在斯拉夫民族以及波罗的海诸国广为流传，起因是一种罕见的病症造成的。

当时，斯拉夫贵族因近亲通婚引起多种遗传性疾病，其中罕见的造红血球性原紫质过多症是一种色素病，病人身体产生过量原紫质（一种制造红血球所必需的物质），显得面色发红，终日不能见阳光，只能待在黑暗的角落里。患者不得不昼伏夜出，这种反常的行为方式和极端怪异的生活，在那个蒙昧无知的年代里很容易令人猜忌、嫌弃、厌恶又害怕，唯恐躲之不及，同时也引发了各种恐怖的传说。直到 19 世纪，医学专家才逐步诊断出造成这种疾病的原因。

也有人认为：吸血鬼的传说和狼人的传说一样，都是在早期人类蒙昧时代，人们结合某些事实和世代相传的恐惧心理形成的。人类的早期，没有什么道德和法律的约束，时常发生一些野蛮的、残暴的事情。这就造成部分老实巴交又怯弱胆小的人害怕死人阴魂不散重回旧地。加上当时偶然也会发生某些患有恋尸癖或其他精神病的人的偷尸事件，让人们误以为死人复活，而且能够自由地出入墓地，这都为吸血鬼的传说提供了一定的事实依据。

还有人认为，吸血鬼的故事也有可能是因为当时人们把尚未死去的昏厥者误埋而流传开来的。1732 年年初，地处塞尔维亚的麦杜基亚附近纷纷传说有吸血鬼在作祟，居民们被吓得犹如惊弓之鸟，惶惶不可终日。当地政府当即派出一队士兵，包括 3 名军医急赴现场，开棺检验新近入土的尸体。当时士兵们共开掘了 13 座坟，发现其中有 3 具尸体属于正常死亡腐烂；而其余 10 具，有些虽然比腐烂的尸体更早入土，肌肉却很结实，而且面色红润，经过军医解剖后竟然发现这些尸体还有鲜血。当局和居民都认为这 10 具尸体就是吸血鬼，于是立即斩去这 10 具尸体的头颅，并赶快把尸首烧成灰烬。其实在现代人看来，这 10 具尸体很可能是被误埋的未死者。

神奇的佛舍利是如何得来的

2005 年 6 月 24 日海峡都市报郭光仪报道：福建省莆田市秀屿区镇峰祠一位百岁老尼圆寂，法体火化后得舍利子、舍利花共 20 多颗。舍利子大者如豆，舍利花状如珊瑚。南山广化寺的定心法师说，留下这么多舍利，这在佛教界中极为罕见。在一个黄缎铺底的全封闭玻璃箱里，安放着老尼的舍利。舍利子共有两颗，形状呈较规则的圆形，其中大的一颗如花生米大小，颜色呈白色，散发着如珍

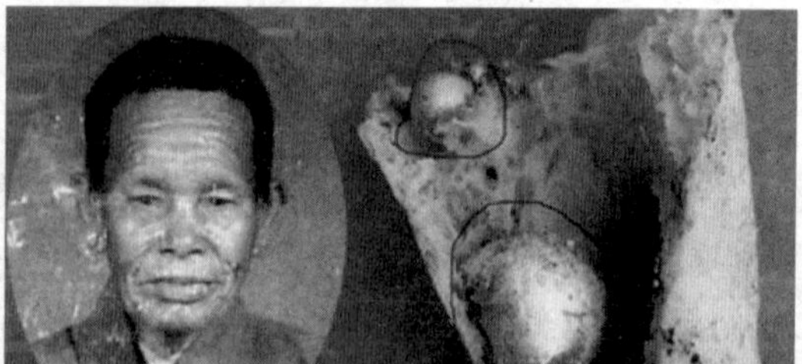

老尼生前照片和老尼舍利

珠般的光泽，小的一颗比黄豆粒稍小。舍利花大多似珊瑚状，颜色为白色、绿色等，镶嵌着米粒大小的结晶体，计有20多颗。

据村民翁金泰介绍，老尼名叫翁哑口，是个哑巴，2005年107岁，从小就在笏石镇杨山庵出家，30多岁时来到大丘村后黄自然村的镇峰祠常住，与村民们的关系都很好。2005年5月，从来没生病吃药的老尼因为腿疾，卧床不起，熬了一个多月后，于6月19日临近中午时圆寂。20日，180多位村民自发将老尼护送到莆田南山广化寺火化，发现老尼依然手脚柔软，面目如生。

村民们说，老尼平时吃的是大米、地瓜、青菜等粗茶淡饭，喝的是井水，到了100多岁时，还能挑动30多千克的担子健步如飞。

据说，佛门弟子达到这一精神境界即为“得道”。高僧得道之后，一旦圆寂，按佛教教规要执行火化。火化后，还会剩下一些硬物。这些硬物晶亮透彻、五光十色、坚硬如钢，佛家称之为舍利，俗称舍利子。舍利素来被视为佛门珍宝。

相传，只有得道高僧圆寂火化后才能出现舍利。舍利现象本十分罕见，但近年来，舍利现象屡有出现，成为当代佛教界的一个奇闻。

1990年12月，新加坡华人高僧宏船法师圆寂。火化后，人们在他的骨灰中捡到480颗彩色的、类似水晶体的硬物，有些还闪烁着钻石般的光亮。据辨认，与以往的舍利毫无二致。高僧们火化后形成的舍利大小不一，色泽各异。1993年5月7日晚，辽宁省沈阳市唯一藏传佛教实胜寺79岁的大师乌力吉高僧（蒙古族），感觉身体不适，想回原籍辽宁阜新一趟，不料，寺里派人刚送他到沈阳火车站，他便悄然圆寂。高僧的遗体是送到沈阳文官屯殡仪馆火化的。火化后，在他的骨灰中发现红、绿、黄、黑、白等多色珍贵结晶体数十枚，大的如黄豆，小的似米粒，经佛教专家鉴别，认为是高僧圆寂留下的珍贵舍利。

据佛籍记载，释迦牟尼佛火化后，共得8400颗舍利。而今，竟然有一高僧留下多达万颗的舍利。1991年3月，中国佛教协会常务理事、山西省佛教协会副会长、五台山佛教协会副会长通显法师圆寂火化后，得五色舍利11000颗，堪称古今之冠、世界之最。另外，在大小形状上，一些舍利更是令人惊奇。一些高僧留下的舍利竟大如鸡卵。1989年9月27日，中国广西桂平县93岁高龄的宽能法师圆寂，火化后得到了3颗色泽碧绿、晶莹透亮的舍利，每颗直径 3 厘米 ~4 厘米，好像绿宝石一般。

有一些高僧的心脏在火焚后竟能不化，最后也化成了坚固的舍利。1994 年，93 岁的圆照法师在中国陕西省长安县喂子坪乡观音山寺修行。6 月 12 日，圆照法师神色突然异常兴奋、激动，晚上 9 点多时，他对前来探望的寺内弟子演讲了一通佛法后，说了一句“我将心留给众生”，此后便再无声音。众人看时，他已合眼闭目，盘腿打坐，悄然圆寂。4 天之后，弟子们按照佛教教规，在寺内一大青石板上架起木柴，将圆照法师焚化。大火烧了整整一天，法师法体形成百多颗大小不一、形态各异的舍利和舍利花。舍利花颜色雪白，镶嵌着米粒大小的呈红、黄、蓝、褐色的结晶体。尤为神奇的是，法师心脏久焚不化，成为一个呈黑褐色的巨大舍利。火化结束时，心脏尚软，之后逐渐变硬，当时在场的百余名弟子均亲眼目睹，无不称奇。圆照法师性情恬静、平和，平时打坐、参禅时间长，但饭量极小，每餐只吃一二两。经法师的俗家弟子、长安县气功协会会长王绪文介绍后，观音山寺曾派人携舍利到陕西省佛教协会，经余元大师鉴别，确认是罕见的舍利。后来，当地人为了永久存放，又筹措资金专修了一座舍利塔。

关于舍利的构成及形成原因，说法甚多。

有些学者提出，由于佛门僧人长期都是素食，摄入大量的纤维素和矿物质，经过人体的新陈代谢，极易形成大量的磷酸盐、碳酸盐等，最终沉积于体内形成结晶体的形式。然而这种解释并不完全令人信服。世界上素食主义者成千上万，为何并无舍利出现？

一些学者认为，舍利可能是一种病理现象，类似胆结石、肾结石之类。这种解释也难自圆其说，不少患结石症的病人，死后火化，无一例有舍利存在，况且出舍利的高僧生前几乎都是身体健康、安详自在的长寿老人。普通的人体经长期的修炼，会达到一种高深的境界，佛家称“圆融”，涅槃之后即生舍利。其中奥秘仍待探究。

肉身不腐的奥秘何在

人体是血肉之躯，会随时间腐化。然而，这个世界终究是神奇的，竟然出现了人体不朽的奇怪现象。

公元790年，91岁的中国唐代僧人元际禅师知道自己来日不多了，就悄然返回故乡湖南衡山的南台寺，嘱咐门徒将他平日收集来的多种草药熬成汤。每日除饮进10多碗药汤之外，不进食任何其他食物。一个月后，他变得非常清瘦，但面色红润，双目如炬。一天，他口念佛经，端坐不动，安详圆寂。此后，过了一月有余，元际禅师的肉体不但不曾腐烂，而且还芳香四溢。此事令人们十分惊诧，以为这是元际禅师功德无量的结果，便特建庙寺敬奉。

20世纪30年代，由于军阀割据，战乱频繁，日本间谍渡边四郎便趁机将元际的肉身盗走，并偷运到日本，秘而不宣。渡边死后，人们在清理其遗物时发现了这一重大秘密。重见天日的元际禅师盘腿而坐，双目有神，俨然如活人一般。

众所周知，一般的木乃伊是由人工药物做的“躯壳”，并不稀奇，而且，木乃伊一般都是以干尸的形式存在，没有丝毫的活力。而元际禅师的肉身却能在没有生命的情况下有血有肉地存在于世人的眼前。暴露于空气中的肉身竟能不腐，实为罕见，堪称世界一大奇迹。元际禅师的肉身被存放于日本横滨鹤见区总持寺，被视为日本的“国宝”。

在中国九华山双溪寺，有一位名叫大兴的僧人于1985年去世，其肉身至今也仍保存完好，不曾有半点腐败迹象。

人死之后，生命的有机体将渐渐地消解。历史的典籍中，曾有许多高僧肉身不腐的记载，但终究无处可查，无事实可依。可如今，这样的一件奇事却发生在我们的身边。

在中国河北省香河县，有一个名叫周凤臣的老太太，从1992年去世至今，尸体在常温下不腐。周凤臣老人生于1905年11月，是一位普通农村妇女。在她38岁那年，得过一场大病，卧床不起长达40天之久。自打那次病好以后，她在饮食上从不沾一点荤腥。

去世前一天，正在住院的周凤臣病情突然好转，并开始异常排便，每次都呈喷涌状，量大而黏稠，颜色紫黑。第二天又大量吐痰，痰里有五颜六色的人们没见过的块状物，吐完她就用凉水漱口。这种情况持续了一天一夜，让家人给她用凉水擦身，用清凉油涂抹全身的主要穴位。去世的当天医生认为还要继续输液，可在她手上和脚上连扎 5 次都回血，医生没办法，只好作罢。

1992 年 11 月 24 日夜，这位 88 岁的老太太拔掉氧气管，说："我要睡觉了，不需要它了。"随后安然合上了双眼，停止了呼吸和心跳。老人停止呼吸以后，24 小时体温降，一周后肢体仍然柔软如常，甚至手背还有血液流动，头部太阳穴的血管清晰而且有弹性。在以后的几个月里，老人的遗体仍如往常一样。几年过去了，老人的遗体仍完好无损，不需要任何保护。

周老太太去世以后，一些生物学家、医学家及人体科学工作者组成了联合调查组，对她的遗体进行了检查，但没能揭开其中的秘密。

人能长生不死吗

死亡是生命的必然归宿，是文明演进和社会发展所必须付出的代价。而且，似乎越是高级动物，再生和不死的能力就越低下。例如海星断了一只脚后，很快就能再长出和原来一样的脚来，而哺乳动物却不能。然而，能够彻底摆脱死神的追逐却是每个人梦寐以求的。随着现代科技的发展和一些迹象的昭示，已经有一些科学家认为人终究有一天能够永生。

生命科学方面的学者认为，人的极限寿命约为 150 年，一个人不可能活过这个极限。他们认为人的原始胚胎细胞最高分裂 50 次，当接近这个次数时，人的寿命也就相应地到了尽头。然而，在现实生活中，寿命超过 150 岁的人却屡见不鲜。

日本有个名叫万部的人，1795 年，当时的宰相因其夫妻寿命"高不可攀"而召见他们。当时，万部是 194 岁，其妻 173 岁。48 年后，日本举行长寿庆典，他们一家再次应邀前往，那时万部已是 242 岁了。英国也有一位叫费姆·卡恩的人，他活了 207 岁，经历了 12 个王朝。以上这些都是超长寿的人。

上面的记载是否是真实可信，已经无从考证。但现实生活中超过百岁的，确实颇有一些。1980 年 7 月 9 日，在英格兰的剑桥郡，约翰 · 奥顿和哈丽叶特 · 奥顿隆重庆祝了他们结婚 80 周年纪念日，这一年他们分别是 104 岁和 102 岁。我国江西于都县石靖乡敬老院的唐招娣、钟度春老人，分别是 110 岁和 104 岁。

在长寿人群中，有两个显著特征是值得去研究的。一是长寿的遗传，即长寿者呈家族式存在。新疆英吉沙县的吐地沙拉依一家就是一个长寿家庭，他母亲去世时 110 岁，他哥哥去世时 135 岁，两个弟弟分别活了 103 岁和 101 岁，而他本人在 1986 年时就已 137 岁了。有人对武汉地区 100 位 90 岁以上的长寿老人的父母和祖父母的年龄进行了调查。这些老人的父母年过 80 岁的有 22 人，90 岁以上的有 11 人，祖父或祖母年龄在 80 岁以上的有 14 人。广州 1980 年的调查结果也是如此。被询问家史的 46 名长寿老人中，有长寿家族史的占 65%。这说明，遗传与寿命的长短密切相关，但其具体机制如何，目前还不太清楚。

另一个是地区差异。曾经有机构作过的调查，世界上有 4 个地方被认为是长寿之乡。其一是保加利亚南部的多彼山区，平均每 10 万人中有百岁以上老人 53 人；其二是格鲁吉亚，在被调查的 1200 万人口中，百岁以上老人有 5600 多人，每 10 万人中有百岁老人 47 人；其三是被称为心脏病患者的疗养胜地界——厄瓜多尔的洛哈省；其四是我国的新疆维吾尔自治区。

人类多次突破寿命极限在彰显生命所蕴含的巨大潜力的同时，似乎也让人们对永生的幻想寄予了一丝希望。难道永生真的可以实现吗？

对于永生的概念，一些科学家给予了另一种诠释。他们认为，永生的概念并不意味着人的身体可以永远存活下去，而是指一个人的基因能够长期稳定地在人类种群中存在。死亡是一个事实，但并不意味着死亡就是一个必然，人类终究有一天是能够克服死亡的，克隆羊的成功已经为人的第二次生命点燃了希望。

远古的冰人是怎么死亡的

在阿尔卑斯山南部发现的冰人，是一具古老而完整的人体。科学家们认为这具人体被密封在阿尔卑斯山希米龙冰川中大约有 5300 年了，这可能是现代考古最重要的发现。

这个冰人在 5300 年以前是怎样生存的呢？

冰人死时穿着鹿皮衣和草披肩，附近有他的弓和箭，一把铜斧和其他工具。它们还保持着原状。冰人的皮肤、内脏甚至他的眼睛依然保存完好，是迄今为止发现的最古老的保存最好的人体。英斯布鲁克大学法医学研究所史前研究专家康纳德 · 斯宾德勒说：“这应该是对古埃及特德国王研究后的一个重大发现。”

事实上，这次发现的意义更重大。因为特德的 3344 年前的陵墓只能说明古埃及法老豪华富裕的生活，而冰人要比其早 2000 年，他能阐明一些更遥远的远古时代的奥秘，还可以探索新石器时代欧洲森林耕作狩猎的人们的踪迹。

冰人高 157 厘米，估计生前重 50 千克左右，现在他只有 20 千克重。冰人右耳垂有一洞，说明曾穿过耳饰。身上唯一饰物是 5 厘米皮饰的白玉石圆盘。皮肤上的刺花纹十分好看。有 4 个 7.62 厘米长的带子在他的左脚上。还有 14 条细纹刺在背上。康纳德 · 斯宾德勒观察说：“这不像现代刺花纹，这些纹身必定有其含义。”从冰人磨损的牙齿分析，科学家提出他的饮食包括磨料面包。

从他外衣中发现的麦子，证明他住在靠近阿尔卑斯山山脚下从事耕作的社会群体中。

新石器时代的欧洲大约在 7000 年前就扩大耕种荒地。第一批农民在开阔的土地上砍树，燃烧硬木树，种麦；在森林附近放牧牛羊。他们也在这一地区从事狩猎和钓鱼，逐步成为过着半游牧生活的人们。这两种文明慢慢地结合。这个冰人反映了耕作与放牧的混合性。他可能靠面包生活，也可能从周围森林中采摘天然果实维持他的生活。当冰人遗体在英斯布鲁克大学实验室受到保护时，科学家对他的物品进行了研究。德国美因兹市罗马界——德国中心博物馆的考古学家马科斯·艾格已把冰人的皮制物品弄得干干净净，涂了油脂并进行脱水处理。草编手工制品已被冰冻并消除了湿气，最后成为干制品。木制品在大盆里清洗过，并上了蜡以防腐蚀。

发现的最显眼的木制品界——长弓，是用紫杉树心制成。紫杉树依然生长在希米龙冰川下的山谷之中界——发现冰人的地方。传闻过去这山谷是制造长弓的地方。事实上，冰人的弓在他死亡时尚未琢磨修整好。分析结果：他可能在这山谷里切削过他的弓。

根据冰人携带的工具及他周围许多动物粪粒样东西的实验性分析，康纳德·斯宾德勒推测冰人可能是牧羊人，他死亡时可能正在放牧羊群。冰人步行到山谷为一张断弓切削代替物，并在暴风雪袭来时寻找躲避处。研究人员推测，冰人也许筋疲力尽，在不利的天气条件下熟睡在山谷的壕沟中，结果造成被冻死亡。

研究人员难以得出进一步的结论。关于冰人怎样生活、怎么死亡尚待进一步研究。在揭开冰人所有秘密之前，在欧洲和美国的研究人员正在用最新显微技术拍摄冰人器官的各个部分。科学家们的研究工作将逐渐取得进展。

是否冷冻技术真能让人起死回生

在美国亚利桑那州首府菲尼克斯市，有 28 个按 20 世纪死亡标准生命已“停止”的人，他们以完整的尸体或只留个脑袋用低温冷冻技术保存在液氮中，等待将来有一天医学的进步足以克服癌症和艾滋病的时候，他们能够再次回到人间，重新过正常的生活。按照病人的遗嘱，对他们生前的宠物如狗和猫也做相同的处理。这一方面可以充实实验数据，一方面也可使他们复生后在现今亲人都不在世时不感到寂寞。

主持这项工作的是奥尔科尔基金会，它在世界各地已有数千名会员，这些会员都希望在他们生命的最后一刻被冷冻起来，在未来的几十年或几百年之后复活。他们的这个愿望能实现吗？

这个似乎异想天开的做法一开始就受到专业生物学家和医生的质疑。他们指出，躯体在冷冻时会发生大范围的细胞破裂，这就使得修复工作变得不可能。还有，大脑流血不畅造成局部缺血 10 分钟后，脑细胞就会有不可逆地损坏，导致病人成为植物人，一个被冷冻起来的植物人还有希望恢复成一个健康人吗？

但奥尔科尔基金会的工作人员对他们从事的事业充满了信心，会员按照要求办好人寿保险，这就为手术的费用提供了保障。在医生确诊病人死亡后，工作人员就开始按照事先安排的程序严格进行操作。先是用冰水降温，使躯体温度保持在 2℃左右，这样既可以防止细胞死亡也可以防止其冻裂。然后做气管插入术，继续为细胞供氧，同时将血管内的血液抽出来，从静脉向体内输入人工营养液和各种不同的药物。接着，在病人的大腿动脉处装一只血泵，向体内灌入一种特殊的保鲜液，这种液体在今后的冷冻过程中将起到至关重要的作用。当一切就绪后，病人马上被送入基金会的总部，那里有早已准备好的一个冷藏罐，病人将被长期贮存在那里。

人体冷冻术遭到了一些病人家属的反对，他们难以接受将亲人的躯体保存在 - 196℃的低温中。同时人体冷冻术还带来了一些法律与伦理问题，美国的法律界和伦理学界不得不加以考虑。

当然，目前人们关注的焦点仍然是病人能否复生？何时才真正有把握使冷冻的机体恢复生机？目前，有两项技术是关键性的，即“控制基因”和“毫微工艺学”。现在脱氧核糖核酸的译码工作进展迅速，平均每天就能辨认出一个新的基因。虽然基因的辨认离基因的复制和表达还有相当距离，但给人的感觉是人体的秘密将会越来越少，总有一天我们可以把自己的生命掌握在自己的手中。

但事情真如想象得那么顺利吗？有科学家指出，“控制基因”和“毫微工艺学”只能解决微观的复杂性，却无法解决宏观的复杂性。而人体并非是简单的细胞堆积，它在整体上蕴含了许多单个细胞所不具备的功能。奥尔科尔基金会的科学家能不能克服这个难题是让人怀疑的。还有正如一些社会学家所指出的，即使这种技术可能会成功，那么它也是反人道，不利于社会发展的。因为老的生命会占据更多的生存空间而影响到人类未来的发展。所以人体冷冻术面临着技术和伦理的双重困难，那些冷藏起来的躯体是前途未卜的，这项技术将如何影响我们明天的生活方式，也是个悬案。

神农架野人

历史上，神农架野人的传说由来已久。《山海经》中说：“东一百五十里曰熊山，有穴焉，熊之穴，恒出入神人。”学者认为，熊山属神农架山系，系炎帝神农氏当年采药处，而“神人”就是野人了。汉代的《淮南子》、南北朝时的《述异记》、唐代的《酉阳杂俎》、清代的《古今图书集成》等许多书籍中，也都有关于这种人形动物的记载。

20 世纪末，神农架及周围地区有关发现野人的传闻颇多，但由于人烟稀少、交通不便，许多发现并不为外界所知，直到 1976 年第一次有人在公路上发现野人，野人之谜才广为人知。

1976 年 5 月 14 日凌晨 1 时许，神农架林区 5 位干部乘坐吉普车从十堰市返回神农架。当经过海拔 1700 米的椿树垭进入神农架林区的三岔地带时，司机蔡志先在汽车灯光下猛然发现公路上有一个动物弓身迎面走来。蔡志先一边提醒车内人注意，一边加大油门向这个动物冲去，想把它撞倒。眼见就要撞上时，那个动物敏捷地闪到路旁，惊慌地向山坡爬去。由于坡陡且高，它跌了下来，蹲在地上，前肢着地，仰头盯着车灯。蔡志先按响了汽车喇叭，坐在车上的当时的林区党委会副主任任忻友、舒家国，农村政治部主任余传勤，农业局局长周宗义，林区党委办公室秘书陈连生 5 人赶忙下车，从两边围住这个动物。距离他们仅 1 米多远的这个动物一身红毛，因为他们从没见过，所以都不敢碰它。相持了一会儿，农业局局长周宗义从地上捡了一块石头，砸在它的屁股上，它才从极度惶恐中惊醒，转身顺着公路缓慢向下走去，然后又爬上斜坡，消失在树林中。

据统计，迄今为止，在神农架林区范围内目击过野人的有 370 多人，共计 115 次之多。

对神农架这种直立行走的人形灵长类动物的有无，科学家一直持怀疑态度。多数动物学家也认为不可能存在，但参与实地考察的科学工作者，尤其是获得过证据的学者认为，这种动物可能存在。

与野人存在密切相关的问题是野人物种的归属问题。应该说，世界上不少地方发现过这类动物，但若追根究底却又拿不出真正的实物。因此对于野人或类人的未知动物是否存在，现在还不能过早地下结论。排除虚构及人某些幻觉的成分，科学家认为，这类动物的物种归属有以下几种可能：一是古代类人猿的后裔，特别是北美的大脚怪、喜马拉雅山的雪人、神农架野人，很多人认为是巨猿的后裔。较小型的这类动物，也有人认为可能是较小型古代类人猿的后裔。二是大型短尾猴。大型短尾猴看上去像是无尾的猿。20 世纪 50 年代，浙江省曾有过村民击毙“人猿”的报道。根据保留下来的该动物手掌来看，原来是一只大型的短尾猴。三是新种。

在神农架，考察队员们拿出多种动物照片让目击过野人的当地群众辨认。当地群众不约而同地指着猩猩照片，声称就是这种动物。有人指出，中国古人早已记载了猩猩的存在，并指出其产地就是今四川、湖北交界一带。三种可能中，最后一种为更多的人所相信。更进一步的观点是神农架野人极可能是一种介于高等灵长目动物和现代智人之间的巨猿，或称南方古猿、拉玛古猿。而巨猿在外观上和大猩猩原本差别不大。目击者一致反映，野人非熊、非猴，亦非人，能直立行走，这符合巨猿接近现代人类的基本特征。对野人毛发与猕猴毛、金丝猴毛、白眉长臂猿毛、大猩猩毛、黑猩猩毛、现代人毛发进行的比较研究证实，野人毛发的主要形态结构特征皆明显不同于灵长目动物，但除外观红色外，其他诸如毛皮、皮质、髓质等特征均十分接近于现代人类。然而，有限的资料并不能够解答神农架野人的归属问题。

历史上，巨猿曾与大熊猫为伴。大熊猫既然能借助于天时地利在我国四川幸存下来，巨猿为什么不能仰仗神农架的自然优势而躲过被淘汰的劫难？数十年来，在神农架周围，先后发现了巨猿的化石和大熊猫的化石，难道不能说明些什么？现代科学已证明，神农架在第四纪冰川期确实曾成功地充当了生物界的避难所，珙桐、香果等能成为活化石，金丝猴、大熊猫等能成为国宝，巨猿为何不能成为幸运儿？神农架植物区系属中亚热带植物类型，兼备亚热带和温带多种成分，以古老性、丰富性、复杂性、特有性为主要特征，集华中、华南、华北、西南、西北物种之大成，花开四季，果实不绝，巨猿在此应该有充足的食物保证。神农架动物区系属于东洋区类型，种类倾向于南方中亚热带及华中、西南类型，同时具有特有的第三纪残遗的种类。据此推断巨猿在此的伙伴与千万年以前没有多大差异。

神农架的地质构造属于大巴山脉褶皱带，初为燕山运动所形成，以后屡经剥蚀，曾趋于平原化。由于喜马拉雅山运动影响所及，神农架地区形成许多断层，又经强烈剥蚀侵蚀作用，形成当今的山川交错、脊岭连绵、峡谷异常发育的地形。巨猿在此，除绝无肚饥之虞外，还会充分享有随意迁徙、随处藏身的便利。神农架长期处于原始封闭状态，一直是少人问津的世外桃源。直到 20 世纪 60 年代，人类的活动还不会对巨猿生活造成大的威胁。

上述推断如果完全被证实了，无疑是 20 世纪生物科学领域中的“一枚重型原子弹”。正如我国著名学者孟澜教授所讲的，它将为人类起源学说提供十分重要的资料，为研究古猿下地到转变成人这个过渡阶段提供活的标本，就会打破动物地理分布的旧观念，同时还必将对我国新生代地质史，尤其是近一两千万年以来鄂西北地区的地质、地貌、气候、生态等诸多方面的研究产生新影响。

北美大脚怪的传说

北美大陆上长久地流传着关于大脚怪的传说。人们总在不经意间捕捉到大脚怪的影子，但他们的具体模样却始终潜藏在崇山峻岭之中。有志于此的人在苦苦地寻觅着，期待着有朝一日能够破解大脚怪之谜。

探险家帕特森就是一个对大脚怪感兴趣的人。这起因于 1959 年 9 月号《真理》杂志上伊凡·桑德森写的一篇文章。那篇文章的题目为《可憎的雪人，传奇回到了现实》，报道了当时世界各地有关野人的消息（中国人将喜马拉雅山中的野人称为雪人）。虽然柳湾离大脚怪常常出现的地带约 80 千米，但柳湾作为靠得最近的城镇，曾经住过许多追踪大脚怪的人，这里也许是许多偶尔见到过这些大脚怪的人居住的地方。因此，帕特森毫不费力便可打听到第一手材料。他从柳湾到了布鲁夫溪。在那里，他有幸遇到了一名筑路工帕特·格雷夫斯，知道了一系列关于大脚怪的事，而且见到了前几天刚出现的大脚怪脚印。

经过一系列的调查之后，他着手写了一本书。书的内容主要是汇集报纸杂志上所刊登过的文章，当然也包含他这一番调查后的资料。帕特森的书中许多东西都是新材料，其中包括另一个来自俄勒冈州尤金地区的叫李·特里普特所披露的一篇刊登在《旧金山时报》上的报道，还包括与发生在1924年圣·海伦山的长发巨猿袭击一群矿工居住的木屋的著名事件的有关报道。帕特森还根据目击者提供的情况，画了一些插图。

帕特森希望他这本名为《美洲可憎的雪人的确存在吗》的平装书能筹集到可供全面开展此项调查的经费，但并不十分成功。然而，这却使他广为人知，能与许多全新的知情者保持联系，并获得他们所提供的情报。他的下一步计划便是开始着手就此题材拍摄一部资料片。

经过一段时间的准备，帕特森终于向世人展示了他的资料片。该片引起了科学界的强烈反响，不过大多数是负面的。

人们认为资料片中的动物不是真的，或许是有人穿着毛皮干着欺骗的行径。奇怪的倒是他们这种说法在道理上说不通，因为从脚印的深度不难看出，这些大脚印是比常人重好几倍的动物所留下来的。如果说，当帕特森摄像时有一个穿着这样外套的人在那儿一路轻快地走动，那么身负如此重荷能够做到在1小时内走过6千多米的路程，且跨步都在1米以上，而膝又是极度弯曲的，这对人来说是根本不可能的。

当帕特森的资料片在哥伦比亚大学放映时，一位名叫鲍勃·蒂特马斯的学者从克蒂迈特赶来观看，而后又继续南下到布鲁夫溪，看能否从那儿了解到什么。在那儿，他找到了资料片的拍摄地点，并沿着脚印越过溪谷，爬上对面的山坡。山坡上的脚印表明，动物曾在那儿坐过一会儿。

无论是描述、照片，还是脚印，都表明大脚怪仅仅是和人类、类人猿相似的大家族中的一种灵长类动物。和人类一样，他们用两只脚走路。大猩猩全靠吃植物为生，大脚怪则不挑食，也吃肉。那么大脚怪是如何过冬的呢？每年冬天，猎兽者在遥远的地区漫游时，发现雪中有巨大的脚印。或许那些动物是几个结伴来到海岸边避雪的。如果它们是以那种方式迁居的话，它们可能更愿意到南方去。但它们没有那样做，至少不是都那样做了，因为在冬季中期的哥伦比亚北部发现过雪中的脚印。也许它们有一定的路线。最迷人的可能性是，它们像熊一样冬眠，几个月不吃东西。这方面的情况可供科学家好好研究。

大脚怪对人有危害吗？迄今为止还未发现一个因大脚怪袭击而受到伤害的人。一些情况表明，它们即便在自身受到威胁的情况下，也不会伤人。

有人对大脚怪的特征作了如下的归纳：

第一，它们不是人类。它们的大小、毛发和体积都超过了人的限度，而且没有具备人类智慧的迹象。

第二，它们全部吃杂食，吃那些人类不吃的植物，而且还喜爱肉食。

第三，它们在黑暗中看得见东西。有一些人看到过他们的眼睛能反射汽车前灯的光。只能在白天看见东西的动物是不会这样的。

第四，它们很会游泳，是强壮的游泳者。

第五，它们可以发出各种声音，但他们之间用来联系最多的方法是投东西和高声尖叫。

第六，它们很难被杀死或捉住。有人对他们进行过射击，但都没能射中。根据记载，没有一个人使它明显地受伤后把它捉住。

第七，它们很谨慎，避免接触人，而且做得很成功。

喜马拉雅山雪人探秘

众多的历史都记载，喜马拉雅山中有野人。中国人称之为雪人，尼泊尔人称之为耶提。因此，科学家们纷纷来到神秘的西藏。在这发现了一些奇特的现象。

1951 年 11 月 8 日，英国登山队队长锡普顿和华德从圣母峰勘察归来，在万比冰川的西南坡探测时，发现了一串巨大的脚印，很像人的脚印。锡普顿拍下了几张清晰的脚印照片。脚印长 31.3 厘米，宽 18.8 厘米。大足趾很大而且向外翻开，表示留下脚印的是一个约有 2.2 米高的直立行走的动物，而且动作很灵活。第二趾瘦长，其余足趾则较短，后部还连在一起，大足趾和其余足趾看起来是分开的。锡普顿深信，在喜马拉雅山“有一种像猿的巨大生物存在，这种生物是科学界还未能确定的，至少不在已知的亚洲地区动物之列”。

锡普顿分析说，熊的足迹没有这么大。如果说脚印因雪融化而扩大了，则它不可能这么清晰。他说：“真正使我看到冰隙里有这个生物踏过的痕迹。”

20 世纪 50 年代，在尼泊尔发现了雪人的皮肤碎片、一个食指的关节和 1 个木乃伊状的拇指。经动物学家鉴定，它们几乎和人类的一样，在某些方面类似尼安德特人。

1952 年，意大利人汤布兹声称，他在喜马拉雅山脉的卡布尔山麓，看到一只雪人在 300 米之外匆匆走过，随即消失在杂乱的冰堆里面。汤布兹写道：“耶提外形像人，周身长满了暗色的长毛，健步如飞……”

1957 年，在尼泊尔旅游的美国得克萨斯州石油工人托马斯·斯利克遭到雪人追踪。尼泊尔乡民告诉他，4 年来，这里遭雪人袭击的人不下 5 个。1958 年，美国一登山队员在喜马拉雅山尼泊尔境内的一条山河旁，看到一个披头散发的雪人在吃青蛙。1956 年，中国科学院等单位曾派出专业人员对雪人进行专项调查。在海拔 6000 米的雪地上又发现了雪人的脚印，大小与登山鞋印相似。5 月 20 日晚，队员尚玉昌正在营帐里写日记，突然听到山谷里两声枪响，只见藏族翻译气喘吁吁地跑来，大喊：“人！雪人！”原来，有一个雪人正从山谷向山顶走去，全身长毛。翻译冲天放了两枪，把雪人吓跑了。在此之前，曾有一喇嘛看到过雪人，它的特征是：全身长毛，身体比人大，直立行走。

1959 年 6 月 24 日，在卡玛河谷中游的莎鸡塘，一个住在中国境内的尼泊尔边民报告说：他的一头牦牛被雪人咬断喉咙死了。雪人还吸尽了牦牛的血。中科院有关人员和北京大学生物系教师参加的考察队赶到现场，在死牦牛附近找到了一根棕色的毛，长 15.6 厘米。

1979 年 11 月，一支英国登山队从尼泊尔境内攀登喜马拉雅山。11 月 10 日，队员爱德华兹和艾伦在返回基地的途中，在海拔 5000 米处的一个天然洞穴附近发现了一些脚印（像人的脚印）。这时，两人听到了“长达 5 至 10 秒的尖叫声，听起来令人毛骨悚然”。他们相信，附近一定有雪人存在。第二天，全体队员下山的时候，在山腰处，看到了一大一小的两组脚印。这证明这里有两个或者更多的雪人来过。一登山队员怀特自信地说：“我相信……山上必有一种动物学家所未知的动物。”

在喜马拉雅山北麓的中国西藏地区，也多次有发现雪人足迹的报道。特别是 1972 年 12 月，驻边地区的边防部队曾接到边民的报告，说有两个能直立行走的怪兽经常来偷牛羊，并说这两只怪兽不是把牛羊咬死，而是成群赶走，看管起来慢慢吃。边防军出于为民除害的目的，派一位副团长带着几名战士上了山，很快找到了那两只怪兽。在相距 400 多米处，战士们开枪打伤了一只，另一只逃走了。但受伤的那只怪兽竟抱起一块 150 多千克重的大石头朝开枪的人冲来，没冲多远就倒下了。据战士们说，这个怪兽长得像猿又像人，尖尖的头顶，长着 20 多厘米长的棕红色头发，有眉骨，嘴大，牙齿尖利，前肢很长，没有尾巴。在场的没有一个人见过这种怪兽，但由于当时的交通、信息通信条件的限制，这个很可能是雪人的怪物尸体被白白地抛弃了。

由于从来没有捕捉到真正的雪人，持否定态度的人认为脚印仅是大型的哺乳动物留下的。但仍然有一部分人类学者认为，这是与人猿和尼安德特人相似的雪人的脚印。

我国也对雪人进行了大量的研究，但最终的调查结果是：发现的脚印仅仅是一种罕见棕熊的脚印。因此，这个谜将继续缠绕在人们的心头。

漂流于海洋的民族

世界上有不少奇特的民族。例如，巴召人就是一个流浪的民族。特别的是他们流浪在海上，漂流于大洋之中。

巴召人的活动领域是苏禄群岛和西里伯斯海，其范围从菲律宾最西面的巴拉望岛东海岸延伸至印度尼西亚苏拉威西岛的北部，包括棉兰老岛的南面水域、整个苏禄群岛和沙巴。尽管巴召人活动区域如此辽阔，但人口并不多，目前大约有 2.5 万人。他们没有固定的停泊处，而是终年漂泊在海上，从一处漂移到另一处。巴召人极其依赖水上的生活方式，以至于他们一上陆地就患陆地症，即因缺乏海上活动而引起不适。他们只有在死亡时才上陆，因为他们的坟墓在陆上，不在水上。

有人群就会有一定的组织。巴召人在流浪之中形成了自己独特的组织结构。一个典型的巴召村社由 6 只 ~50 只叫文塔斯的易损的小船组成。每只文塔斯是一个家庭单位，约为 8 人。巴召人整个家庭都参加捕鱼，连小孩儿也是超级潜水员。他们的基本食物是鱼和木薯，也吃香蕉、芒果、椰子等各种热带水果。东南亚的海上有一巴召人的分支，虽与其他的巴召人存在较大的文化差异，但无疑同属于一个原始的文化系统。

巴召人的历史是怎样产生的呢？所有的答案都是传说。流传最广的一个是，14 世纪时，一些住在柔佛沿岸（位于现在马来西亚半岛的南端）的船民受柔佛苏丹的委托，送他的女儿过海，去她的未婚夫苏禄苏丹那里。途中，遭到文莱海盗的袭击，公主被掠往文莱苏丹那里。这些船民慑于柔佛苏丹的威严，既没有返回柔佛，也没有前往苏禄，就这样成了海上吉卜赛人。

类似的传说还有很多，传说中肯定会有该民族起源的影子，但谁也不能真正清楚巴召人那样的海上流浪队是怎样形成的。至于流浪者们还要流浪多长时间，也只能靠历史自己来回答了。

孤岛上的民族来自何处

南太平洋中有个波利尼西亚群岛。它离亚洲、非洲、美洲、澳洲都有三四千海里。岛上的居民被欧洲探险家发现时，只能制造出独木舟。这就提出了一个问题，波利尼西亚人来自何处？他们的祖先是什么人？

到 20 世纪末，波利尼西亚人的族源问题仍争议丛生、悬而未决。

土居说。西班牙学者基罗斯、法国航海家迪蒙·迪尔维尔认为，波利尼西亚人是土生土长的种族。群岛周围是汹涌的海洋。海洋把群岛与大陆隔离，古代先民不可能从几千海里外的大陆上驾舟而来。迪蒙·迪尔维尔还认为，波利尼西亚群岛原来是一块完整的大陆，由于地质变迁或其他某种原因，主大陆沉入大海成为星罗棋布的群岛，岛上的幸存者就是现代波利尼西亚人的祖先。波利尼西亚人中流传的洪水神话，很可能就是大陆沉没的历史诉说。然而，考古学证明，波利尼西亚群岛上没有古人类化石，最早的居民是 5 世纪时从别处移民而来的。

亚洲起源说。有些学者认为，波利尼西亚人是从亚洲来的移民。那么，他们来自亚洲何处？有的认为来自马来西亚，有的认为来自中国，有的认为来自印度。马来西亚移民说的根据是，波利尼西亚语言与马来西亚语言很相似，因而判断波利尼西亚人是马来西亚人的后裔。来自中国说的主张者是奥地利维也纳学者罗伯特·涅尔登。他认为波利尼西亚的石器“四棱斧”分布于中国、印度、印尼的苏门答腊、爪哇等地。据此认为，古代中国人通过印度、印度尼西亚到过波利尼西亚岛。波利尼西亚人的故乡是中国，他们是古代的华侨。有个学者泰兰分·希罗亚提出，中国人南迁波利尼西亚是由于蒙古人入侵。由于蒙古人入侵，波利尼西亚人的始祖才背井离乡，“把自己的视线集中到东方的地平线，从而开始了一次最大胆的航行”。人种学家福萨德提出印度移民说。其根据是印度古代语言称月亮女神为“辛”，波利尼西亚语言称之为“辛那”；印度梵文中称古代有个符里希亚国，这与波利尼西亚人传说古代有伊里希亚国也有相似之处。据此，他认为波利尼西亚人起源于印度。

人类学家们几乎完全赞同波利尼西亚人源于亚洲的说法。但这里出现了一个矛盾，从亚洲到波利尼西亚群岛必须乘船从北向南、从西到东横渡太平洋。

现代研究表明，太平洋上洋流由南向北，风向也多与从亚洲漂流到波利尼西亚群岛的方向相反。波利尼西亚人的先人是很难漂流几千海里成功地到达波利尼西亚群岛的。法国航海家艾利克·比斯乔普曾驾一艘中国小木船从印度尼西亚出发，经3年漂流航行都未能到达波利尼西亚群岛。后又驾独木舟，从波利尼西亚群岛向北漂流，却很快到达印度尼西亚。而且亚洲起源的语言证据、工具证据都不充分，波利尼西亚人与中国人、印度人、马来西亚人、毛利人在体质、语言、工具、习俗上的差异是很大的。而泰兰分·希罗亚提出的蒙古人入侵时，中国人南迁波利尼西亚群岛的说法，也存在不小的疑问。到波利尼西亚群岛被发现时，波利尼西亚人迁入只有几百年。这几百年中，他们不可能在语言、人种上发生突变。这些疑问困扰着学者们。

美洲起源说。这一观点是由挪威海洋考古学家海尔达尔提出的。他曾到美洲秘鲁和波利尼西亚群岛考察。他发现，波利尼西亚人有个传说，说古代有个叫提基的神率领波利尼西亚人的祖先从东方乘木筏而来。在秘鲁，也有类似的传说：提基带领部落创造了文化，后在异族入侵时，率领族人乘木筏离开西方大陆，向西行驶，不知所终。这个神的名字、事迹在两地很相似。这引起了海尔达尔的深思，传说总会含有一定的真实成分的。从这些现象判断，古代波利尼西亚人的祖先可能来自美洲。在进一步对两地文化的考察中，他发现了更多的相似性。例如，印第安人和波利尼西亚人都喜欢制造木乃伊，制造的方法也很相似；都喜欢石造像，两地种着一种相同的薯类作物。海尔达尔深信，波利尼西亚人起源于美洲。但是波利尼西亚人先祖是靠什么工具横渡几千海里海洋的呢？海尔达尔从传说中知道他们乘的是木筏。在秘鲁的古代墓碑上，他看到了这种木筏的式样。为了证明提基远洋迁移的可能性，他建造了一只仿古木筏，采用秘鲁深山中的轻木作为原料，用藤条把木头扎紧，不用一根铁钉，还做了原始的帆。然后从秘鲁卡亚俄港出发，扬帆漂流。经过101天，风和洋流把他送到了波利尼西亚的腊罗亚岛，全程近4300海里。

据此，他认为波利尼西亚人起源于美洲。古代先民乘木筏远航是完全可能的。

阿伊努人是日本最早的民族吗

在日本最冷的地方界——北海道的北部，居住着 2 万阿伊努人。他们的文化让去日本的游人很感兴趣。在日本，他们是弱势民族，属于他们的文化是弱势文化。但这个民族却是日本诸岛上最早的定居者。

日本的阿伊努人可谓是一个难以猜度的民族。从人种学和语言学的角度来看，阿伊努人不仅不同于日本人，而且与远东其他民族也有很大区别。有人曾说，阿伊努人为蒙古人的后裔。但蒙古人的特点是面部通常不长毛发，而阿伊努人却胡须满面，头发浓密。然而，阿伊努人也不能划归欧罗巴人种，因为他们的皮肤不是白色而是黄色的，面部扁平，有时还可以见到所谓的“蒙古眼”。阿伊努人的语言也十分独特，既有别于邻近的朝鲜人与尼夫赫人的语言，又不同于较远的伊夫里特语和巴斯克语。迄今尚未证明它与世界上的其他语言有相似之处。

阿伊努族引起了人类学家、考古学家、语言学家、地理学家的高度重视，但目前仍弄不清阿伊努族的发展脉络。根据传说，阿伊努人的祖先是从西方的某个地方漂浮到这个岛上的。据此，有人就设想阿伊努人起先居住在大陆，后来被蒙古人种部落排挤到海岛上。其迁移的路线可能是经朝鲜、对马岛来到日本的本州，后来到达北海道。另一种假说认为，阿伊努人属欧洲民族，其语言亦属印欧语系。第三种解释则认为，阿伊努人的故乡应在南方、大洋洲的岛屿上寻找。有人曾因此提出，阿伊努人的近亲是澳大利亚的土著。

起源之谜尚弄不清楚，但可以肯定的一点是，当日本人登陆之时，日本四岛上的主要民族是阿伊努族。这可以从一些典籍当中找到可靠的证据。公元 712 年，一部日本古书记载：“当我们至圣的祖先从天上降临时，他们在船上、在这个岛上遇见了几个野蛮的部族，其中最凶狠的是阿伊努人。”此外，还可以从中国汉朝的古文献中找到有关于阿伊努人的记载。语言学家的“发掘”也可证明，阿伊努人早在日本人出现之前就已在日本列岛上居住。富士山的名称，就是由阿伊努语的“胡赤”或“富赤”（意为火的女神）演变而来的。

历史上，阿伊努族应为强势的民族，分布于日本的全境，到了 8 世纪，逐渐地衰落。8 世纪末 ~9 世纪初之间，也就是日本平安时代的中期，扶桑国的征夷大将军时伐平定了奉州北部的大部分地区，阿伊努人才被赶到了北海道。德川时代，阿伊努人主要生活在由日本控制下的东虾夷地，即现今北海道的南部。在那里至今仍可以发现阿伊努人聚居的柯坦（村庄）。

现如今，阿伊努人只能“残缩”于寒冷贫瘠的北海道的北部那一隅之地。其祖先仅以捕鱼和猎兽为生，而现在的阿伊努人开始将农业与畜牧业、渔业结合起来了，种植了黍类、大麦和土豆。可即便这样，阿伊努人仍无法保证基本的生存需求。于是，他们不得不背井离乡，去城市和林场谋生，可他们只能从事肮脏而收入低微的工作。或许正是因为如此，方才激发了学者们研究阿伊努人、从而改善其生存境况的热情。

传说中的幸存者——卡尔德拉伊人

有一个奇特的少数民族在爱尔兰的国度里延续着。这是一个奇迹般幸存下来的种族。他们被称作卡尔德拉伊人，有人说他们是古代法国督伊德教徒的后代，因宗教冲突流浪到爱尔兰；也有人说他们是1649年~1650年由奥利弗·格罗姆韦尔领导的在爱尔兰战役中被击溃并向西逃走的民族集团的后裔；还有人说他们是1845年~1849年爱尔兰岛发生毁灭性大灾荒时幸存的逃荒人的后嗣……各种传说和猜测纷至沓来，各国的学者至今还没找到一个较好的答案。

卡尔德拉伊人的民俗应该是历史研究的突破口。最初，卡尔德拉伊人是乘着长方形或奇形怪状的驴车四处漂泊的。后来，他们吸取了吉卜赛人的经验，用酒桶式的马车代替了驴车。如今，他们当中有些人在生活富裕之后开始改换传统的交通工具，开着面包车或可供睡觉、运货两用的大轿车到处流浪。他们每天靠给人看手相、收废品、制造和修理小的家庭用具、做木工或打短工维持生活。这个民族的生活是贫困的，卫生条件很差，难以建立正常的生活秩序。

今天，在爱尔兰常可以看到卡尔德拉伊人临时居住的帐篷。这种帐篷是用竹竿搭成的简易的折叠架子，上面覆盖着防雨布，帐篷中央有一个孔，一根用旧铁皮做的烟筒一头连接炉灶，一头通过圆孔直通到帐篷外。炉灶周围乱七八糟地堆放着劈柴和瓶瓶罐罐。木架子上放着家家户户都有的开水壶和一些只有在星期天改善伙食时才用的烹调白菜和猪肉的铁锅，这就是每个家庭的全部炊具。茶和面包是卡尔德拉伊人平时的主要食品，他们偶尔也吃点米饭或面条汤。在帐篷的各个角落里还可以看到几个装破烂的旧塑料口袋、一些生活必需品和手艺人用的各种工具。

这也是一个正处于消亡之中的少数民族，不过，他们的习俗却能够保持一成不变。今天，他们仍然过着彻底的江湖流浪式的生活。

莫奇人为什么崇拜畸形

在秘鲁北部隐藏着一个 2000 多年历史的种族界——莫奇人。莫奇人是人们对秘鲁北部接近海岸的威鲁河流域史前时代居民的称谓，他们属印第安部族，比印加人早 1000 多年兴起。全盛时期的势力范围北至厄瓜多尔边境，南及今天秘鲁首都利马以北的内披纳河河谷。从迄今发现的遗物（其中包括不少独特的陪葬陶器）来看，他们文化发达，在性和宗教方面抱着奇怪的观念。这些人对人类行为进行了一种特殊的诠释，例如以活人献祭、变态性欲和身体摧残等。他们的文化起源和对生命理解的特殊表达方式，直到现在也未被研究清楚。

过去 100 年间，在秘鲁各地发现了不少莫奇人的文物，但直到 1946 年，美国哥伦比亚大学的两位考古学家斯特朗和埃文斯发掘威鲁河流域的遗址后，莫奇人的陶器及文化背景才逐渐为世人所知。

斯特朗和埃文斯发掘到一座埋了 5 具尸骸的合葬墓，死者中有两个女人、一个男孩儿、一个成年男人和一个身份可能是战士兼祭司的老人。这座古墓的发掘让人了解了莫奇人的生死观。例如，从两具女尸肢体扭曲的情况来看，她们可能是老人的妻妾，被活埋陪葬，以便来生服侍家主，男孩儿大概也是遭遇了同一命运。那个成年男人则无疑是殉葬者，他双膝和脚都被绳子捆绑。此外，两位考古学家还挖掘出一些其他的大小遗物，有珠子、布片、28 个陶罐、一个镶金的红铜口罩。凡此种种，证明莫奇人极为注重来生，显然想把死者连同他的所有财物送进阴间。一些墓葬甚至有一根空心藤插入死者口中，而另一端却伸出地面，以便让死者亲属能够继续给死者喂食物。陶器上表达的信仰使我们对莫奇人有了更深的了解，还是那些在威鲁河流域遗址以及在秘鲁各地出土的陶器。莫奇人用陶器记述一个场面或一个故事，就如别的民族以绘画、雕塑和书籍去记述历史那样。莫奇人没有文字，不能凭书写记载事迹，他们的才能技艺都运用到制造陶器方面。现已发现了一些形状独特的陶器，如橙形的水壶，上塑两人搀扶一名醉汉。陶器上的精美图画，其题材从宗教仪式、战斗场面，到猎狐、斩头等，十分广泛。考古学家仔细研究这些特征，拼凑出莫奇人公元前 100 年兴起到公元 700 年前后衰亡的这段时间日常生活的大致情况。

莫奇人有着比较虔诚的宗教信仰。许多莫奇陶罐都画着一种特别仪式：一群人向一个头顶和双肩发出亮光的人奉献一只大杯。莫奇人认为这种仪式非常重要，正如耶稣被钉上十字架一样。许多考古学家认为大杯里面盛的也许是人血，因为许多这种图画描绘了从俘虏身上放血的场面。在此种仪式上出现的其他形象，是些半人半鸟的动物，或是具有人类形象的猫科动物。常见的形象是几具骷髅在吹笛子，或者在进行性活动，反映出了莫奇人怪诞的趣味与偏嗜。

奇形怪状的图画，仿佛证明了莫奇人对反常事物的着迷程度。可以断定，这些反常的事物同莫奇人的信仰息息相关。许多莫奇陶器本身就是状如死尸的盲者或身形古怪的人物痛苦得死去活来的造型。莫奇人崇拜扭曲变形的人或物，反映了这个部族相信事事与神秘魔力有关的传统。

除了集神秘与丑恶于一体的形象之外，许多陶器还描绘了莫奇人日常生活的种种细节。

莫奇陶器描绘事物的范围，比起其他古老民族所制器物上描绘的更为广泛。既有妇人生孩子或梳洗头发、渔人捕鱼、猎人在山中打猎，也有各式各样的动物的性行为画面。厨子、医师、纺织工人、制陶工人、士兵、祭司、奏乐者等人日常工作的情形，都可以在那些陶器上看到。不管是什么题材，这些画总像是在讲述故事，例如海狮吃鱼或者莫奇人用吹箭管射雀鸟。莫奇人生活的重要环节，如食物、居室、等级制社会结构等，都在陶器上呈现出来。

历史会使一切都成为过去，也会将一切都记录在案，莫奇人短暂的兴衰过程虽已随时间的流逝而离我们越来越远，但这个奇异种族的神秘莫测却时时刻刻在困扰着我们。随着探索脚步的不断深入，我们也将离答案越来越近。

欧洲神秘的古老民族——巴斯克人

巴斯克人是欧洲本土上的一支有着悠久历史的民族。据说，他们从史前时代起就已生活在今天西班牙和法国交界处的比利牛斯山以西地区。“巴斯克人”这个名称最早出现在古罗马时代的编年史中。据史籍记载，在778年，这个弱小的民族曾在龙塞斯瓦列斯山口打败了当时不可一世的法国查理曼大帝的军队。所以，在历史上，巴斯克人素以勇武、顽强和质朴著称。军事上的辉煌使世人对这个民族更感兴趣。学者们的研究表明，巴斯克人不属于印欧人种。在血缘关系上，他们与相邻的西班牙人、法国人和其他欧洲人没有丝毫联系；在语言上，尽管由于长期与相邻民族交流融合，巴斯克语已吸收了不少西班牙语、法语等外来语，但巴斯克语中的基本词根、语源与任何一种印欧语系都不相同，它是一种完全不同于印欧语系的具有极强独立性的民族语言。因此，不少学者认为，巴斯克人是一个在种族、血缘和语言等许多方面与欧洲其他民族有着严格区别的特殊的民族。那么，巴斯克人是什么时候进入欧洲的呢？一些学者认为，巴斯克人的祖先早在7万年前就已进入比利牛斯山地区。而另一种观点则认为，巴斯克早期居民的历史可以追溯到古罗马格农岩洞居民创造洞穴壁画的旧石器时代。大多数学者认为，巴斯克人是在公元前5000年进入比利牛斯山定居的。上述观点虽有不同，但可以确定的是，巴斯克人是远在“印欧人”(也就是雅利安人)进入欧洲之前，便在欧洲本土繁衍生息的一个古老的民族。

巴斯克人居住于山区，但是在诸多传说中，巴斯克人是以航海、捕鱼能手的面目出现的。甚至传说巴斯克人早已掌握了先进的捕杀鲸的技术，但查无实据。直至20世纪70年代，大多数研究者只能把这些传说看作捕风捉影的无稽之谈。首先证明这些传说确有其事的，是加拿大女学者萨尔玛·巴克汉姆。她从1965年起，整整耗费了10年时间，考证出巴斯克人曾在16世纪到过北美洲，并且还考证查实了巴斯克人在现属加拿大的拉布拉多半岛沿岸活动过的红港、卡罗尔·科夫等12个港口的名称。她还从1540年到1610年的历史资料中吃惊地发现，当时的巴斯克人早已掌握了先进有效的捕鲸技术，并且把捕鲸作为一种重要的谋生手段。

巴克汉姆的考证已被 20 世纪 70 年代到 80 年代的考古发现所证实。由加拿大皇家地理学会等机构组成的考古队在拉布拉多半岛沿岸、萨德尔岛和特温岛等地，发现了许多巴斯克人的墓葬、捕鲸工具和生活用具，这些考古成果进一步验证了“巴斯克人是世界上最早的捕鲸能手”的传说言之不谬。

目前的种种研究成果已经证明，他们是一个素有航海传统和高超航海技术的民族，他们早就凭借依傍比斯开湾沿海的自然条件开创了具有民族特色的航海事业；但依然让人们困惑的是，在 16 世纪那样落后的技术条件下，他们究竟怎样使它的航海技术，尤其是捕鲸技术达到了即便是在如今的高技术条件下也堪称一流水平的呢？也许，随着历史研究和考古发掘的不断深入，笼罩在他们头上的迷雾将会被慢慢驱散！

第二篇 动物万象

动物社会是个什么样子

在动物世界中，有许多同种动物个体终生生活在一起而不分离的现象叫群居。生物进化中，随着群居关系的复杂化，有些种群内的个体之间不仅有血缘关系，而且有等级分化和社会分工，这样的动物群体，叫作动物社会。

灵长类动物和某些昆虫，如狒狒、黑猩猩、猕猴、蜜蜂、胡蜂、蚂蚁、白蚁等都是典型的社会性动物。它们的一个个群体，简直是一个个“独立王国”。

一个狒狒王国，由数百只狒狒组成。它们分成等级，其中有几只体力最强大的雄狒狒为统治者，它们统治着全群所有成员，在婚姻、饮水、取食等活动中享有特权。最高地位的雄狒狒除占有更多的饮食外，也占有更多的配偶。这些属于它的雌狒狒，在群中其他较弱的雄狒狒谁也不敢去亲近，否则就挨揍。而较弱的雄狒狒也有各自的配偶，当然，属于它的妻妾，那些更弱的雄狒狒也是不敢染指的。可以说，一个狒狒王国是由若干个分成等级的“一夫多妻制”的家庭所组成。

统治集团担负着共御外侮的责任以及排解群内个体间纠纷的责任。一旦强敌来侵犯，几只雄狒狒合作奋起抵抗，使侵略者（如豹子）不能得逞。统治者（雄狒狒）还会主动排解小狒狒或雌狒狒之间的纠纷。而统治者之间的纠纷会在其内部得到及时的解决，解决的办法是由主持公道的雄狒狒结成同盟来制止挑起事端的闹事者的为所欲为。

雄狒狒对其妻子和子女表现出高度的责任感，而妻子和子女对自己的保护者也有强烈的依赖性。怀孕的雌狒狒总是紧随雄狒狒左右，刚生下的幼狒狒有几周不离其母亲怀抱，更有几月不会离其父亲太远。幼狒狒可得到全群成年狒狒的喜欢和爱护。

群体的警卫哨工作往往由体弱和未成年的年轻雄狒狒担任，这是由于为避免与统治者发生冲突，它们多在群的边缘活动，因而往往由它们首先发现敌人。

狒狒王国尽管是强者为王，有统治者和被统治者之分，但只要受到良好的庇护，能获得充分的饮食，其成员很少有离群而去的。同时它们对于任何非本群的单独闯入领地的狒狒，都会给予无情打击，驱逐出境，表现出强烈的排外性。各种灵长类王国的社会等级角色都是实力较量的结果，王国的统治者也经常被更新。1993 年我们到峨眉山旅游时，上午 10 时左右，在“一线天”山林看见猕猴群在溪边山路上抢游客赐予的瓜果等食物，吃饱了食物后它们全都入林而去了。只有路旁松树上还蹲着一只体格强大的较老的公猴，遍体鳞伤，身上多处的毛皮被撕咬破，还流着血，肚子虽已吃得鼓鼓的，但仍有游客继续递给食物逗乐和拍照，但公猴既不动，也不归去，一副懊丧相。显然，这是一个因政变而被废黜的猴王，它的王位已被新的成年强壮公猴所取代，它的命运或许只能是这样离群孤独生活直至死亡。

动物社会的角色地位不断调整，有利于群体秩序稳定，使御敌能力保持强大。而王者占有更多的配偶，则能保证群体的遗传素质较高。

至于昆虫社会则是另一种情形。如白蚁的社会有蚁王、蚁后和工蚁、兵蚁之分，蚂蚁社会有蚁后、雄蚁（不够格称蚁王）、工蚁之分。其中蚁后、蚁王或雄蚁是生殖机器，只负责产生后代而没有独立生活能力。其他成员负责搜集食物，营造蚁巢，照料王、后、卵、幼虫，御敌等，它们都无生殖能力。因此，一个群体是不可分割的整体，只有作为一个整体，它们才能得以生存和繁衍。

科学研究表明，动物社会是动物群居进化的高级形式，它对动物种群更有效地获取生活条件和保证安全、节约能量、繁衍后代等都有重要意义。

动物的分工合作

在动物世界中，不同种动物之间似乎存在一种法则，总是弱肉强食，如豺、狼、虎、豹以弱小动物为食，鹰捕小鸡，猫捉老鼠等。当然也有反其道而行之的，弱者以强者为食，如蚂蟥、牛虻叮咬牛的皮肤、吸食其血液，有的还索性居住在其他动物体内，以其体内物质为食，如血吸虫、绦虫等。总之，不同种动物之间似乎总是充满杀机，然而这却是动物种间关系的一个方面。

事实上，不同种动物之间相互合作的现象比比皆是。这些种间互相合作的关系被生态学家们分为共栖、共生或其他几种类型，我们没有必要去管这些概念的实质和区别，但从下面几个生动的例子便可充分领会动物种间合作关系了。

非洲热带丛林中有许多蜜蜂筑巢于地下。工蜂采集大量的蜜汁储于地下蜂房中，这是它们用以养育肥胖幼儿的粮食，这些蜜汁及幼虫对于非洲蜜獾来说真是梦想中的美味佳肴。但面对着茫茫热带丛林，笨拙的蜜獾要找到隐蔽的蜂巢谈何容易。然而蜜獾并不着急，坐待着寻蜜鸟从天而降。寻蜜鸟利用它敏锐的感官到处侦察蜂巢，一旦发现蜂巢就立即飞向蜜獾洞穴，在洞口上叫个不停。蜜獾闻声出洞紧随着叫声直奔蜂巢。到达目的地后寻蜜鸟马上躲藏起来，以免受蜜蜂的攻击，而让擅长掘土、身穿厚毛衣不怕蜂螫的蜜獾去掘巢取蜜。等蜜獾饱餐蜂儿和蜂蜜以后，残存的蜡质蜂房就成了寻蜜鸟的美食。它们如此精妙的分工合作，分享战利品，真叫人们惊叹不已。

在非洲和东南亚的某些湖泊、河流岸边，常可看到一些身长 5 米 ~6 米趴着晒太阳的丑八怪——鳄鱼。鳄鱼可谓当地一霸，它们采取突然袭击的方式捕食小到鱼鳖蛙，大到羚羊、狮子等动物，甚至于捕食人类。它们一般由水下潜游至猎物下面，一口将猎物咬住拖入水底，将其淹死后，再从容吞食掉。有趣的是，如此凶残的鳄鱼竟然是一种叫燕鸻的小水鸟的亲密伙伴。常常是一群燕鸻在鳄鱼的四周甚至在鳄鱼身上奔跑着，啄啄这里，啄啄那里，寻找附在鳄鱼身上的水蛭或其他小动物。有时燕鸻竟然斗胆跑到鳄鱼长满利齿的大嘴里，为鳄鱼剔除牙隙中的残肉或寄生物。偶尔，或许是鳄鱼嘴张得太累了，才会突然闭上大嘴把燕鸻关在里面。这真令人心惊肉跳：小鸟一定没命了吧！其实，不用担心，一会儿鳄鱼又重新张开大嘴，燕鸻若无其事地跑出来，仍然在这个危险的伙伴身上继续它的工作。

许多腔肠动物的触手上都生有能分泌毒汁的刺细胞，尽管它们行动缓慢，但仍安然地生活在海洋中。正因为如此，它们成为许多弱小动物的亲密伙伴。海蜇在海水中飘荡着，在它的周围或伞下，有许多小鱼小虾在活动，借它的刺细胞而避敌，而小鱼小虾有眼睛能及时发现浮游生物，并引导海蜇前往捕食，同时自己也能从海蜇的残食中获得果腹之利。还有，海葵和寄居蟹同以空螺壳为栖息所，后者得到前者的保护，前者随后者移动而获取更多的食物。

在我国青藏高原，有关于“鸟鼠同穴结为夫妻”的说法，它们是“夫妻”吗？其实是鸟为避风袭击而借居于鼠穴中，而鼠则可从鸟粪中觅得未消化的植物种子果腹，它们互相获利，故能和平共处同一穴中。

动物种间的这种或互惠互利、或“一厢情愿”的形形色色的合作关系，是在长期进化过程中形成的奇特生态适应现象，这和弱肉强食一样，也是一种法则。正是以这种种关系为纽带，构成了一个既充满斗争，又不乏和平的、生机勃勃的、和谐的、对立统一的动物世界。

生物体内的“记时器”——生物钟

生物具有根据时间规律而准确变化的能力，我们称之为“生物钟”。

生物活动的节律性在生物界广泛存在。有些植物如豌豆、三叶草等，它们的叶片白天昂起，以便接受阳光，进行光合作用，到了晚上，它们的叶片又垂下或折起来，以防水分散失。这样的现象即使在暗室中也同样存在。在海滨的沙滩上，生活着一种硅藻，每当涨潮的时候，海水淹没沙滩之前，它们便钻到沙砂石下面以免潮水冲走，退潮以后，它们又出来沐浴阳光，进行光合作用；在没有潮水涨落的地方，硅藻同样有这样的行为。

植物开花的准时性更令人惊叹。如牵牛花在清晨 4 点开放，蔷薇花开在 5 点，芍药花开在 7 点，半枝莲在 10 点开，马齿苋在中午 12 点开，茉莉花开在 17 点，晚香玉开在 20 点，昙花开在 21 点，月亮花开在 22 点……有人巧妙地设计了像钟面一样的花坛，将一些植物按其开花的时间顺序围绕花坛栽种。

一周，只要看一下是什么植物开花，就知道是几点钟，这就是著名的“花钟”。

以前，湖北农村有“春鸡叫忙起、冬鸡叫 30 里”的农谚。意思是说春天鸡叫天就亮，叫人们快快起床；冬天鸡叫要走 30 里路才会亮。这也是动物体内的生物钟在起作用。

人体生理活动的节律性也很明显：清晨 4 点，听觉最敏感，上午 8 点性激素分泌到高峰，上午 10 点，工作效果最高，中午对酒精最敏感，下午 5 点，嗅觉和味觉最敏感……人体血压的变化，呼吸强弱的变化，体温的变化都有它的节律性。人体节律性最典型的就是心跳。运动员的成绩好坏与节律性有关：

每当夕阳西下时，跳高运动员感到特别兴奋，体操运动员和举重运动员则要在7时~9时，才感到精力特别充沛。

科学家们通过实验证明：生物钟是生物体内固有的。是各种生物在进化中，由于自然选择而保留下来的特性。如果没有这种特性，生物就会在自然选择中被淘汰。这些节律在人为的控制条件下仍然起作用，好像完全不受环境中各种因素的影响，它是能够遗传给后代的。但也有些人认为：生物钟是生物体对外界环境变化的反应，是受外力调节的。如马铃薯能感知每日的温度和气压的变化，而这些变化又与太阳和月亮的周期有关。又如女性的月经周期几乎与月缺月圆同步。

2003年年底日本的研究表明：生物钟不仅告诉我们时间，而且还可以传递季节变化的信息。

生物电是什么

含羞草是大家熟悉的植物，只要你轻轻地碰它一下，它那羽状复叶便会“害羞”地闭合起来，如果触动的力量再大一些，整个叶片就会下垂，这就是它

含羞草

名称的由来。含羞草这种奇妙的运动，长期以来使人迷惑不解，这个谜直到1913年才被杰克迪斯·博斯破解。原来控制含羞草叶片运动的是一种电信号，这种电信号沿着含羞草木质部和韧皮部传递。而且含羞草具有比一般植物更长的韧皮部细胞，能加强电信号传递。

捕蝇草

捕蝇草的捕虫夹是一个令人叹服的精巧结构，它的上面生长着6根绒毛，这6根绒毛非常敏感，只要被触动，捕虫夹会立即关闭，来犯之虫就变成了瓮中之鳖。这种植物被达尔文称为世界上最奇妙的植物。达尔文当时对捕蝇草的这种奇妙运动很费解，但他推测可能是有类似动物神经的电信号传到捕虫夹的缘故。达尔文为了证实自己的想法，写信给生物学家伯当·桑德松教授，才证实自己的想法是对的。

在植物界里，类似这种现象的还很多。如令人毛骨悚然的食人树，只要你碰上它，生命就危在旦夕，还有一些所谓的“睡叶”植物。

在动物界和人类这种电信号也同样广泛存在：海洋中的鳐是发电能手，它所产生的电压只有50伏~80伏，但电流很大，有时可达50安培，可以打死一条大鱼。非洲河流里有一种电鲶，能够发出伏350伏~400伏的电压。但最厉害的还要首数电鳗，最高电压可达886伏，足以击毙水中任何动物，就是凶猛的鳄鱼也不例外。探险家亚历山大·洪博曾亲眼看到印第安人捕食电鳗时所用的马被电鳗击倒在河里。但它有一个弱点，即不能长时间放电，放一次电后，必须静下来休息，印第安人利用电鳗的这一弱点来捕食它。

有趣的是，在英国利物浦有一个叫作“活电站”的女孩，她的体内储存着静电能，其威力能破坏一台价值1.5万美元的电器而被各公司、商店、银行等拒之门外。1989年，这个利物浦少女爱上一个乡下小伙子，在和他接吻时，她的男朋友奇妙地感到嘴唇发麻，而且还有小火星儿闪现。

生物电现象在自然界当中还有很多，那么生物电的存在对生物本身有什么重要意义呢？科学家们研究发现，生物电对其本身的意义可能有：探索环境、捕食、御敌、照明等。电鲶、电鳗、鳐把电击作为一种猎食和御敌的武器。有种裸臀鱼它的发电器状如一部精巧的雷达，起着探究环境的作用。

但生物电令人不得其解的地方很多。如：动物和人类的肌肉和神经的信息传递是通过生物电进行的，现在医学可通过心电图、脑电图来诊断脑等器官的疾病。而人类思维也是通过生物电进行的，这种复杂的电现象，其具体过程是怎样的呢？电鳗则是由于一种生物结构而产生的如此高的电压，其中的奥妙是什么？我们怎样利用生物电为人类服务？这些自然现象目前还是一个谜，尤其是脑电现象，可能在很长一段时间里仍然是个谜。

生物为什么会发光

众所周知，发光的物体同时也会发热。生物体也会发光，但它不发热，萤火虫是大家最熟悉的例子，它的发光效率很高，是人类任何发光器所无法比拟的，这可能是因为它不发热的原因。因为发热对于灯具而言是一种能源的浪费。生物能发出各种颜色的光，从白到黄，从绿到蓝，从红到紫，真是五颜六色，绚丽多彩。

南美洲有一种奇异的昆虫，能发出两种颜色的光，头部是红色的光点，身体两侧却是黄绿色的光点。在黑暗的夜晚，它头部的红色光点好似火车头上的信号灯，腹部两侧的黄绿色的光点恰似每节车厢亮着灯的窗户。这种虫爬行时，就像从远方开过来的一列小小的火车，因此人们称它“铁路虫”。

有一种深海乌贼，能同时发出几种不同颜色的光，身上的发光器大多为白光，眼部的发黄光，腹部的发青光，肛门附近的发红光。当它遇到敌人时，不是喷射墨汁，而是喷射出发光液体，在海水中形成“光幕”。在敌人震惊于突如其来的“光幕”时，它趁机逃之夭夭。

海洋生物有很多能够发光的，如果你乘坐潜水艇到深海去游玩，会看到各种各样的发光的海洋生物，它们在海洋深处游来游去，好像一架架飞机开着信号灯在夜空中盘旋，看起来很美妙。

在很久以前，人们就发现有羊肉发光，鸡蛋发光，死鱼发光，湖水和海水发光等现象，这些东西本来是不会发光的，人们不知道是怎么回事，后来通过科学家们的研究，知道原来是发光生物的杰作，羊肉、鸡蛋、死鱼发光是因为发光菌寄生在这些东西里的原因，而湖水和海水发光是因为水中生活着大量的发光动物、植物和微生物。

发光细菌不仅能寄生在动物上，也能附生于植物上，几年前江苏省丹徒县一位老大娘，发现村边的一棵老柳树在夜间发光，并且用它治好了长期治疗无效的腹痛症。原来树根上有一种发光真菌，人们称之为“亮菌”，这种菌形似蘑菇，其味鲜美，并从中提取出一种叫“亮菌甲素”的物质，对治疗急性胆囊炎很有效。日本有一种发光的毒蘑菇，常丛生于山毛榉树上。它发出的光使山林犹如在月亮辉映之中，因此当地人叫它为“月光蘑菇”。

科学家们发现，不同生物发光方式有三种：第一种是细胞外发光，生物把萤光素和萤光素酶排出体外而引起的发光。第二种是细胞内发光，萤火虫发光即属于这一种。第三种是共栖细菌发光，如鮟鱇鱼和发光菌共栖，发光菌为鮟鱇鱼引诱食物，而鮟鱇鱼为发光菌提供养料。人们在揭开一些生物发光之谜的同时，自己也受益匪浅。如日光炮的发明就是一例，还有，人们用化学的方法合成了萤光素，创造出了冷光源，利用发光菌探查环境污染等。

动物逃生的绝招

动物世界是弱肉强食的世界，似乎弱小的动物总是葬身于凶猛强大的捕食者腹中的，倘若按此法则，经若干年，弱小动物最终会绝灭，而强大的捕食者因得不到食物也会绝灭。事实并非如此，倒是动物界经过漫长的进化过程变得更加充满生机了。由于生物具有遗传变异的特性，同种个体之间存在着差异，在与强大的捕食者个体的较量中，那些不具备自卫逃生本领的个体被吃掉了，而那些虽然弱小，但具有自卫逃生本领的个体得以生存并繁衍后代，而且其逃生招术越来越绝，这就是自然选择的结果。与此同时，捕食者亦被选择，使食肉性动物捕食本领也越来越高超。由于它们相互选择的结果，使生机勃勃的动物界变得更加丰富多彩。

弱小动物的自卫逃生术究竟有多少呢？

动物的自卫和逃生方式可谓千变万化，有的甚至非常奇特。如生活在绿色稻田中的昆虫、青蛙，其体色亦是绿色，而水稻成熟时稻田中的稻蝗却身披黄褐色外衣；冰天雪地中的北极狐的毛色与银色世界浑然一体；变色龙、比目鱼还能随环境颜色的改变而改变体色，使之与环境色保持一致。还有的动物能模拟环境中的物体，如枯叶蝶栖息在树枝上酷似一片枯叶，不仅有“叶脉”，甚至于还有“病斑”和“虫眼”。这些都能有效地迷惑敌人而保护自己，这可算是“伪装隐身术”。有的动物具有灵敏的感官，能及时发现敌人，并通过上树（如松鼠、猴子）、入地（如鼠类）、高速奔跑（如各种有蹄类）、攀岩（如岩羊、鼯鼠）等摆脱敌人。以上可谓是逃遁脱身术了。有的动物身披鳞甲、刺针或骨板把自己装备成一个活堡垒，使敌人无处下口（如穿山甲、刺猬、豪猪、龟、海胆）。这可谓是“壁垒防身术”了。以上都是一些常见的自卫术和逃生术，另外还有一些逃生术，奇特得令人叫绝。

由于有许多食肉动物对死去的猎物不感兴趣，便有一些弱者以装死的办法蒙骗敌人，借以逃生。如野兔遇强敌穷追不舍时，“故意”从高处跌下，装成被摔死的样子；而瓢虫、象鼻虫受侵扰则六足蜷曲躺在地上，如死去一般。还有的动物竟能放“烟幕弹”以干扰追敌，趁机逃遁，如乌贼遇敌会喷出墨汁染黑海水；美洲臭鼬遭敌穷追时，喷出奇臭无比的臭气，致使敌人昏厥，自己则大摇大摆地从容而去。更令人不可思议的是，有些动物能以“自残”的方式迷惑敌人而得以逃生。如壁虎断尾、蚯蜒断肢、海参从肛门喷出一堆内脏都会使敌人的追击受挫，它们虽然牺牲了一部分器官，却保住了一条命。不用担心，它会很快重新长出相应的器官的。更奇特的是“饮鸩止渴”之计。如印度洋毛列达岛上的一种红鸽子，喜吃该岛上的一种植物果实，果子进入鸽子胃中与胃液发生化学反应生成一种剧毒物质，这种物质对红鸽子无任何影响，但对捕食鸽子的动物甚至人来说，却是致命的，于是鸽子鲜明的红色成了一种警戒信号，谁看见红色鸽子都要退避三舍，否则有丧命的危险。许多毒蛇、毒虫都有鲜艳的色彩或花斑，也是这个道理。

会画“禁圈”的动物

在我国东北的大兴安岭林海深处，生活着一种既像紫貂、又似黑熊的动物，这就是貂熊。它有一个异乎寻常的本领，每当饥饿时，它会用自己的尿在地上画一个大圈，凡是被圈入圈中的小动物如中魔法，竟不敢越出圈外，只能待在圈内一动不动，乖乖地等待貂熊捕食。更为奇怪的是，圈外的豺狼虎豹等野兽，也不敢撞入圈内。因此这个“禁圈”具有了捕食自卫的双重职能。

然而，貂熊的尿液中究竟含有什么成分？为何具有如此大的魔力？至今还是个谜。

科学家们发现，从脊椎动物的鱼、鸟到种类繁多的哺乳动物，甚至某些无脊椎动物都有画圈本领。

雄性棘鱼平时是成群生活的，但到春天棘鱼繁殖时期，它们的性格就会发生重大变化。一条雄棘鱼会撵走附近的其他雄棘鱼，把周围适当场所圈占，成为“圈主”，并在其中筑巢。若其他雄棘鱼游近时，对圈占界线监视甚严的这条“圈主”便立刻竖起背脊上的棘，迎上去决斗，以捍卫自己的“领土”。格斗是在圈占的边界附近进行，“圈主”很少游过边界来进行追击，不过并不是所有棘鱼都不能进入圈内，画圈的雄棘鱼只攻击外来的雄棘鱼，而对外来的雌性棘鱼却格外欢迎，它们能友好相处，从不攻击，真是典型的“同性相斥，异性相吸”！

有人曾目击一条一米多长的麻蛇顺着葡萄藤滑行而来，这时一只黄鼠狼突然窜出，绕蛇一圈，然后退去，蛇立即停止滑行，待在原地吐舌头。几分钟后，5 只黄鼠狼相继窜来，各叼一段蛇肉扬长而去。

田螺也有这种“特异功能”，曾有人报道，水田中一只田螺绕螃蟹画了一圈，这只螃蟹便待着不动了。几天后螃蟹腐烂，终于成了田螺的美食。

动物的“怪圈”生动有趣，其间奥秘令人不解。不过从大量的事实可以看出，画圈并不是动物对空间本身的欲望，而是根据生活需要产生的一种本能。它们或是像貂熊一样，通过画圈以取得食物，并保证摄食的安定性；或是像雄棘鱼一样，通过圈占以招徕异性，进而生儿育女，繁殖后代。

可见，动物具有的这种生态学价值的本能，是需要我们今后进一步研究的。

动物为什么长时间处于休息状态

很多动物相对于运动来说，更多的时间是处于休息状态。它们除了必须要进食而索食外，或者在季节的驱动下而发生生殖育雏（仔）等行为外，只要安全没有危机，它们都在以各种方式进行休息，或站着、或躺着、或打盹、或挂在树上不动，真可谓各有其“懒招”。即使被人们认为机灵好动永不知疲倦的猴子，科学家观察证实白天有 3/4 的时间是不活动的，更不用说它们晚上要睡几小时的觉了。

动物为什么要用大部分时间处于休息状态呢？

生物学家采用类似于经济分析的数学模式对动物的能量需要、生育率、食物、水源、气候等因素进行分析，发现对于多数动物，静相对于动往往利大于弊。

拿恒温动物来说，运动会使体温升高，加速体内的水分散失，而体温过高还可能带来致命的危险。有人研究了驼鹿的运动与体温的关系，得出以下结论：假如驼鹿花很多时间来觅食，体温就会升到危险的界限，此时若碰上狼，就不得不狂奔逃命，使体温进一步升高，最后很可能被热死。但事实上，这种事情很难发生，这是因为驼鹿、野牛等反刍动物都有很大的胃，觅食时，它们囫囵吞枣，将大量的未经细嚼的草吞入胃中，然后静待在僻静处，用更多的时间把胃里的食物返回嘴里细嚼慢咽，这既安全又节约了能量的消耗。鸟类飞行时，按单位时间和体重计算，能量的消耗比任何其他动物都高，因此鸟类必须用大量的时间养精蓄锐。

而变温动物静止不动的原因往往与上述情况相反，它们的体温是随环境的温度改变而变化的，只有气温达到一定程度时，随着体温的上升而获得运动的活力。如沙漠中的蜥蜴常静躺在沙里，当太阳把沙晒热了，它们便精神百倍敏捷地捕捉食物了。如蝉在 24℃以下气温时，会静伏在树枝上不唱不动，超过 24℃时则开始鸣叫，随着气温的升高鸣声更为响亮和频繁。

冬季，食物匮乏，气候恶劣，许多捕食性动物以冬眠的方式来适应这一环境变化。如棕熊往往寻得一避寒安全处睡大觉，体温下降到最低点，新陈代谢缓慢，这样，它们便以较小的能量消耗来度过漫漫的缺食寒冬。而变温动物则普遍进行冬眠，有的还进行夏眠，以度过恶劣的气候环境。

还有的动物处于静止状态是因为它负有某种社会责任。一些社会性群居动物中往往有许多这样的角色。如某些蜂群的专职兵蜂，平时总是养尊处优、不劳而获，但一当蜂巢受到侵害，它们则奋起御敌，仅此一举，便会把能量消耗殆尽而亡。它们好像是一节一次性使用的电池，平时不用，用便用在刀刃上。

还有一种叫树懒的动物，可谓懒惰冠军了。它们生活在热带森林中，终身以四肢挂在树枝上，行动极为缓慢，每分钟仅能移动 90 厘米 ~180 厘米。可是懒有懒的福气，由于懒，竟然在它身上生出许多绿色藻类，与绿色环境融为一体，以至于行动缓慢的树懒也能免于敌人的伤害。

应该说动物的各种“懒招”实际是对环境的适应，是自然选择的结果。对于动物本身来说，或节约能量消耗，或调节代谢速率以度过恶劣环境，或减少水分的过度散失和体温的过度升高，以及尽量减少敌害的威胁等，对生存都有重要的意义。

动物的婚配制度

不同种类动物的婚配行为是不同的，但对动物本身来说，则几乎都是适应现象，是长期自然选择的结果。形形色色的动物婚配形式概括起来主要可分为："一夫一妻制""一夫多妻制""一妻多夫制"三种，此外还有多种杂婚形式。

"一夫一妻制"通常是一些食肉动物如虎、豹、狮、熊、狐狸和植食动物大熊猫的婚配形式。它们大多数是由雌性负责生育、哺乳，雄性外出觅食，夫妻共同抚养幼兽，有的雄性尽丈夫和父亲之责不亚于人类。一般来说，在子女未具有独立生活能力之前，这种动物家庭不会破裂。但也有例外的，有时雄狮待其妻子怀孕后，背叛妻子而去另觅新欢，抚育幼兽的重担便只能由妻子独自承担，所以怀孕和哺乳期的母狮对于鹿群、羊群来说是极为可怕的，此时的母狮追捕猎物表现得异常凶猛和顽强。

"一夫一妻制"也是许多鸟类和鱼类的婚姻形式，在繁殖季节到来时，通常雄鸟以鸣声等方式占领一片森林领地作为巢区，继而筑巢并向雌鸟求爱。雌鸟相夫往往根据其鸣声、姿态来辨别雄鸟是否为强者，有的还向雄鸟索食，根据其呕吐的食物来验证雄鸟的觅食能力，一旦双方满意，姻缘便结成了。它们轮流孵卵、觅食、育雏，共尽父母之责。当然，也有"男尊女卑"的，若如此，则养育后代的责任仅由夫妻中的某一方独自承担了。

在同族群居的动物中，多数实行的是"一夫多妻制"。此种情况往往是雄性比雌性个体大。如某些灵长类动物猕猴、狒狒，有蹄类动物鹿、羚羊、野牛，海兽类海狮、海象、鲸等便是如此。其中一头雄海象的妻子竟达数百个之多，可谓"妻妾成群"了。每当繁殖季节到来时，这类动物的雄性个体之间会发生一场场殊死的搏斗，最终产生一头鹿王或牛王等，只有王者才有资格与众多妻妾交配，败者被驱逐出群，偶有回群寻偶的，必遭严惩。等到下一个繁殖季节到来时，又会通过搏斗产生一头新的鹿王或牛王。这样，便保证了总是由最强壮的个体来繁衍后代，确保种群的遗传质量。

还有些群居的动物实行的是"一妻多夫制"。这种情况则与上述情况相反，往往是雌性比雄性个体大。狼群可说是典型的"母系社会",在狼群中等级森严,最大、最壮、最精明的个体是母狼王,狼群中所有雄狼都俯首称夫,听从母狼王的调遣。

公狼们在母狼王的组织下,能有效地捕获到猎物,所获猎物必先孝敬狼王,再是幼狼和其他母狼,最后才是公狼的。在农村,人们往往看到,一只发情的母狗往往逗引来一群公狗紧随左右,它们整天在一起厮混。狗是否直接起源于狼虽无定论,但狗与狼是近亲是可以肯定的。看来,狗仍保留着它们祖先的婚姻遗风。另外,大家熟知的蜂群、蚁群也是"母系社会",实行"一妻多夫制"婚姻。

在动物界,最令人惊心动魄的婚姻是,螳螂夫妻新婚交尾后,新娘竟将自己心爱的丈夫吃掉,此时新郎毫无反抗之意,甘心将自己的身体献给新娘作为孕育下一代的营养。而雄蜘蛛向雌蜘蛛求爱则是冒着葬身于雌蜘蛛腹中的危险进行的。当然,它们不像公螳螂那样为了爱情心甘情愿去献身,它们或是试探,或是送以猎物,或是用偷袭的方式用蛛丝缚住雌蜘蛛,再乘机完成交配动作,然后逃之夭夭,不过也有不慎丧生的。

科学研究表明,形形色色的动物婚配方式和行为对动物的种族的生存和繁衍都是有特殊意义的,或是确保了种族优良的遗传素质,或是为新一代的孕育和成长争取更丰富的物质条件和更安全的环境条件等。

谁是动物世界的"建筑师"

建筑师是人类的一种高级职业,优秀的建筑师集美学、建筑学和多种自然科学知识及丰富的经验和技能于一身,为人类创造出不朽的建筑杰作。可是,科学家发现在动物界也不乏"高明的建筑师",它们创造出的许多杰作都令人类称绝。

在热带雨林中,常可看到一些球形、瓶形或状如毡靴的"果实"悬于树梢上随风飘摇,使人不解的是,这些"果实"的圆圆洞口都有形如麻雀的小鸟钻出钻进。原来,这些"果实"实际是织巢鸟营造的巢。每当繁殖季节到来时,雄织巢鸟便奔忙起来,从植物上撕下纤维,把纤维在选好的树枝上缠来绕去并打上许多结，做成吊巢的基础，然后在巢的基础上用纤维编成许多环悬吊在枝上，再逐步用草或纤维编成一个空心球，最后再依其种类不同，分别在巢的不同位置上筑成为瓶颈的通道和门户，再在巢内垫上柔软材料，新居便落成了。下一步便是娶妻和生儿育女了。

还有一种小鸟叫缝叶莺，它筑巢时先将两片相邻的芭蕉叶用爪拉拢，然后以嘴当针用芭蕉纤维将两片叶缝合成漏斗状，再在漏斗里用柔软之物做成一个窝。以上两种鸟可谓鸟类的“能工巧匠”。

鸟中“能工巧匠”缝叶莺

生活在欧亚北方及北美的一种啮齿类动物河狸，或者说是一种大型老鼠吧，它们竟能造出几十米至上百米的堤坝来，在河流中围成一个个水平如镜的小湖泊，堪为动物界水利工程师。河狸体长一米左右，以树枝、树皮为食，昼伏夜出，善于游泳，故它们都生活在森林地带小河中。夜间，它们齐出动，利用其锋利无比的门齿伐木（啃树）不止，然后将伐倒的大树和啃断的枝条拖入水中。这既是食物又是建筑材料。如此辛劳一个夏季，树枝渐渐堆集成一个个小岛，而后它们用泥和草堵住枝条间隙，然后从水下向上吃出一个通道，再开出若干个洞穴作为厅室，这便是它们安全舒适的大厦了。它们将在此婚配和生儿育女。可是，秋去冬来，水位下降，洞口有露出水面而遭到敌人侵害的危险。于是，众多河狸居民联合起来，再以树枝和泥土筑起工程浩大的拦河堤坝来，这便是其水利工程杰作之由来。

蜂类可谓是“建筑师”人才济济的昆虫类群，全世界蜂类约 12 万种，绝大多数都能筑巢。其巢各具特色、样式美观、结构精巧，令人类惊叹不已，有的原理成为人类建筑之启迪。

蜜蜂的蜂巢是大家所熟知的。其六角形蜂房一个挨一个，错落有致，排列有序，既充分利用了空间，又节省了材料：既坚固又美观。更绝的是，它们所利用的建材却是自产的蜂蜡。可以说，它们是集“建筑师”和“化工师”于一身。

群居的胡蜂（马蜂）的蜂巢如一顶倒悬于树上的“斗笠”，所有的蜂房口朝下，以免子女们遭日晒雨淋。所用的建材是经嚼碎的植物茎叶纤维拌和唾液分泌物，干了以后房壁结构如韧性极佳的纸张，轻而坚固。因而，它们可谓“建筑师”兼“造纸师”了。

还有一种个子极小的蓝黑小花蜂能在垂直生长的草莓梗中由上至下打一隧道，然后由下至上每产一卵，放一些食物，再做一个隔层，如此依次产 20 粒卵做 20 个蜂房，再在最上层做一个值班室，由自己日夜值班以保护子女们直至孵出。

还有许多种蜂把巢筑在地下，其巢的结构依种类不同而异，通常是由一主隧道和若干侧隧道及许多巢室组成。另外，还有许多种蜂则是以泥，或是以叶，或是以蜗牛壳等为基础来筑巢，不管是用什么材料和房基，都将被它们加工成精致巧妙的巢室结构，它们绝不会像某些动物仅有一个安全的蔽所为满足。如有一种叫“陶工蜂”的胡蜂用泥能做成酷似陶壶的泥壳巢，巢悬于土墙或树枝上，故由此而得名为“陶工蜂”。

当然，研究认为这些“建筑师”们的技巧都是一种本能，不用学，不用教，到时便会。然而，这又是为什么呢？这对于科学家来说，还得继续探索。

动物是靠啥导航的呢

在人类社会，人们会利用季风、太阳、星星、指南针以及航标等来确定航道和航向。可是，在比人类航行史更早的时候，动物界就已具有了卓越的导航本领，其“导航仪”的小巧性、灵敏性、可靠性令科学家们赞叹不已。

在动物世界中，鸟类、鱼类、鲸类、海龟甚至某些昆虫，都能在空中或海上航行数千千米，甚至于万余千米而准确无误地到达目的地。

例如极燕鸥，营巢育雏在北极，越冬在南极，每年往返飞行 2 万多千米，世世代代如此，从不迷航。信鸽能从几百至几千千米外准确无误飞回鸽巢。绿色海龟每年 3 月产卵季节到来时，便成群结队从巴西沿海出发，向阿森松岛远航。阿森松岛在南大西洋中，距巴西 2200 千米，距非洲 1600 千米，而小岛全长仅几千米，可见其小了，但海龟却能准确无误地找到它。它们爬到岛上产卵后，又于 6 月间再爬入波涛汹涌的大海，踏上返回巴西的漫漫征途。

孵化出来的幼龟也陆续游向巴西沿海，它们长大后，也会游回“故乡岛”上去产卵。

那么，动物们是如何导航的呢？为了揭开这个谜，科学家们作了大量的研究工作。

为探明鸟类的导航，近年来科学家们设计了一系列实验进行观察研究，结果证实：许多候鸟在迁徙时，昼行性鸟是利用太阳导航的，夜行性鸟是利用星星导航的。有一种白天迁徙飞行的椋鸟，人们通过实验证实，在迁徙兴奋期，它们有计量太阳位移的“生物钟”，在白天飞行时根据太阳的位置和时间，校正自己的飞行方向，这样太阳便成为它们迁徙时的罗盘了。大部分迁徙的候鸟是在夜间飞行的，它们则是以星星导航的。人们将白喉莺鸟笼置于天象馆内，逐渐改变天象馆圆顶的星象，使之成为从欧洲至非洲的各种星空，同时观察笼中的白喉莺的行为。实验证明，白喉莺能将夜空中星星排列情况与昼夜时间及四季更替一一进行对照，根据自己的“生物钟”和“生物历书”确定自己的位置，在没有任何可见的陆地定向标的情况下只要看一下天空的星星便能精确地确定自己处在何处，应向哪里飞行。

人们还利用一系列实验证实了鸽子是利用地磁来导航的。据实验发现：如果鸽子在飞行途中遇到功率强大的无线电发射台，它们会立即晕头转向，失去正确的航向而围绕电台盘旋，除非等到电台电磁波稍一间断，它们就能逃脱这无形的网络而重新辨明方向前进。如果在鸽子头顶缚上一块强力的磁铁，鸽子也像碰到电台一样失去正确的返巢方向。这就充分证明了磁场是鸽子飞行的主要导航标志。科学家还发现，每当地球磁场由于太阳磁暴的影响引起哪怕是极其微弱的变化也足以影响鸽子返巢的准确性，这说明鸽子这只活罗盘具有高度的灵敏性。实验也证明了许多昆虫、鱼类等也是利用地磁导航的。

研究还发现蜜蜂的侦察蜂回蜂巢跳“8”字形舞，其直跑方向与太阳光呈一定夹角以示蜜源方向，那么，它是怎样根据太阳方位来确定自己的舞蹈直跑方向的呢？经过实验证明，它是利用太阳的偏振光来定向的。能以太阳偏振光定向的还有金龟子、蝇类、蚁类等昆虫。利用偏振光定向的优点是，在乌云蔽日或者太阳处于地平线下时，都能以太阳来定向。

不过，科学家们的研究工作虽然取得了不少的成果，但对于动物导航，许多问题还有待进一步深入研究。

动物都是怎样发声的

在大自然中，由于各种动物都能发出不同的声音，交织成美妙的大合唱，使自然界显得更加生机勃勃。可是，你知道动物都是怎样发声的吗？

科学家经过研究发现，不同的动物发声的方式有着很大的差异。

低等的无脊椎动物基本上都不能发声，而节肢动物们的许多种则可以发声，但由于没有肺，它们的声音不是由呼吸器官里发出来的。甲壳纲动物的发声方式最原始，如龙虾由触须基部的挫状器对其甲壳摩擦发声，鼓虾则由大钳的双指骤然合拢而发声。

昆虫的发声方式则多种多样，且有的已经达到非常精巧的程度。

一类是靠翅膀振动发声的，如蚊、蝇、蜂、蛾、蝶等。其声强和音调与翅振频率有关，如家蝇飞行时，翅振频率为 590 次 / 秒，音调较高，是一种嗡嗡声；蝶类飞行时，翅振频率仅为 3~5 次 / 秒，是一种次声波，所以人耳听不到。

另一类是靠摩擦发声器来发声的，如直翅目中的一些鸣虫即是如此。由于它们的发声器已异化，在结构上相当精巧，所以其鸣声非常细腻而动听。

还有一类是靠声鼓膜振动发声的，如同翅目的蝉类便是如此。它们的发声器结构更为精巧，即在第一腹节的两侧有两片富有弹性的膜，这叫声鼓，声鼓与体内的两个发达的声肌相连，声鼓外面各有一个盖板，盖板和声鼓间有一空腔叫共振室，当声肌收缩和舒张便引起鼓膜的振动而发声，而共振室则可增加声音的强度。蝉类发声器可称得上是一架超小型组合式音响装置，体积不到 1 立方厘米，却能发出高达 80 分贝 ~90 分贝的变音调声音。

脊椎动物基本上都能发声，由于有了鳔或肺，它们的声音基本上都由呼吸器官发出。鱼类有的由充气的鳔挤压发声，有的由鼓肌激励鳔振动发声，有的用喉齿或鳃盖摩擦发声。两栖动物呼吸道已有声门，由肺部加压产生的气压打开声门，气流冲出而发声，雄蛙有两个上鸣囊辅助，使发出的声音嘹亮。

爬行动物只有少数几种能够发声，如鳄鱼只在交配季节靠呼啸声来引诱异性，响尾蛇则用尾巴发声。

由于鸟类的气管的一部分特化为鸣管，里面有半月膜，当气流通过鸣管时，半月膜振动而发声。许多鸟类的声音婉转悠扬，十分悦耳。

绝大部分哺乳动物的发声器都由气管、声带和声道（喉、咽、口腔、鼻腔）等组成，由于声带特性和声道共振频率等差异，其叫声有很大差异。如家鼠的叫声尖锐刺耳，黄牛的叫声低沉憨厚且有鼻音。蝙蝠和海豚能发出超声波进行回声定位，但海豚没有声带，由气流冲击气囊发声，不需把空气呼出体外，这种特点适应于海洋生活。

不过，科学家们说，动物发声仅是动物个体间传递信息的一种方式，远不如人类的语言技巧。

动物间的“雷达”与“反雷达”战术

人类世界在战争中存在侦察和反侦察技术，每当一种先进侦察装置的出现都会导致相应的“克星”问世。但根据研究发现，在动物界的生存斗争中，居然也有“雷达”和“反雷达”战术的较量。

例如，蝙蝠种类繁多，其中有许多种以昆虫为食。在夏天，每当夜色降临，便有许多蝙蝠从屋檐或房舍里飞出觅食，它们追逐昆虫的飞行动作十分敏捷，忽上忽下，或兜圈子，或急剧变换方向。蝙蝠捕捉昆虫的灵活性和准确性令人惊叹。有人曾实验，把一群果蝇和蚊子放入蝙蝠所在的房间里，每只蝙蝠扑捉昆虫的速度竟能达到平均一分钟内捕捉到14只，有时仅用半秒钟便能捕到两只昆虫，真可谓“一眨眼”的工夫。蝙蝠在追歼昆虫时，可做到在几分之一秒的时间内改变追击方向。在黑暗的密林中，蝙蝠穿梭飞行自如，能准确无误地避开一切障碍物，甚至翅尖连树叶都不会擦一下。

蝙蝠为什么有着这样的本领呢，难道它的视力特别发达？有科学家实验，将蝙蝠的双眼蒙住或弄瞎，发现它们完全能正常地飞行。若把瞎眼蝙蝠的双耳塞住，则飞行时会到处碰壁，再也捕不到昆虫了。而取出耳塞后，则飞行和捕虫又恢复正常。这些实验说明蝙蝠是通过耳而不是眼来定向的。

后来，又通过人们的进一步研究发现，蝙蝠的喉能产生超声波，从口或鼻孔发射出去，超声波被物体反射回的声波信号被蝙蝠听到以后，便能判断出物体的性质、大小、距离和方向了。蝙蝠便是用这种被称为“回声定位”的导航方法在黑暗中捕捉昆虫和绕过障碍物的，因此，科学家把蝙蝠称为“活雷达”。

研究发现，蝙蝠的回声定位系统不仅具有准确性和灵敏性，而且抗干扰能力也很强。例如生活在黑暗岩洞中的上千万只蝙蝠穿梭飞行，它们发出的超声波及回声交织在一起，对蝙蝠来说可谓是震耳欲聋了。可是，它们都能按各自的回声波来导航，竟互不干扰防碍，自如飞行捕食。

可是，蝙蝠如此“先进的雷达”，却往往会受挫于某些昆虫。原来，自然界中的某些昆虫在长期进化中竟形成了一套完整的“反雷达”战术。

夜蛾是一类在夜间能趋光飞舞的昆虫。据研究所知，有些夜蛾的胸、腹之间的鼓膜内，是一种能截听蝙蝠超声“雷达波”的特殊装置。有人把夜蛾用针扎住，再播以模拟蝙蝠的呼叫声，夜蛾会表现出逃跑动作。若破坏夜蛾的鼓膜器，则对超声波无任何反应。

有人在野外研究夜蛾对超声波的反应，结果发现，夜蛾能发现距其 6 米高、30 米远的蝙蝠。当蝙蝠距夜蛾较远时，夜蛾立即转身溜之大吉；若近在咫尺，说明危险迫在眉睫，夜蛾立即采取应急措施，或兜圈子，或翻跟头，或索性收起翅膀落在树上或地下，总之，千方百计不让蝙蝠能确定自己的位置。

有趣的是，有的夜蛾竟然有“反雷达”装置，能发出干扰波。在它们的足关节上，有一种特殊的振动器，能发出一连串的“咔嚓”声，用以干扰蝙蝠的超声定位，使它不能确定目标。

更奇妙的是，有些夜蛾全身都有“反雷达装置”。它们满身披以绒毛，能吸收超声波，这样，蝙蝠便不能听到一定强度的回声。

尽管蝙蝠的回声定位系统非常“先进”，然而自然界中却又不乏其相应的“克星”。这一发现让科学家们拍案叫绝。

动物的红外线和超声波

大家知道，光波是辐射波，其频率由低到高分为红、橙、黄、绿、青、蓝、紫七色，这是人的肉眼所能见到的，比紫光更高频率的一定范围的波叫紫外线，比红光更低频率的一定范围的波叫红外线，这两种波人眼无法看见。声波是空气振动波，这是人耳听得到的，频率超过声波范围的叫超声波，而低于声波范围的叫次声波，这两种波人耳也无法听到。对于紫外线、红外线、超声波、次声波，这些人类无法看见和听到的“光”和“声”，动物中却不乏能看见、能听到的“千里眼”“顺风耳”。

例如，对于紫外线，许多鳞翅目昆虫便能看得见。利用这一特点及“千里眼”“顺风耳”们的趋光性，人们制成黑光灯置于田间诱捕多种蛾子。对于超声波，前面讲到的蝙蝠以及鲸类等便能听得见，因此“千里眼”“顺风耳”们能进行回声定位，在黑暗条件下运动自如。受此启发人们制成了“声呐”等。

那么，动物中有能看见红外辐射的吗？有能听到次声波的吗？科学家的答案是：当然有！

研究发现，温血动物可产生红外辐射（也叫热辐射），并以此散热。有些蛇类，如响尾蛇、蝮蛇、竹叶青蛇、蟒蛇等能在漆黑的夜间准确地判断温血动物位置，并能迅速地捕获猎物；一些瞎眼蛇或被蒙上眼睛的蛇能准确地追踪、捕获猎物，但对死鼠和与环境温度相同的动物并不进攻。可见这些蛇类并非通过眼、鼻来感知猎物的，而是通过感知周围温度变化来捕食或避敌的。

那么，它们是怎样感知温血动物的呢？

通过科学家研究发现：原来，它们都有一种叫热眼的感受器。响尾蛇等蝮蛇类的热眼位于眼鼻之间的颊窝的窝膜上，而蟒蛇类的热眼位于唇窝上。当温血动物的热辐射（红外线）作用于热眼时，其信息便可传入神经中枢——视顶盖，而形成对该动物的立体感觉，于是它们便能准确无误地捕食和避敌了。更妙的是，它们还能在阳光等热环境中分辨温血动物，其抗干扰性很强。于是，人们根据其原理设计了响尾蛇导弹和用于其他更多方面的红外探测装置。

在海洋中，水母是浮游生活的，在风平浪静时，会有大量的水母漂浮于海面。可是每当风暴来临之前，它们竟能提前十多个小时消失得无影无踪，原来是它们已获得了风暴信息纷纷沉入海水深处，以免被风暴激起的巨浪砸碎。

那么，它们是如何获取风暴信息的呢？

经科学家研究发现，在狂风怒吼、海浪咆哮声中，有一种次声波比风浪传播快。而水母伞缘感觉球里有小小的听石，这便是水母的“顺风耳”了，当次声波作用于听石时，便刺激其周围的神经感受器，从而使水母在十多个小时前便能听到风暴的声音了。在这方面，人们也受其启示，研制成了风暴预测仪用于海船上。

动物王国里的“贼”

自古以来，人类的偷窃伎俩可谓层出不穷。电影《天下无贼》里所揭示的偷窃技术更是令人称奇。但科学家们的研究却表明有些动物的偷窃技术比人更高一筹。

黄鼠狼

黄鼠狼偷鸡使其名声扫地，但它偷鸡技术的巧妙却令人匪夷所思。大家知道鸡的体重一般是黄鼠狼的两倍，甚至五倍，那么，黄鼠狼是如何将鸡偷走的呢？原来鸡有夜盲症，黑夜看不见东西，黄鼠狼便利用它的这个弱点，轻松地伏在鸡背上，用嘴咬住鸡脖子，一来可防止鸡叫；二则指挥鸡的方向——用尾巴不断抽打鸡屁股。这样，它像骑士一样地勒紧“缰绳”，挥动“马鞭”将受惊直窜的鸡驱赶到无人之处后，就毫不留情地咬死，喝血吃肉后，才美滋滋地离去。

袋鼠

澳大利亚的袋鼠时时都随身携带作案工具，它的胸口前有一个天生的肉皮袋。当偷窃得手后，它便将赃物装在口袋内。若有人追来，它便用两只脚着地跳跃着逃跑，身体像人一样直立，袋口向上，无论如何奔跑也不必担心赃物会掉出来。

刺猬

刺猬偷枣则充分利用了自身的优势。它先爬上树去，摇晃树枝，待枣儿掉地后，就爬下树来，竖起浑身的尖刺就地一滚，让一地的枣儿扎在刺上，然后它就爬回洞内收起尖刺，慢慢地享用“胜利果实”。

昆虫世界的奇妙语言

“语言”是同族动物个体间用以影响行为的各种信息交流方式。各种动物族内个体间都用这种“语言”联系。科学研究表明昆虫“语言”极为丰富多彩。

昆虫“语言”可以分为四类：

1. 触觉语言；
2. 视觉语言（姿态语言）；
3. 听觉语言（声音语言）；
4. 嗅觉语言（气味语言）。

对于触觉语言的例子，人们常可看到成群结队的搬运食物的蚂蚁队伍，在来去匆匆中，它们相互用触角碰一碰，这是它们在用触角“交谈”或“打招呼”。触觉语言常是其他语言的一种辅助，如上述蚂蚁的触角相碰主要还是在用气味语言“交谈”。

对于视觉语言（或运动语言）的例子，有大家所熟知的蜜蜂舞蹈语言，侦察蜂通过舞蹈向同巢伙伴“报告”所侦察到的蜜源情况，根据其舞蹈的形式、动作频率及方向，来表示蜜源的距离、大小和方向，用这种办法可召集同伴准确地飞向蜜源。

对于声音语言（听觉语言），研究发现它是通过昆虫的发声器和听觉感受器等声通信系统来完成的个体间的信息传递。昆虫的发声器结构和原理在前面的文章中提到过，而昆虫的听觉感受器则有听觉毛、江氏器、鼓膜等几种，不同种类有不同的听觉器，且结构和部位都不尽相同。

绝大多数的鸣虫，如蟋蟀、蝉、蝗虫、蝼蛄等主要是以声通信来进行个体间联系的，它们通过鸣声向同类发出召唤、求偶、告警和争斗信号。

蝉（知了）的寿命不长，只有十几天，在炎夏，它们要抓紧时间繁衍后代，雄蝉整天不断地高唱召唤歌以召唤雌蝉。此时，如果有另一只雄蝉靠近，第一只雄蝉会马上改变音调，发出保卫领地的歌声，即争斗信号，于是双方高声对唱，似乎谁都想占领这一地盘，直到一方认输飞走，战斗才结束。胜利一方则转调向雌蝉发出求爱声，若有雌蝉靠近后，便进行交配，交配时，雄蝉不再鸣叫。

雄蝼蛄在地下巢穴能发出响亮的长鸣声，经常彻夜不停地一声接一声地叫唤着，这便是它的召唤声。如果召唤来的是一只雄虫，它们便相互都发出短促的嘶哑的争斗声，直到败者逃走，胜者占领巢穴继续长鸣。若召唤来的是一只雌虫，它便转而发出忽高忽低情意绵绵的求偶声。当某一个体受到惊扰时，其长鸣声会戛然而止，这是告警信号，其他个体的长鸣声也会立即停止，似乎在告诉同伙，有敌情，注意隐蔽，免遭侵袭。

不同昆虫的鸣声有不同的声音结构，只有同种个体才能“听懂”，对异类是无效的。求偶鸣声只对性成熟的同种异性个体有效，对其他个体则无效。即使是同一种类的不同种群也不一定相互都听得“懂”的，不同门的鸣声信号有“方言”差异。如有人曾将北京的东方蝼蛄鸣声播放给河南的东方蝼蛄听，不能引起相应的反应，表现为“听不懂”，若用同种群的鸣声播放，则有反应，即“听懂”了。

对于气味语言（嗅觉语言），研究发现它是由昆虫体表腺体分泌的一些挥发性化学物质，用以影响同种其他个体的行为。接受这类物质刺激的器官是嗅觉器官，如触角等。

外激素按作用不同可以分为：性外激素、报警激素、追踪激素、聚集激素等。

性外激素是昆虫释放的引诱同种异性个体前来交尾的一种气味性物质。多为雌虫释放引诱雄虫的，也有由雄虫释放引诱雌虫的，还有的雌雄虫都可释放性外激素的。人们对鳞翅目昆虫（蛾类、蝶类）研究结果发现：由于不同昆虫的行为和飞翔力不同，性外激素的传布和诱蛾距离不一样。如家蚕仅几十厘米；桃小食心虫为几十至百余米；一种舞毒蛾的可达1000米多；还有一种天蚕蛾的在远至4000米外还有引诱作用，其嗅觉敏感度已达到对单个分子的感觉水平。报警激素是用以报告同伙有敌情的外激素，使同伙或隐蔽，或逃跑，或自卫，或协助攻击等。如当你走近蜜蜂巢，不慎遭到某一蜜蜂针蜇后，紧接着是大祸临头，你将遭到大群蜜蜂的群起而攻之，你逃到哪里，它们便追到哪里，一时很难摆脱。这是因为蜇刺留在你皮肤里，由此挥发的气味物质是报警激素，它激怒蜜蜂奋起自卫而进攻，并沿着气味源即被蜇的人穷追不舍。另外，蚂蚁和白蚁往往能成群结队沿着一条路径搬运食物或迁址，是由于工蚁用气味物质标记成的"气味走廊"所致，这可谓追踪激素的例子。

最后提一下，人们还把外激素的概念扩大到昆虫种间的行为影响上，如利他素即是某种昆虫释放的对自己有害而对其他种昆虫有利的气味物质，如棉铃虫卵的气味能引诱赤眼蜂前来产卵，使赤眼蜂幼虫得以寄生在棉铃虫卵上。而与此相反的是利己素，如瓢虫、椿象释放的臭气能驱走天敌，以此自卫。

当今，对于昆虫的声通信和化学通信的研究工作激起了众多科学家的浓厚兴趣，并取得很多成果，成为一个热门课题。这是因为用模拟昆虫鸣声和信息激素类似物来控制昆虫的行为和诱杀害虫具有非常重要的经济价值、生态价值和环保价值，应用前景极为广阔。

昆虫找鲜花的秘诀

花的颜色是引导昆虫寻花的标志。蜜蜂通过视觉可以在五彩缤纷的大草原中，选择它中意的那些花。蜜蜂的视觉只能辨别4种颜色，即黄色、蓝绿色、蓝色和人看不见的紫外线色。凡是能显出以上颜色的花，都是蜜蜂采集的对象。那么，红花呢？蝴蝶是唯一能辨别红色的昆虫，红花是蝴蝶拜访的对象。还有一些高大植物所盛开的鲜红色的花，就必须靠鸟类来传粉了。

各类昆虫中，蜜蜂无疑是为植物传粉授精的"主力军"，但蜜蜂只能辨别4种颜色，它为什么能胜任呢？因为实际上蜜蜂也拜访白花、红花。在人类看起来是白色、红色的花，其实是由多种颜色混合而成的。比如有一种人类看起来是红色的罂粟花，其实除了红色外，还含人类看不见的紫外线色，蜜蜂虽看不见红色，但它却能辨别紫外线色。白色花实际上是由多种颜色混合之后，反映到人们视觉中则为白色，而且白花几乎都能吸收紫外线，同时反射出黄和蓝色，因此，看起来是白色的花，蜜蜂看起来可能是蓝绿色。这样蜜蜂寻花的范围就扩大了很多。

仅仅通过辨别颜色来寻花不能保证蜜蜂不犯错误，蜜蜂还必须根据花的形状和气味来辨别各种植物的花朵。帮助蜜蜂判断花的形状和气味的是触觉器官和嗅觉器官，这些器官都长在蜜蜂的触角上。花朵的颜色在很远的地方就吸引着蜜蜂，飞到较近的距离时，蜜蜂就根据气味来进行最后的挑选，好从相似的颜色中认出自己需要的花来。蜜蜂的嗅觉器官和触觉器官都长在它能活动的触角上，所以触角所到之处，在嗅到气味的同时，也触及了被嗅的花的外形，“测量”到了花的“尺寸”。气味和形状对了，就不会认错花了。

昆虫寻花还要靠它们的味觉器官，即通过口腔中的味觉器官，判别花蜜的滋味，合口味的便是所要寻找的花朵。有趣的是，并不是所有的昆虫的味觉器官都生在口腔里。苍蝇是用腿的尖端来感觉味道，蝴蝶是用脚的尖端来试味。

昆虫寻花的本领可用色、形、味、香4个字来概括，经过对花的颜色、形状、气味、滋味一系列的判断和辨别，才能从万花丛中找到自己所需要的花。

鱼类使用的是什么“语言”

科学家经研究发现被我们称为“哑巴动物”的鱼类实际上并不是哑巴，它们能很好地发声，或者至少有其特有的通信渠道。

鱼类之间能够利用自己的声音，来相互联络与传达消息，那是一种奇妙的“语言”。鱼儿的“语言”是各种奇特的声音。在近海有一种两只眼睛都长在一边的比目鱼，其叫声好似风琴低键发出的声音。然而，这样的“海洋音乐家”却并非绝无仅。

鱼类的发声中以石首鱼类最有名。明朝的李时珍就这样描述过：“石首鱼，每岁四月，来自海洋，绵延数里，其鸣如雷。”鱼的声调各不相同，在黄花鱼繁殖季节，海上可以听到水下传出阵阵“咕、咕、咕”的歌声；沙丁鱼会发出“哗啦！哗啦”的声响；鲂鱼整天“哇哇”声不停；海马发出“呼噜，呼噜”之声。

大部分的鱼类的声音有着重要的生物学意义。如在产卵时发出，往往是用来吸引异性。大黄鱼产卵前发出“吱吱、沙沙”声，产卵时又像小鼓“咚咚”

响，产卵后则发出“咯咯”之声。鳕鱼在求爱的时候同样利用声音，它除了利用视觉还联合听觉追求雌鱼。当雌鱼进入领区，雄鱼除将鳍展开外，还翻着筋斗同时发出“咕哝”的声响，“咕哝”声与闪光对其他的雄鳕鱼而言则是一种警告——“快离开我的领区，否则……”

总之，有的鱼类发声是为了互通信息，相互呼应；有的是防御用，用来恐吓敌害；而生活在深海中的鱼类的发声是探测敌害用的。人们曾在加勒比海观察到一条鮟鱇鱼会定时发出“吼一呜特，吼一呜特”的声音，这可能是在通知同伙：“我在这里”；也可能是一种警告：“不准前来！”后来，这条鮟鱇鱼在那里停留了3个月，其他的鱼儿却和它始终保持20多米的距离。

事实上，鱼儿是没有声带的，它们的发声方法大体上可分为两大类：一类是生物声，由鱼体的某些器官发出，如石首鱼类由“鳔”发声；另一类是机械声，通常是在鱼类游动击水、摄食咀嚼、挖泥掘穴时发出的。如鲷鱼咬碎贝壳时牙齿发出的摩擦声，翻车鱼牙齿摩擦发出的咬牙切齿声。

鱼类这个家族的“语言”是复杂的，除了声音以外，还有外形、气味、动作等都是特殊的“语言”表达。如雄三棘刺鱼通过跳“之”字舞告诉雌鱼自己已是个有资格的“征婚者”；“清洁鱼”通过跳“波浪舞”告诉大鱼它的“医者”身份等。还有成群的鱼进行洄游，洄游群中通常只有一个种类的鱼，这除了通过鱼完善的眼睛来识别外形，还有一种特殊的“语言”——鱼类所产生的某些特殊的化学物质，这使得同一种类的鱼有相同的气味，而且，有时来自同一区域的鱼也有一种特殊的气味，鱼类可通过气味来识别同类。

从上所述可见，鱼类的“语言”是很丰富的！

昆虫的生存之道——化装

昆虫是动物界中最庞大的类群。这是由于亿万年漫长的进化和大自然对它们的选择，使它们对于各自生活的环境具备了一种极为惊人的昆虫生存特技——化装术，这就是拟态。

生活在非洲东部的黠螳，有的十分像木叶；有的又绝肖干枝；有的酷似花朵，利用鲜艳的色彩招蜂引蝶。它们的这些化装术一方面可以躲避天敌的危害，一方面又是一种捕食的进攻手段。

尺蠖是常见的园林害虫，在春季，它把自己装扮得像发芽的树枝，并在第五腹节上还有瘤状的突起，以此模拟树枝的节疤。当它遇到敌害时，就会像断落的枯枝一样落在地上。这种奇特本领不知骗过了多少目光锐敏的敌手。

生活在越南北部的昆虫很像小树枝，而且体色还能随着环境色调的改变而变化。平时它总是用前足挂在树枝上一动不动。当遇到险情时也不逃走而是用足紧握枝条，全身僵直，模仿树枝的姿态；即使肢体伤残，也绝不改变姿势，凭着这种巧妙的伪装术，常使它转危为安，得以幸存。

有一种蝴蝶生活在印度和马来西亚，它落在树枝上，恰好是长树叶的位置上，让人真假难辨。

天生的“伪装大师”枯叶蝶

产于亚洲的一种枯叶蝶，颜色和厚薄都跟树叶差不多，它在身上还装饰了网状的叶脉。这样化装后，不管捕食本领多么高超的敌害也将无法发现它。

生活在非洲的一种绿毛虫趴在一片树叶上，从远处看它是绝对不会被发现的，它还长了一身带有毒的毛刺来保护自己。

在欧洲的秋季景色中，活跃着一种斑蛾，由于翅膀背面的颜色鲜艳很容易被发现。但是它一遇到险情时立即将翅膀收拢把翅膀腹面的暗颜色露在外面，很像一片残缺不全的枯树叶，一旦落到地上，便很快消失在环境中。

花虻是双翅目虻科的一种昆虫。它不仅在外形、体色、花纹上像蜜蜂，而且在生活习性上也与蜜蜂相似。当它在花丛中翩翩起舞时，很难辨别其真伪，那些曾被蜜蜂蛰伤过的鸟类，都惧怕三分，对它“敬而远之”。

非洲生活着一种燕尾蝶，雌蝶总把自己打扮成毒黑蝶的模样，由于鸟类厌恶毒黑蝶身上的恶臭味。因此，伪装后燕尾蝶便可无忧无虑地穿梭在鸟群中，而不会受到伤害。

昆虫的各种奇妙化装术（拟态），都是自然界的伟大杰作，是通过长期的“适者生存，不适者被淘汰”的自然选择过程而逐渐形成的。

萤火虫为什么能发光

炎炎夏夜，在我国南方原野，距地不高的天空中，常有一闪一闪的无数“小灯”飞来飞去，这景致再伴以虫鸣蛙叫，荷芳稻香，给劳动一天后休憩的人们增添了无限的情趣。

这“小灯”便是一只只飞舞着的萤火虫。常有村童追逐“小灯”，逮上几只萤火虫，盛入各色蚕茧中，制成一个个金色的、银色的、橙色的“霓虹灯”，真是平添了无限的欢乐。

那么，萤火虫为什么能发光？它是如何发光的呢？

研究发现，很多昆虫主要是以“气味语言”和“声音语言”来通信的，然而萤火虫则采用发光的形式来交流信息。科学家把这种形式戏称为“灯语”。

当萤火虫寻偶交配时，用“灯语”进行两性联系。一般是雄虫在飞舞中发出一定形式的闪光，不善飞行的雌虫也用闪光作出回答，当信息沟通并识别出是真正的交配对象时，雄虫便靠近雌虫而交配。如一种美国的萤火虫，雄虫先有节律地闪光，当雌虫看到后用闪光回答，等雄虫结束闪光后，雌虫再准确地闪光两秒钟，雄虫获此信息，便将雌虫作为情侣而靠近它。

还有一种萤火虫，在雄虫找雌虫时，雄虫间会展开激烈的竞争。有时雄虫模仿雌虫的灯语，将别的雄虫引开，让自己独占雌虫。有时，雄虫在别的雄虫与雌虫进行灯语“恋爱”时，它会突然插进去，发出亮光，打断它们的灯语“对话”，以“夺人所爱”。

有的雌萤火虫，竟能发出欺骗性“灯语”，它能模仿其他种类的雌虫的灯语，将该种类的雄虫骗来，然后逮住受骗者美餐一顿。

南美还有一种更有趣的荧火虫，身上有红绿两盏“灯”。当“天下太平”时便亮红“灯”，遇有敌情时便亮绿“灯”，以通知同伴躲避。这可称为“警戒灯语”了，不过它与交通警灯的光色刚好相反。

萤火虫是怎样发光的呢？

萤火虫的这种“小灯”可谓自然界中最精巧、最经济的光源。它几乎能将化学能 100% 转化为光能。在揭示这一奥秘之前，人们所制造的名种电灯等光源都只能将一部分电能转化成光能，有相当部分的能量以热能的形式散失掉了。故萤火虫的“小灯”被称作冷光源。

萤火虫的冷光源，即发光器管位于其腹部第 6 节 ~7 节之间，表面覆盖着一层角质表皮，下面是上千个含有荧光素和荧光素酶的发光细胞，再下面是一层反光细胞，另外还有丰富的小神经和小气管。荧光素在水分参与下受荧光素酶的催化，和由气管吸进的氧气化合而发出荧光来，其亮光能一闪一闪的，这是受神经支配气管的开闭来控制气体出入的结果。那么萤火虫发光为何能长时期不停地闪闪发光，其能量从何而来呢？科学家研究揭示，是由三磷酸腺苷 (ATP) 这种高能化合物不断供给再次合成所需能量的。

受萤火虫启示，现在人们制成了各种冷光源——“萤火虫发光器”，广泛用于怕热、怕磁、防爆炸、细菌检验等场合。如防瓦斯爆炸的矿井作业闪光灯便是冷光源。

发光的海底动物是从哪里来的

1967 年，埃及和以色列正处在战争状态。以方的士兵正在西奈半岛海岸巡逻，突然间，他们发现前面的一片珊瑚礁旁，有绿色的荧光团在闪闪发光。士兵们立即紧张起来：莫不是埃及士兵要从海上来登陆偷袭？面对这一严重情况，以色列的指挥官决定先下手为强，命令士兵向敌人发起进攻。冲锋枪朝着那团荧光猛烈扫射，手榴弹准确地在珊瑚礁上炸响，好一会儿过去了，却不见对方有丝毫的反应，难道敌人全部被歼灭了？于是，士兵们呐喊着冲到珊瑚礁前，都准备争个头功。不承想，他们见到的却是横七竖八躺着的黑色小鱼，鱼眼发出幽幽绿色的萤光。原来，“偷袭者”是一群鱼。

这是一些什么鱼，它们从哪里来的呢？事后经过生物学家的鉴定才知道，这是一种白天栖息在海底洞穴中，夜晚出来活动的光脸鲷。这种鱼头大嘴小，在每只眼睛的下方都长有一个黄豆般的发光器官，它的亮度跟一只电力稍弱的手电筒一样。在漆黑的海水中，潜水员 15 米外都能看见这种光亮。在海洋中，有几千种动物像光脸鲷一样能发光。据科学家推算，终年生活在漆黑的海底的生物中，90% 都会发光。忽明忽暗的生命之光，给海底增添了神秘的色彩。

1945 年，法国的一位潜水专家乘深海潜艇潜到了 200 千米深的海底。当潜艇上的探照灯打开时，他看到了一幕令人叹为观止的神奇场面：一只长约半米的乌贼，从它的漏斗中喷射出一滴闪光液体，在海水中很快散发成光彩夺目的绿色焰火。随后，另外两只乌贼也喷射出两滴闪光液体。在水流的作用下，闪光的液体形成了一大片使人眼花缭乱的流体“焰火”，在水中持续了近 5 分钟之久，真是好看极了。

这还不算什么，生活在印度洋 3000 多米深处的乌贼，竟能同时发出三种光亮：肛门上的两个发光点发出铁锈色的光，腹部发出青光，两眼发出蓝光。而深海中的翻车鲀，能使绿、黄、蓝、白、红光交相辉映，煞是好看。还有一种生活在海底中的鱼更为奇特，它能把发出的光照进自己的气囊内。它的气囊的颜色是银白色的，能够反射射入气囊的光，通过肌肉发生散射，使鱼的整个下部发出奇异的光亮。当它在深海中游动时活像一只浮动着的飞碟。

海洋生物为什么要发光呢？这个问题曾引起水生生物学家浓厚的兴趣。经研究得知，它们发光的原因之一是为了防御其他动物的侵害。乌贼在漆黑的深海中发出光芒四射的光带或烟云，使得天敌眼花缭乱，它便趁机逃之夭夭；光脸鲷在受到敌方威胁时，突然亮一下发光器，以迷惑对方的视线，接着迅速关闭光源，改变自己游泳的方向，等猎捕者赶到，光脸鲷早已不知去向。鱼类通常都具有趋光性。有一种叫海鳃的动物，竟会用“借刀杀人”的办法，当敌方接近它时，它便发出光来，照射在“侵犯者”的身上，使“侵犯者”原形毕露，被更大的掠食鱼类捕获。海底生物发光的另一个原因，就是用光来诱捕或猎取食物。鮟鱇鱼便是其中之一。它的头顶上有一件长着倒刺的“钓杆”，长度约为它自己的体长的12倍。“钓杆”的顶端有一盏可随意发出柠檬色、红色、蓝色和白色光的“灯笼”。它在水中摇来摆去，诱惑小鱼向它靠近。在小鱼还没弄清怎么回事时，它就一口把小鱼吞掉了。枪乌贼的手段也不差，它那15倍于体长的触角的触腕上，覆盖着既毒又黏的花蕾腺体，在海底闪闪发光，吸引着甚多的无辜者自投罗网。

海洋生物发光还有一个更为普遍的功能：寻找同伴、引诱异性。美国加利福尼亚大学的生物学副教授莫林曾经做过这样一个有趣的实验：他把两只从海底捕获的电筒鱼带回实验室，将它们置入暗室里两个相邻透明的水箱中，发现这两条鱼用迅速开闭发光器的方式互相打着信号，当莫林教授把一块黑色的木板置于两水箱之间时，这种闪光的“灯语”便立即停止了。

海底世界真是神秘又有趣啊，如果你置身海底，呈现在你眼前的也许就是一个“群星灿烂”的“天空”呢！

鸟类寻根

树有根，水有源，同样，鸟类也有它的起源。和其他生物的发展和进程相类似，鸟类也是由低级到高级，由简单到复杂，由原始到现代，经过漫长的过程，进化而来的。

科学研究表明，鸟类起源于距今1.5亿年前的原始爬行类动物。脊椎动物进化的主干是从鱼类、两栖类、爬行类到哺乳类，最后出现人类。鸟类在地球上出现的时间比哺乳类还要晚一点，它是由中生代爬行类分化出来，并向空中发展的一个特殊分支。在漫长的演化过程中产生了一系列适应于飞翔生活的形态结构和生理机能。

1861 年在德国巴伐利亚地区板石采石场的石灰岩中发现第一个具有羽毛的古鸟化石骨架，它的上下颌有牙齿；头骨如同蜥蜴，有一条由 20 多节尾椎骨组成的长尾巴；前肢有三只细长的指骨等。这些都说明它与爬行类极为相似。然而，它已具有羽毛，爬行类是没有羽毛的，只有鸟类才有羽毛。显然这具化石骨架已不是爬行动物而是鸟类了。它已被英国自然博物馆收藏。后来命名始祖鸟。这具最早被人类发现的标本，至今还保存在英国，成了历史的见证。

始祖鸟出现在 1.4 亿年前的中生代晚侏罗纪，是目前发现最早的鸟类。其身体与乌鸦差不多大小，它既像爬行类，又有鸟类的特征。始祖鸟飞行能力很差，可能主要是滑翔。始祖鸟是如何从陆生的祖先那里获得飞翔能力的呢？一般有两种解释：一种认为是从奔跑开始的。在奔跑时，它可能振动带有羽毛的前肢来加快速度，以至“快跑如飞”；另一种解释认为鸟类的祖先是树栖的，它凭借带羽毛前肢的帮助，经常在树木和地面之间上下滑翔，日久天长，由于翅膀的不断强化完善，最后获得飞翔能力。

始祖鸟的发现意义非常重大，是人类探索鸟类起源的重大成果，也是人类研究生物进化发展道路上的里程碑。它有力地支持了 1859 年达尔文发表的名著《物种起源》，有力地证明了鸟类确是起源于爬行类，是由爬行类演化而来。

由爬行类进化而来的鸟类，经过亿万年漫长的历史变迁、演化和发展，由少数低级的种类逐渐形成许多复杂、高级的种类。它们在体形、羽毛颜色以及生活习性等许多方面都发生了极大而多种多样的变化。

它们的种类和数量，在脊椎动物中仅次于鱼类。它们的分布遍及全球。常年冰天雪地的北极边缘；世界最高的喜马拉雅山；茫茫无际的海洋；深山丛林；不见天日的山洞；荒无人烟的沙漠；以及人口稠密的城市，几乎世界上每一个角落都能发现鸟类的踪影。

飞禽是否真能凭地球磁力辨认方向

远行的飞禽靠什么辨别方向，始终是人类百思不得其解的谜。科学家们对飞禽航行定向的现象进行了很多方面的探索，做了各种各样的观察和研究。

不少科学家认为，一部分飞禽是靠地球磁场来定向导航的。

信鸽导航就是典型的例子。在交通与通信不发达的年代，人们曾经利用鸽子送信。当人们远征的时候，尽管翻山越岭，辗转千里，但是只要把书信捆在信鸽脚上，把它放飞，它就会很快地辨别出回家的方向，径直飞回去，出色地完成传递家书的任务。

信鸽这种特殊本领，在 20 世纪 40 年代就引起人们的兴趣，并且对它进行了系统的研究。人们发现信鸽导航是靠地磁场。我们知道，地球上的每一个点都有它自己的地磁场强度和地球因自转而产生的科里奥利力（转动中出现的一种惯性力）。磁场对于生命，就像空气、水对于生命一样，是不能缺少的。空气和水，谁都能感觉到，可是谁也没有感觉到身边存在着磁场。这是因为生物在长期的演化过程中，已经适应了这一物理环境因素。可是信鸽不但能清楚地知道自己居住地的磁场强度和科氏力的大小，并且能随时识别地磁场强度和科氏力的细微差异，它们就是凭借着这种特殊本领准确无误地飞回家的。

美国生物物理学家查尔斯·沃尔科特教授在 20 世纪 70 年代中期开始了寻找鸽子体内磁罗盘位置的实验。他首先测量了鸽子各个组织的磁性，然后选择出那些具有磁性的组织，分成更小的块，再依次测量各小块的磁性。研究的范围渐渐缩小，最后在每一只鸽子的体内都找到了天然磁性物质。1979 年，沃尔科特宣布说，他们已发现了鸽子体内的磁性物质。它只有不到 1 毫米大，位于眼窝后部靠近外侧的脑组织部位。

研究人员把鸽子的磁组织放在电子显微镜下观察，发现它是由神经纤维构成的。组织内有许多可以阻挡电子束通过的密实的微粒，这种微粒长 0.1 微米，宽 0.025 微米。这些微粒含有大量的铁，而铁是各种磁铁的基本元素。

微粒中还含有少量的镍、铜、锌和铅。这些元素的成分和比例证明，信鸽的磁性物质是一种磁铁。研究人员测量了鸽子磁物质的居里点，也就是使磁性物质磁特性消失的温度，发现它的居里点同磁铁矿相等。最后用光学显微镜观察，进一步看到了极小的鸽子晶体，晶体的颜色正是磁铁矿所应具有的黑色。

飞禽是否真能凭地球磁力辨认方向，是争议了很久的问题。如今研究人员认为，不仅飞禽、鱼、昆虫甚至病毒都能感受到磁场。但动物是怎样感知磁场的却仍然是个谜。

20 世纪 90 年代的两项最新研究表明，光线可能是飞鸟感知磁场的重要因素。美国纽约州立大学的科学家发现麻雀是利用极光来校定其磁场指南针，从而确定方向的。而德国法兰克福大学的研究人员则发现银雀等一些鸟类是利用光线来感知磁场的。这些看法还有待于进一步深入的研究来证实。

鸟儿的飞行绝技如何造就

人们常把鸟儿称为“飞行冠军”，这一点儿也不过分。在长期的飞行生涯中，鸟儿练就了一套硬功夫，无论在飞行速度、飞行高度、飞行距离等方面，都表现得异常出色。

例如，雨燕的飞行速度就非常快捷。有人曾用雷达测出美索不达米亚的雨燕速度，最快时达到时速 320 千米，简直像疾风一样一掠而过。苍鹰的速度更是惊人，有时能达到时速 600 多千米。

有许多鸟能作远距离迁飞，万里长征是它们的拿手好戏。像燕鸥可以从南极洲飞到北极，行程 17000 千米。当它们离开南极时，正是南极洲极夜的开始，而北极正是漫长的极昼。到次年的 9 月，它们又回到南极洲，那时刚好是南极的极昼，北极的极夜。燕鸥不辞劳苦地生活在两极的极昼，看不到日落，所以被人称为“极地白昼鸟”。

鸟类战胜自然的绝技中还有重要的一条，那就是飞行高度。高空辽阔，相对于地面又比较安全，是鸟类开拓的生存空间。只有拥有战胜高空的本领，才能自由自在地翱翔。对秃鹰来说，7000 米的高空不过是正常的飞行领域；

有一种仙鹤能飞越喜马拉雅山的马纳斯峰 (8156 米)。真是一批勇闯生命禁区的飞行冠军啊！

鸟儿是怎样练得飞行绝技的呢？人们一直在观察、研究这个问题，努力揭示其中之奥秘。

人们注意到，鸟类的翅膀是飞行绝技的首要条件。在同样拥有翅膀的条件下，有的鸟能飞得很高、很快、很远；有的鸟却只能作盘旋、滑翔，甚至根本不能飞。由此可见，仅仅是翅膀，学问就不少。科学家们认为，鸟类翅膀结构的复杂性，不亚于鸟类整体的复杂性。如鸟翅的羽毛构造，能巧妙运用空气动力学原理，把大量的氧输送到身体的各个部分，特别是大脑。在通常情况下，大脑损坏的直接原因，就是因为脑血管在过度换气时开始收缩，变得比正常时狭窄，因而减少了对大脑的供氧，脑细胞没有足够的氧气补充，就会加速死亡。然而鸟类在相同的情况下却成功了，有人把成功的秘诀归结为鸟类的大脑，因为它们在过度换气时不会发生脑血管收缩现象，所以可以战胜人类认为难以承受的极限。

可是，这里还有一个问题没有弄明白，那就是鸟类拥有怎样的控制机制，使得它们在过度换气时仍能保持正常的脑血流量。

有人凭借人类在一定的海拔高度所积累的经验说，鸟类之所以能战胜复杂的气流、高寒、缺氧等不利条件，仅有过度换气方面的特殊功能还远远不够。人或其他哺乳动物在那些不利条件下，由于缺氧会导致体内所有的功能发生紊乱，酸碱失衡，更何况面临的不单是缺氧，还有其他危及生命的因素同时袭来，如奇寒，复杂的气流冲击，料之不及的冰雹、风雪等，因此必须具备综合性的应变能力才行。鸟类作为成功者，一定有一整套合理的、科学的应变装置。只是这套“装置”藏在什么地方还没有被人类发现。

因此，鸟类拥有战胜高空的超凡绝技，是一个对人类有启示作用的自然之谜，科学家仍在探索，这将会有助于人类开拓更新的领域。

鸟中“巨无霸”

在距今几百年以前，世界上有两种巨鸟：一种叫隆鸟，其身高达 5 米，仅蛋重就达 10 千克；另一种叫恐鸟，其身高也达 3.6 米。前者生活在马达加斯加，后者生活在新西兰。它们可谓真正鸟中“巨人”了。可惜的是，这两种巨鸟现在已经灭绝了。那么，当今世界上的鸟中“巨人”是谁呢？

研究表明，它们分别是非洲鸵鸟、美洲鸵鸟及澳洲的鸸鹋和食火鸡等几种。

非洲鸵鸟主要分布在非洲草原、荒漠地带和亚洲的阿拉伯半岛等地，是目前世界上最大的鸟，雄鸟身高达 2.75 米，体重 75 千克 ~100 千克。它们经常在树木稀少的草原上与斑马、羚羊、长颈鹿等有蹄类动物集群活动。非洲鸵鸟的脖子细长，头小，眼大，有一个三角形的扁嘴，在粗大的躯干上生着一对相对较小的翅膀，然而其双腿又粗又壮，给人以强健有力、极善奔跑的感觉。每足仅有两趾，足底有很厚的胼胝层，这适应于沙漠里行走。雄鸟羽毛墨黑色而有光泽，雌鸟灰褐色。

澳洲的鸸鹋

非洲鸵鸟已失去飞翔能力，但极善奔走。当你到非洲原野旅行时，不难看到成群的鸵鸟受惊后，展开它们那生着蓬松羽毛的双翼，借助顺风，犹如张帆快艇，以每小时 40 千米 ~50 千米的速度疾奔远方。其强健有力的长腿还是它们御敌的武器，若有侵犯者欲斗胆接近它们的子女，必遭它们致命的一踢，轻者断骨伤筋，重者丧命，因此食肉目动物很少有敢接近它们的。

平时，鸵鸟成群地在草原上采食植物的茎叶、果实、种子、昆虫和软体动物，有时也捕食小爬虫、小鸟甚至小兽。繁殖期，雄鸵鸟在原野上展开双翼，晃动着长颈，唱出奇怪的情歌，跳起莫名奇妙的恋舞。有时为了争夺“情人”，雄鸵鸟之间会展开一场像公鸡一样又跳又啄的争夺战，直至一方逃跑为止。经角逐后鸵鸟群便形成若干“一夫多妻”制的小家庭，并在地上掘一个浅坑当作窝，所产卵每个达 1.5 千克重，待产足 10 个 ~15 个卵后，由雌鸟白天、雄鸟晚上轮流孵卵，等孵到 42 天时，雏鸟啄开厚厚的卵壳，爬出卵壳不久，很快便能随父母在草原上觅食了。

非洲鸵鸟性情温和，容易驯养。在非洲有些人家如养家禽一样养有鸵鸟，它们和小孩在一起玩耍，晚上睡在屋子里，还可以驮着小孩或物品随主人和骆驼在沙漠里长途跋涉。鸵羽美丽，可作装饰品。鸵肉鸵卵味道鲜美，目前，已有人进行规模养殖，以提供肉、卵上市。我国如今已有多家专业养殖场。

至于其他几种巨型鸟都比非洲鸵鸟稍小，它们虽不能飞却善跑，但每足有三趾。其中外形上美洲鸵鸟很像非洲鸵鸟，其他两种有较大差异。鸸鹋和袋鼠同是澳大利亚国徽图案的组成部分，它们共属澳大利亚的国宝。食火鸡则是头顶具有肉质冠，颌下有肉垂等特点。

雨林一怪——巨嘴鸟

巨嘴鸟栖息于美洲热带丛林中，它们最大的特点就是长着一张独特而又夸张的大嘴，嘴的边缘呈锯齿状。它们翅膀短而圆，尾长，全身披满了彩虹般艳丽的羽毛。它们身体的颜色都十分艳丽，以黑、白、橙、红、黄、绿、青等对比强烈和鲜明的色彩居多，在各种主色中镶嵌着彩辉。这种体色能帮助巨嘴鸟辨认同类，并找到如意的配偶。巨嘴鸟好集群生活，往往在树顶成群栖息，是喧闹的森林鸟之一。

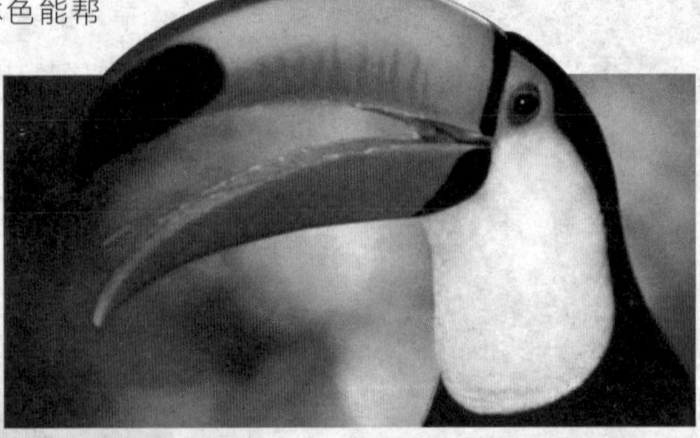

巨嘴鸟常栖息在高大的热带雨林的树冠上，

笨拙地在枝上蹦跳前进，并且边跳边鸣，鸣叫声类似一连串有节奏的狗吠声，同时喙和尾部也会随着叫声上抬，有时也会在高枝上发出似乌鸦般浑厚的叫声。

巨嘴鸟的嘴出奇的大，约占身长的四分之一。巨嘴鸟拥有一张如此夸张的大嘴，这会不会造成头重脚轻的后果呢？其实，这巨嘴看似粗壮，但重量却很轻，还不到 30 克。这是因为它的嘴巴的构造很特别，中间布满了极纤细、多孔隙的海绵状的骨质组织，里面充满着空气，外面被一层薄薄的角质硬壳覆盖着，既坚硬又轻巧，所以对巨嘴鸟来说并无沉重的压力，也不会因此造成头重脚轻的后果。

巨嘴鸟吃食物的方式很奇特。它们在进食之前，用又长又大的喙把食物啄成一块一块的，然后啄起一块，仰起脖子，把食物朝空中抛去，然后把大嘴一张，让食物直接掉进喉咙并吞进肚中。

没有羽毛的裸体鸟

一般来说，鸟类都是身披羽毛，并以各种色彩美丽的羽毛享誉于世。但在奥地利的克利马地区，却有一种奇怪的鸟。这种鸟除了翅膀、头部和爪部长有羽毛外，全身光秃秃的，所以当地人叫它“裸体鸟”。

在温暖的季节里，裸体鸟全身闪着亮光，显示出它与其他鸟类的不同。那么它是怎样度过寒冷的季节呢？裸体鸟和人类一样，它也会穿上“棉衣”过冬！当寒冷季节到来之前，它就飞到棉田中，衔来棉絮放在巢里。天冷了，它只要将躯体躺在棉絮上面打个滚，光秃秃的躯体上就会穿上一件新的“棉絮衣”。

原来，裸体鸟光秃秃的躯体上，有无数细小的皮囊，能分泌出一种乳黄色的黏液，将棉絮牢固地黏附在身上，保护它不受冻；到了暖季，皮囊上又会分泌出另一种液体，使躯体上的棉絮迅速浮起，去掉黏力，将“棉衣”脱走，重新恢复它光秃秃的模样。

孔雀为什么要开屏

孔雀是世界上有名的观赏鸟。它的老家在南亚，欧洲的孔雀是由印度传过去的。

孔雀家族有两种成员，一种叫中国孔雀，又叫真孔雀或绿孔雀，生活在我国云南西双版纳和东南亚；另一种叫印度孔雀，又叫蓝孔雀，生活在印度

美丽的孔雀开屏

和斯里兰卡。中国孔雀和印度孔雀的样子差不多，只是中国孔雀的体形稍小一点。但它们头上的羽冠却不一样，中国孔雀的羽冠像一把突起的镰刀，而印度孔雀的羽冠像一把展开的折扇。

从前人们有一种误解，认为长着漂亮羽毛、会开屏的孔雀，一定是孔雀公主，事实却不是这样。

雌孔雀跟雄孔雀站在一块儿，很不相称。雌孔雀全身的羽毛是灰褐色的，

点缀着不规则的暗色斑纹，像是个灰姑娘。而雄孔雀则像个英俊的白马王子，它头上长着 6 厘米 ~7 厘米的羽冠，面部露出金黄色和天蓝色的色泽。在丰满的绿色羽毛上，镶嵌着黄褐色的横纹。特别让人喜爱的是它那像裙带一样整齐的尾羽，每枚尾羽上都有宝蓝色的眼斑依次散列着，两边分别披着的小羽枝，像一根根金绿色的丝带，闪烁着古铜色的光泽，被人称作“天使的羽毛”，跟传说中的凤凰羽毛比起来，一点儿也不逊色。

凡是到动物园游玩的人，都会被雄孔雀华丽的羽毛所吸引，特别是雄孔雀开屏的时候，只见它展开漂亮的尾羽，如同一把巨大的碧纱宫扇，又像是一面锦缎般的屏风，更加吸引游人的注意。

有的动物学家认为，要回答这个问题，就应该先了解孔雀在什么时候开屏最多。每年的 4 月 ~5 月间，是孔雀开屏最多的时候，同时也是孔雀的繁殖季节。德国动物学家梅克断言，孔雀开屏是求偶的需要。通过对孔雀生活习性的长期观察和研究，他曾不止一次地发现，每到繁殖季节，雄孔雀的羽毛就会焕然一新，在山脚下开阔的草丛或者小溪，竖起美丽的尾羽，然后展开自己华丽的彩屏，紧紧跟随在雌孔雀的身后，得意扬扬地走来走去，而且还不时翩翩起舞，向雌孔雀求爱。我国的动物学家也认为，雄孔雀的这种动作不是偶然的，它是动物本身生殖腺分泌出的性激素刺激的结果。随着繁殖季节的过去，这种开屏现象就逐渐消失了。

但另一些学者认为，孔雀开屏以后，张开的尾羽上许多艳丽的“眼点”，是用来迷惑、吓唬敌人的，这样一来，孔雀就不容易被敌人捉住了。他们指出孔雀开屏的目的，就是告诉要捉它的敌人：“我可不是一般的鸟，不要打我的主意！”如果敌害被它的形象迷惑住了，雄孔雀就趁这个机会逃走。

我国的动物学家也认为，游客鲜艳的服装和大声谈笑，也可以刺激孔雀，引起它们的警惕和戒备。这时候的孔雀开屏，也是一种示威、防御的动作。

到现在为止，这两种观点还在继续争论之中，孔雀开屏到底是什么原因，目前还没有定论。

鹦鹉相亲之谜

光彩照人的羽毛和惟妙惟肖的“口技表演”对于鹦鹉来说十分重要，因为它不仅可以吸引人类的喜欢，更重要的是可以激发异性的爱慕。

英国和澳大利亚科研人员发现，鹦鹉“相亲”的重要条件是羽毛的质量——能够发出荧光的羽毛最能吸引异性的青睐。科研人员认为，鹦鹉在择偶时主要判断对方头顶和两颊的羽毛是否“漂亮”，这些部位的羽毛发出的荧光能够增添鹦鹉的“魅力”。

鸟类在白天看到荧光需要借助于紫外线的照射（人类需要借助强紫外线的照射）。利用这种特点，科研人员做了一次实验：把鹦鹉分成两组，第一组涂上防晒油，以阻挡紫外线的照射；另外一组涂上凡士林，对紫外线照射无影响。结果发现，鹦鹉对没有涂防晒油的异性表现得更加亲密。

从生物学的角度来看，体质优秀的鹦鹉才能长出散发荧光的羽毛。因此，鹦鹉“相亲”时只注重“外表”的做法也是有科学依据的。

海洋中的哺乳动物

大家知道，哺乳动物是陆生动物，有四肢，有尾，体表有毛，用肺呼吸，心脏分四腔，胎生，哺乳，体温恒定，如陆生的虎、狮、牛、羊等均具有这些特征。上述特征正是脊椎动物由水生进化到陆生后，逐渐对陆生环境高度适应而形成的。按理说，海洋不应该再成为兽类的家园，可是鲸类、鳍脚类动物居然在海洋中生活了几千万年，这又是为什么呢？

它们真的是海洋中的兽类吗？回答是肯定的，它们具有哺乳动物的所有特征。即使外表很像鱼的鲸类，虽然体表光滑无毛，但在某些部位仍长有少量刚毛，都有乳头，都有用来在空气中换气的鼻孔或呼吸孔。那么，它们有四肢和尾吗？当然有，不过，都已变成用来游泳的鳍了。但这绝不是鱼类的那种鳍，因为通过解剖比较证实，即使鲸的后肢退化得体表毫无痕迹，其后肢骨也依然存在。

可是，它们的确也有许多与陆生兽类不同的地方。除上面提到的如鲸类外形像鱼、体表光滑、有鳍状器官等有利于在水中运动、减少阻力的特点外，它们的皮下脂肪都很厚，这既可御寒又可减少比重和运动阻力。它们的外耳退化，这有利于潜水。鲸视觉、嗅觉虽不发达，但听觉极佳，有超声波发生器，能在水中回声定位。海兽的潜水能力令人惊叹，如体重很大的北海象豹可下潜至 884 米深处，而抹香鲸竟能下潜到 1100 米深海与大乌贼或章鱼搏斗达一个多小时，这与它们具有特殊的贮氧能力有关，如鳍脚类靠肌球蛋白能有效地贮存氧气，而抹香鲸的呼吸道和肺有很大的贮存空气的容积。所有这些都是它们长期适应海洋生活的结果。

那么，它们是否和鱼类一样，本来就是由海洋生物直接进化而来的呢？这当然也不是。鱼类是最早出现的脊椎动物，早在 4.5 亿年前就在海洋中生存了。只是经过漫长的年代，才由鱼类演化出两栖类，再到陆生爬行类，最终由爬行类演化出鸟类和哺乳类。据古生物学资料可知，大约在 7000 万年前，上述海兽的祖先是作为陆生的哺乳类的某些分支种类而迁入水中生活的。当时哺乳类演化出了许多分支，在生存斗争中，其中鲸类、鳍脚类的祖先们便由陆地向水环境发展，在古代爬行类灭绝后，填补了广阔的海洋空间，并逐步适应了在海洋生存和繁衍的条件。

从目前发现的最早的古鲸等海兽的化石来看，由于那时在水中生活不久，其四肢发达，身体较小，这些都更像陆生哺乳类。但后来由于经过漫长的海洋生活，食物丰富，水比空气密度大得多，没有支撑身体的矛盾，因而它们体形越来越像鱼，个子越来越大，逐渐变成如今海兽的样子了。

鱼类的“气呼吸”与“水呼吸”

一般来说，鱼类生活在水中，大多都用鳃呼吸。

鳃主要由鲜红色的鳃丝组成，里面密布着毛细血管。鱼呼吸时，水经过鳃，水里的氧气就渗入鳃丝中的毛细血管里；而血里的二氧化碳，渗出毛细血管排到水中。这样，鱼体内外的气体就在鳃中进行了交换。如果水干涸了，鱼就会因不能自由呼吸而闷死。但也有些鱼类即使暂时脱离了水，仍有各种各样的呼吸本领，借以保存自己的生命。

研究发现，还有一些鱼类适应了所处的特殊环境，除了用鳃呼吸外，还能用身体的其他部分来进行“气呼吸”，以补充“水呼吸”之不足。

例如，泥鳅能暂时用肠子代替鳃进行呼吸。它的肠子把食道和肛门连通在一起，形成一条直管，而且薄得像肠衣那样透明，上面布满了毛细血管，前段用来消化食物，后段则用来呼吸。泥鳅呼吸时，往往从湿泥中伸出来将空气吞下，在肠中进行气体交换，吸收空气中的氧，剩下的氮和二氧化碳则从肛门排出。有人因此而误认为泥鳅也会放屁，其实它这是在呼吸呢！

此外，在非洲、澳洲和南美洲的某些地区，生活着一种肺鱼。它们除用鳃呼吸外，还可利用鳔呼吸。非洲的这种肺鱼，它的鳔则同肺差不多。当旱季天气炎热、河水干涸时，它们就钻到泥里，并且分泌出一种黏液，在泥里做成“茧”，自己便住在这“茧”里，等雨季来到后，再回到水中，由于河水浑浊，不能用鳃来呼吸，于是，它用鳔代替呼吸。而澳洲的肺鱼，因长期生活在水很少的沙漠中，它们常年用鳔呼吸，以至于鳃都退化了。

鳗鲡、鲶鱼能够用皮肤进行呼吸。它们的皮肤上有丰富的黏液细胞和微血管，可以直接与空气进行气体交换。正因如此，所以鳗鲡还能通过陆地，从某一水域转到另一水域。

攀鲈、弹涂鱼可以长时间离开水在陆地上生活，因为它们有副呼吸器官。在它们的鳃帮背后生有木耳状的皱褶，皱褶的表面分布有许多微血管，能进行特有的褶鳃呼吸。

黄鳝能够用口腔黏膜进行呼吸。黄鳝有膨大的口腔，腔中黏膜布满微血管，可以进行呼吸。

在南美洲两侧温暖而又浑浊的海洋中生活着一种用胃呼吸的鱼。那里的海水缺乏氧气，当水中的氧气比较充足时，它们就用鳃来呼吸，当水中氧气一旦减少，它们就浮到海面，大口大口地把空气吞入胃中，胃壁只吸收氧气，剩下的空气则从肛门排出。

水母——“温柔的杀手”

在海洋里，水母是一种低等腔肠动物，在分类学上隶属于腔肠动物门、钵水母纲。水母的种类很多，直径为 10 厘米 ~100 厘米，常见于各地的海洋中。人们往往根据它们的伞状体的不同来分类：有的伞状体发银光，叫银水母；有的伞状体像和尚的帽子，叫僧帽水母；有的伞状体仿佛是船上的白帆，叫帆水母；有的伞状体宛如雨伞，叫雨伞水母；有的伞状体上闪耀着彩霞的光芒，叫霞水母……

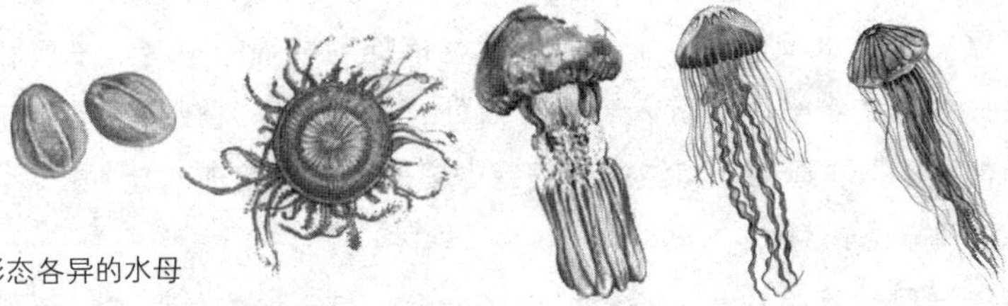

形态各异的水母

水母的寿命大多只有几个星期，也有活到一年左右的，有些深海水母还可活得更长些。普通水母的伞状体不很大，只有二三十厘米长，但体形较大的霞水母的巨伞直径可达 2 米，下垂的触手长二三十米。1865 年，在美国马萨诸塞州海岸，有一只霞水母被海浪冲上了岸，它的伞部直径为 2.28 米，触手长 36 米。把这个水母的触手平拉开，从一条触手的尖端到另一条触手的尖端，竟然有 74 米长。

水母虽然长相美丽温顺，其实十分凶猛。在伞状体的下面，那些细长的触手是它们的消化器官，也是它们的武器。在触手的上面布满了刺细胞，像毒丝一样，能够射出毒液。猎物被刺蛰以后，会迅速麻痹而死，触手就将这些猎物紧紧抓住，缩回来，用伞状体下面的息肉吸住。每一个息肉都能够分泌出酵素，迅速将猎物体内的蛋白质分解。因为水母没有呼吸器官与循环系统，只有原始的消化器官，所以捕获的食物会立即在腔肠内被消化吸收。在炎热的夏天，当我们在海边弄潮游泳时，有时会突然感到身体的前胸、后背或四肢一阵刺痛，犹如被皮鞭抽打的感觉，那准是水母作怪在刺人了。不过，被一般水母刺到，只会感到炙痛并出现红肿，只要涂抹消炎药或食用醋，过几天即能消肿止痛。但是在马来西亚至澳大利亚一带的海面上，有两种分别叫作海蜂水母和曳手水母的，其分泌的毒液毒性很强，如果被它们刺到的话，在几分钟之内就会因呼吸困难而死亡，因此它们又被称为“杀手水母”。所以当被水母刺伤而发生呼吸困难的现象时，应立即实施人工呼吸，或注射强心剂，千万不可大意，以免发生意外。

水母漂浮在海面上，会受风向、风力、海流及潮流的支配。在风平浪静、水色清澈、阴天或阳光不强以及平潮的情况下，水母漂浮于水域的上层或表层。而在遇有大风浪、暴雨、水质变浑以及落潮或阳光过强的时候，水母一般就下沉到水域下层或近底层。水母能预知风暴的到来。它们为什么能预知风暴的到来呢？原来水母的“伞”缘感觉球里面有小小的听石，仿佛是水母的“耳朵”。由海浪和空气摩擦而产生的次声波冲击水母的听石，刺激着周围的神经感受器，这样水母在十多个小时前就能捕捉到风暴的声音。于是，它们好像接受命令似的，一下子沉入到海洋深处，以免被暴风激起的巨浪砸碎。科学家们曾经模拟水母的次声波接收器官做实验，结果发现能在 15 个小时之前预知海洋风暴的讯息。

水母一旦遇到猎物，从不轻易放过，但是有一种牧鱼就不怕水母。就像犀牛和为它们清理寄生虫的小鸟共存一样，水母也有自己的共生伙伴。那是一种小牧鱼，体长不过 7 厘米，可以随意游戈在水母的触手之间，却一点儿也不害怕。遇到大鱼游来，小牧鱼就游到巨伞下的触手中间去，利用水母刺细胞的装置，巧妙地躲过敌害的进攻。有时，小牧鱼甚至还能将大鱼引诱到水母的狩猎范围内使其丧命，这样还可以吃到水母吃剩的零渣碎屑。那么水母触手上的刺细胞为什么不伤害小牧鱼呢？这是因为小牧鱼行动灵活，能够巧妙地避开毒丝，不易受到伤害，不过偶然也有不慎死于毒丝下的。水母和小牧鱼一起共生，相互为用，水母“保护”了小牧鱼，而小牧鱼又吞掉了水母身上栖息的小生物。

威猛而致命的水母也有天敌。一种海龟就可以在水母的群体中自由穿梭，轻而易举地用嘴扯断它们的触手，使其只能上下翻滚，最后失去抵抗能力，成为海龟的一顿“美餐”。

水母虽然是低等的腔肠动物，却三代同堂，令人羡慕。水母生出小水母，小水母虽能独立生存，但亲子之间似乎感情深厚，不忍分离，因此小水母都依附在水母身体上。不久之后，小水母生出孙子辈的水母，依然紧密地联系在一起。

鱼的三个耳石有什么用

鱼是有耳朵的，而且蕴含着十分丰富的信息密码。表面上看，鱼似乎没有耳朵。其实，鱼没有外耳和中耳，但有内耳，这是它的听觉器官。鱼的一对内耳埋藏于头骨里。每个内耳有三个囊状结构，分别叫椭圆囊、球状囊和听壶，这三个囊里各有一块小石，这便是耳石了，它们分别叫微耳石、矢耳石和星耳石。

耳石有什么作用呢？这些耳石紧贴着囊壁上的叫作“听斑”的感觉上皮，当鱼类身体改变位置时，耳石对听斑的压力就会发生变化，其信息随之通过听神经传递到中枢神经系统，从而引起身体肌肉反射性运动。原来它与感觉身体位置变动有关，当然，还与听觉的形成有关。

不同鱼类的耳石在大小、形态上有差异。大的可达五分硬币大小，小的仅能在显微镜下看到，一般海鱼的耳石要普遍大一些。形态有多种多样，有椭圆形、扇形、方形、菱形等。

就是这种小小的鱼耳石，近年来却引起了科学家们的浓厚兴趣，不仅仅是鱼类学家，而且有其他领域的科学家，也纷纷来研究鱼耳石。这是怎么回事呢？

原来，耳石是由内耳中三个囊的囊细胞分泌物形成的，其成分是碳酸钙和有机成分，这些物质的分泌与在耳石上的沉积是随鱼体生长发育和环境条件变化而发生规律性变化的。如春夏水温较高，食饵丰富，鱼生长得快，囊细胞分泌物多，耳石增长得快；入冬时情况刚好相反，耳石增长得慢。这如树木的年轮一样，在耳石的剖面上也呈现出许多同心轮纹，因此耳石被鱼类学家通常用来鉴定鱼类，特别是海洋鱼类的年龄和生态类群。

近些年来，科学家们发现，鱼耳石的轮纹远比树木的年轮要精细得多。1971 年美国耶鲁大学的科学家首先发现鱼类耳石轮纹呈现出日周期节律性变化，提出耳石日轮的概念。随后，包括我国科学家在内的世界许多科学家研究了上百种鱼耳石，证实了耳石日轮是鱼类普遍存在的现象。科学家们认为鱼类耳石日轮的发现是20世纪70年代以来，鱼类生物学研究的最重要的进展，它拓宽和深化了鱼类生物学的研究领域，在理论上、实践上以及在其他领域都有重要的意义和用途。

科学家们认为，利用耳石日轮，可以日龄为单位更精细、更客观地描述鱼类生长发育状况。由于耳石日轮对环境条件的敏感性，可用耳石日轮来研究鱼类生态环境变化、鱼类生活史、种群生态、鱼类资源状况等，还可利用鱼耳石化石来研究古生物、古地质、古气候、古天文等。

例如，美国有家公司根据大麻哈鱼耳石日轮对温度的敏感性，将大麻哈鱼分别处于不同的水温，得出耳石日轮变化模式，开发出一套“解码”装置，用这套装置对捕获的大麻哈鱼“读码”，并与模式比较，在掌握各产卵场水温资料的基础上，就可判断出这些鱼来自哪个产卵场，从而得出各产卵场大麻哈鱼的成活率。

还有一位地理学家对耳石化石每层氧元素同位素进行探针取样分析，从而精确地计算出当时的水温情况，推测百万年前的气候变化。这位科学家自豪地说：“利用这种方法，我们就可以弄清楚，古时北美大陆猛犸象及其他一些物种灭绝的原因究竟是气候条件，还是人类捕杀。”

长江鱼王——中华鲟

我国的长江中生存的“国宝”动物，不仅有白鳍豚，而且有中华鲟。前者是一种哺乳动物，而后者是一种真正的鱼类，“长江鱼王”就指的是后者。

中华鲟是我国特有的、暖温性大型溯河洄游名贵珍稀鱼类，全球分布最南端的鲟种，在分类学上，鲨鱼属于软骨鱼类，而中华鲟属于硬骨鱼类，然而中华鲟的确具有许多软骨鱼类的特征，例如它身体虽有硬骨、鳃盖、鳔等；但亦有更多的软骨，有吸水孔，有长吻，肠内有螺旋瓣等，它是介于软骨鱼和硬骨鱼之间的过渡类型的鱼类。研究发现，它比其他现代硬骨鱼更接近鲨鱼。中华鲟的“祖宗”与恐龙同时代，是地球上最古老的脊椎动物，是鱼类的共同祖先古棘鱼的后裔，距今有1.4亿年的历史，有“活化石”之称，在研究生物进化、地质、地貌、海浸、海退等方面具有重要的科学价值和难以估量的生态、社会、经济价值。

中华鲟的外形颇似“海中霸王”鲨鱼，长吻、歪尾，而且身披5行坚硬的骨板状大硬鳞，这是它在众多现代鱼类中所独具的特有标志。中华鲟一般体长2.5米，体重200千克，最大者体长达5米，体重超过500千克。而且寿命一般可达50年，可谓鱼中的长寿者。所以它当之无愧为“长江鱼王”了。

长江鱼王——中华鲟

中华鲟为海栖溯河性鱼类，即它生在长江中长在海洋里，为此，它一生要进行多次地往返于江海之间的洄游。上溯数千千米抵达长江上游进行产卵繁殖。其生物学特性决定了中华鲟资源一旦遭到破坏将不易恢复。近代分布于近海及长江、珠江、闽江、钱塘江、黄河，目前，黄河、钱塘江、闽江均已绝迹，珠江数量极少，仅长江现存一定数量。由于水污染、航运业和渔业捕捞，尤其是葛洲坝截流阻断了洄游路线，中华鲟成为濒危物种。现状说明，目前中华鲟产卵群休数量已出现陡降期，如不采取坚决果断的保护措施，不出50年，中华鲟将有可能灭绝。

每年秋季，在我国沿海索饵肥育的成鱼纷纷汇聚于江口，成群结队地溯长江长途跋涉，千里迢迢游到宜宾至金沙江下游的江段中。由于这里水流湍急，含氧量丰富，水质好，水温适宜，是产卵受精的好地方。于是，它们便在这里“婚配”和“生儿育女”了。等“儿女”们出生后，它们便带领着“子女”顺江而下直至大海。每往返一次，历时两年。令人感动的是，在长达两年的生殖洄游中，亲鱼竟从不进食，直至洄游到大海后才开始进食。十多年后，在海中长大“成人”的“子女”们又将回到它们的故乡“生儿育女”了。

中华鲟每次产卵达50万~100万粒，但在自然界成活率仅为1%，即按此算，繁殖率也不算太低。但它们性成熟较迟（雄鱼11龄，雌鱼14龄），生殖周期较长（雌鱼相隔3年~5年产卵一次），相对生殖率是较低的。再加上溯河至川江江段鱼群集中，大批亲鱼还来不及“生儿育女”，便已遭到人们的捕杀。故中华鲟在整个长江水系的鱼资源并不丰富。

然而，这种世世代代必须要溯江游到金沙江段“生儿育女”的鱼类，在20世纪80年代初遇到了将要导致种族灭绝的危险。1981年葛洲坝工程竣工了，中华鲟的溯河道被永远阻隔断了，大批亲鱼为冲破这一障碍而惨死在坝下的惊涛骇浪之中。

人们会问，它们还能繁衍下去吗？

为拯救这一“国宝”，政府及科研部门采取一系列措施。十多年来，作了大量的努力，攻克了许多难关，终于人工繁殖出300万尾鲟鱼苗先后放流长江中。更值得人们欣慰的是，中华鲟竟在坝下的某地找到了新的产卵场，据鱼类学家的调查，长江天然鲟鱼苗在逐年增长，且和原产地的一样健康，正是它们这种灵活的适应环境的能力才使它们的种族得救了。可是，在我们为其种族获救的高兴之余，请千万不要忘记对它们的珍惜和保护。

“水中恶魔”——亚马孙食人鱼

在巴西北部亚马孙流域的河流、湖泊里，生长着一种以血腥味食物为主的热带鱼——食人鱼，巴西人称之为“比拉尼亚”。食人鱼是一种俗称，这种令人望而生畏的食人鱼属银无鱼类，最大的约60厘米，最小的不足10厘米。食人鱼有一种掠食者的凶恶面貌，它身体侧扁，腹部呈金黄色，头部和背部为黑色，长一对赤红色的凶狠眼睛，大嘴巴，凸嘴唇，有强健的上下腭和上下两排比钢刀还要锋利的三角形牙齿，像“切肉机”一样，令人不寒而栗，它是水中凶恶的“小霸王”。

据生物学家统计，目前已发现的食人鱼有20多种，不仅出现在亚马孙河流域，在南美洲安第斯山脉以东，从加勒比海南岸至阿根廷北部的一些拉美国家都有食人鱼的踪迹。食人鱼的体形虽然小，也没有什么奇特之处，但是它的性情却十分凶猛残暴。一旦被咬的猎物溢出血腥，它就会疯狂无比，用其锋利的像外科医生的手术刀一样的牙齿撕咬切割，直到剩下一堆骸骨为止。由于它的颈部短，上下腭可以产生强大的咬合力，能咬穿牛皮甚至硬邦邦的木板。因此，人一旦要是落入食人鱼的袭击圈，不要说性命难保，甚至连尸首也捞不上来。“食人鱼”，就是因此而得名的。

1976 年 12 月，一辆长途汽车在亚马孙河下游出了车祸，不慎落入食人鱼出没的乌鲁布河内，结果车上乘客的皮肉和内脏全被食人鱼吃得一点不剩。一小时以后，当救援人员赶到现场时发现，溺死的乘客在食人鱼的尖牙利齿下仅剩下 38 具白骨了。

除了吃人以外，食人鱼还袭击比它大得多的动物，尤其在饥饿时显得更为凶暴残忍。有时，牛群正在湖边喝水，忽然咆哮着四外逃散，因为它们遇到了食人鱼，许多牛的奶头和尾巴被食人鱼咬掉了。由于食人鱼不断作恶，有一年巴西一个牧场主损失了 1200 头牛。有时贴水面而飞的野鸭、白鹭等也会突然消失在飞溅的水花与鲜血中，成为食人鱼利齿下的牺牲品。

被誉为“水中狼族”“水下恶魔”“水鬼”的亚马孙食人鱼

食人鱼的生活是群居性的，时常几百条、上千条聚在一起，能同时用视觉、嗅觉和对水波震动的灵敏度寻觅进攻目标。同鲨鱼一样，食人鱼主要依靠机会觅食。所不同的是，被誉为“海中之王”的鲨鱼有时对庞然大物还略有几分畏惧，而食人鱼却有胆量袭击比它自身大几倍甚至几十倍的动物，并且还有一套行之有效的“战术”。当它们猎食时，食人鱼总是咬住猎物的致命部位，使其失去逃生的能力，然后成群结队地轮番发起攻击，就像有组织似的，一个接一个地冲上去猛咬一口，迅速将目标化整为零，其速度之快令人难以置信。现在，食人鱼的“食人表演”已成为亚马孙河旅游者必看的节目。

食人鱼虽然异常凶恶，令人谈“鱼”色变，但它全身都是宝呢！

它的肉鲜味美，是当地印第安人的佐膳佳肴；腭骨用来做剪刀，可以剪断藤条和皮革；甚至连鱼牙也派上了用场，只要涂上毒液，就变成了最锋利的箭头。此外把捕获的食人鱼制成标本，再配上精致的底座，可成为一种上好的旅游纪念品。

鲑鱼万里回乡

在自然界中，鲑鱼每年都要在与北海道、千岛、萨哈林岛、勘察加半岛、阿拉斯加以及美国的西海岸等海域相通的河流上游产卵，卵变成仔鱼后，同春天融化的雪水一起顺着河水游入大海。到达大海以后的鲑鱼又沿着一定的路线，历时 3 年 ~4 年，行程 5000 多千米，最后鲑鱼一定要返回到自己最初的出生地，产卵后死去。

鲑鱼为什么能在千万里的江海之行中，重新找到自己故乡的河流呢？

美国生物学家哈拉斯对此进行了深入的研究。哈拉斯把一群割除神经的鲑鱼和一群正常的鲑鱼，分别放入与产卵地河流相通的海湾，结果失去辨别神经的鱼群再也没有回到产卵地的河流。

由此看来，鲑鱼似乎把产卵地的气味作为识别的路标，日本科学家的实验结果也表明，鲑鱼的脑子对产卵地河流的气味十分敏感。但问题是，鲑鱼在远离 5000 多千米的远方又是怎样认准目标，朝产卵地前进的呢？有的学者认为，因为鲑鱼一直与太阳保持一定的角度，据此可以确定方向，鲑鱼会利用体内的“生物钟”随时修正方向的偏差。

其实不止鲑鱼，鳗鱼也有类似的情况，只不过与鲑鱼相反，它是为了产卵而离开栖息的淡水区，游向大海的。研究表明，欧洲鳗鱼的产卵地在大西洋马尾藻海的深海区，而这些幼鱼是如何经过数千里的远游，找到自出生以后就从未去过的淡水区的呢？至今这还是一个未解之谜。

大王乌贼的趣闻

海底世界里最大的软体动物，莫过于头足纲鞘形亚纲乌贼目中的大王乌贼。早在 19 世纪末叶，对大王乌贼有过这样的记载：它的身长为 3 米，触手长达 15 米；它的眼睛直径达 30 厘米，这在整个动物世界也是举世无双的。这种乌贼也是所有无脊推动物中体积最大的动物。

大王乌贼生活在太平洋、大西洋的深海水域，体长约 20 米，重约 2 吨 ~3 吨，是世界上最大的无脊椎动物。它的性情极为凶猛，以鱼类和无脊椎动物为食，并能与巨鲸搏斗。国外常有大王乌贼与抹香鲸搏斗的报道。据记载，有一次人们目睹了一只大王乌贼用它粗壮的角手和吸盘死死缠住抹香鲸，抹香鲸则拼出全身力气咬住大王乌贼的尾部。两个海中巨兽猛烈翻滚，搅得浊浪冲天，后来又双双沉入海底，不知所终。这种搏斗多半是抹香鲸获胜，但也有过大王乌贼用角手钳住鲸的鼻孔，使鲸窒息而死的情况。

大王乌贼生活在深海的水域里，通常人们难以观察到这一神秘“海中巨人”的“庐山面目”，要捕获它也十分不易。最早，人们是从捕获的抹香鲸的胃里找到大王乌贼的躯体的，可解剖抹香鲸所得到的不过是经过胃液消化的残存肌体组织，是它们的触手和两颌躯体部分。直到 1877 年，人类才首次在北大西洋纽芬兰的海滩上找到了一具大王乌贼的尸体，并据此制作了唯一基本完整的大王乌贼标本。

抹香鲸是大王乌贼不共戴天的仇人，一旦在海中相遇，总少不了一场生死搏斗。动物学家晋科维奇曾在 1938 年身临其境地目睹了这两强相遇的惊心动魄的场面。那是一个海面平静的早晨，人们突然发现一条抹香鲸纵身跃出海面，并不断地在海面翻滚拍打，就好像是一条被鱼叉刺中而拼命挣扎的抹香鲸。猛地看去，抹香鲸硕大的头上像是套上了一个特大号的超级花圈，花圈的形状一直在变化着，一会儿扩张，一会儿缩小。仔细一看，原来是一条大王乌贼用它那超长的触手死死地纠缠住鲸的大头，就如同给它套上了一个紧箍，让它痛不欲生……抹香鲸则试图运用猛烈拍击海面的办法，来击昏对手。反复地将全身跃出海面，凶猛地拍打翻滚，终于将乌贼制伏，并最终将猎物吞食于腹中。

其实，按理说大王乌贼也是一种生性凶猛的动物，它与抹香鲸的两强相争的厮杀，很难判断，究竟谁是主动发起攻击的挑衅者。像大王乌贼这类头足纲软体动物，游泳极其神速，它当时若要想避免与抹香鲸发生正面冲撞和厮杀的话，是完全可以轻而易举地逃离现场的。

凶猛好斗的抹香鲸

抹香鲸是齿鲸类中体形最大的鲸。

雄抹香鲸体长 18 米 ~23 米，体重可达 60 吨 ~100 吨，雌抹香鲸体长 13 米 ~14 米。抹香鲸长相奇特，头重尾轻，就像一只巨大的蝌蚪，又像一个棺材或木箱子，尤其是雄抹香鲸的头部特别大，几乎占体长的四分之一到三分之一。头骨的左右不对称。耳孔极小，上颌和吻部呈方桶形，下颌虽然也强而有力，但比较细且薄，前窄后宽，与上颌相比，极不相称。上颌骨及额骨与颞骨均向里凹，形成一个大槽，上面有皮肤盖着，里面储存着鲸蜡，使头顶隆起，有减轻身体比重、增加浮力的作用。上颌无齿或仅有 10 个 ~16 个退化的齿痕，还有一些被下颌的牙齿“刺出”的深洞。下颌窄而长，有 20 对至 28 对圆锥形的狭长大齿，每颗齿的直径可达 10 厘米，长 20 多厘米。鼻孔在头的两侧分开，喷水孔长在头的前端左侧，眼角的后方，呈“S”形，只与位于左前上方的左鼻孔通连；右鼻孔阻塞，但与肺相通，可作为空气储存箱使用，所以它呼吸时喷出的水柱是以 45 度角向左前方喷出的。抹香鲸没有背鳍，后背上只有一系列像驼峰一样的隆起，里面富有脂肪，也起到增大浮力的作用。鳍肢也不长，仅有 1 米左右。但尾鳍比较大，身宽约 3.6 米 ~4.5 米。

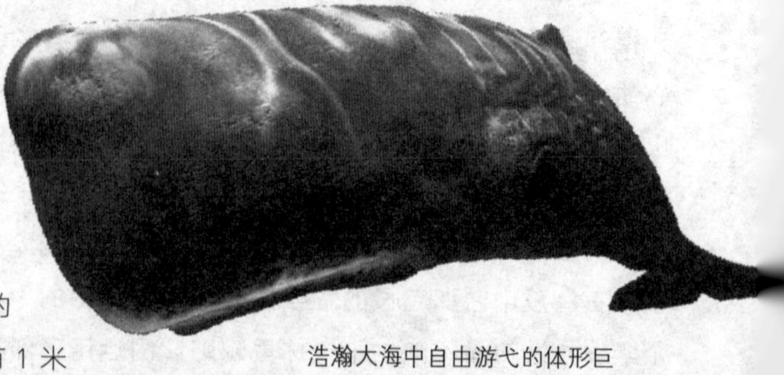

浩瀚大海中自由游弋的体形巨大的抹香鲸

抹香鲸的性情十分凶猛，食量极大，猎物一旦被它们咬住就难以脱身。中国古籍《广异记》记载：“开元末，雷州有雷公与鲸斗，身出水上，雷公数十，在空中上下，或纵火，或电击，七日方罢。海边居民往看，不知二者何胜，但见海水正赤。”据估计，这里所描述的正是抹香鲸与大王乌贼搏斗的一个激烈场面，不过文中显然过于夸大其词。

抹香鲸的主要食物为各种乌贼和章鱼，也吃鳕鱼、鲈鱼、梭鱼、鲨鱼和其他鱼类，特别是爱吃体形巨大、体长达 18 米的大王乌贼。为了制伏、吃掉如此之大的猎物，常常需要经过较长时间的搏斗，以至于身上常残留有被大王乌贼触手上的吸盘所伤的大圆盘形的疤痕，有时双方搏斗时会一起跃出水面，就像是海面上突然出现的一座小岛，场面极为惊心动魄。

“语言大师”——白鲸

白鲸生活在北冰洋的寒冷水域，但由于性喜漫游，所以在其他海域也时常能够见到它们。白鲸的模样十分有趣，它们的身躯胖胖的，额部圆圆的并高高突起，头的两边各长着一个大“瘤子”，嘴呈“八”字形，一对小眼睛炯炯有神，幼鲸身上有黑色斑纹，性成熟后会全身变白。

在鲸类动物中，白鲸被称为“语言大师”。从发声的种类来说，座头鲸的叫声虽然悦耳动听，但种数不多，虎鲸只能发出 62 种不同的声音，而白鲸则能发出几百种不同的声音。

1535 年，当法国探险家雅克·卡提尔发现圣劳伦斯河时，他的船队竟受到白鲸的迎候。这些白鲸在水中载歌载舞，歌声悠扬动听，响彻百里以外。其美妙悦耳的声音令船上的队员们惊叹不已，他们便亲切地送给白鲸一个美丽的称呼——海洋中的“金丝雀”。其实，所有的鲸均可发声，只是白鲸的声音更加悦耳动听。尽管鲸类没有声带，但它们确确实实是以声学的方式边走边唱的。然而其发声的作用是什么？无人知晓。科学家们推测，这些声音对繁殖和群体通信是很重要的，它可以使松散鲸群中的个体保持相互联系，而且还能发出危险信号。这些声音分为可识别的主题旋律和短句，并有规律地加以重复。它们复杂的声音一次可持续半小时以上。

对因纽特人来说，白鲸是非常重要的，不仅因为其肉好吃，而且它们的油用来点灯不仅明亮，还能释放出大量热量，使简陋的冰屋保持温暖。除此之外，白鲸的皮也很有用，还有一种香味，可以制成各种装饰品。

然而，不幸的是，自从17世纪以来，由于捕鲸的高额利润，捕鲸者对白鲸进行了疯狂的捕杀，致使白鲸数量锐减。更加可悲的是白鲸的生态环境遭到毁灭性的破坏，一批批白鲸相继死亡。科学家们经过尸体解剖才找到了引起白鲸死亡的原因：由于受到一系列有毒物质的侵害，白鲸的免疫系统遭到严重破坏。更重要的是，白鲸体内已发现一些污染物，如聚氯联苯、DDT及某些剧毒农药。有的白鲸大脑组织中含有大量已发生代谢变化的可致癌的物质，这种物质已经转变成基因的一部分，导致了白鲸基因遭到不可逆转的破坏。

鲸为什么走绝路

1976年，美国佛罗里达州的海滩上，突然有250头鲸游入浅水中，当潮水退下时它们被搁浅在海滩上。鲸如果缺水，很快就会死掉。美国海岸警卫队员们带领数百名志愿救鲸者进入冰冷的海中，阻止那些鲸自杀。有的人用消防水管向鲸喷水，想以此延缓它们的生命，有的人则开来起重机，试图把鲸拖回大海，不料鲸太重，反而拖翻了起重机。没有谁驱赶，也没有谁捕捞，鲸为什么离开大海自取灭亡呢？对其原因众说纷纭，莫衷一是，但各种说法大多与它的回声定位系统有关。

同海豚相似，鲸辨别方向并不是靠它的眼睛。鲸的眼睛与它的身体是极不相称的，一头巨鲸的眼睛只有一个小西瓜那样大，而且视力极度退化，一般只能看到17米以内的物体。一头巨大的鲸还不能看到自己的身体那么远。那鲸又依靠什么来测物、觅食和导航呢？原来，鲸具有一种天赋的高灵敏度的回声测距本领。它们能发射出频率范围极广的超声波，这种超声波遇到障碍物即反射回来，形成回声。鲸就根据这种超声波的往返时间来准确地判断自己与障碍物的距离，定位的误差一般很小。

对鲸“自杀”现象有一种说法是：鲸为了追食鱼群而游进海湾，当鲸游进海边，向着有较大斜坡的海滩发射超声波时，回声往往误差很大，甚至完全接收不到回声，鲸因此迷失了方向，从而酿成丧身之祸。

有一群鲁莽的逆戟鲸于 1975 年 7 月间在美国佛罗里达州的洛捷特基海滩集体搁浅。动物学家在鲸的内耳发现了许多圆形的昆虫。研究人员因此认为，耳内寄生虫可能是使一些鲸搁浅的罪魁祸首，它们破坏了鲸的回声定位系统，使鲸不能正确收听回声而误入歧途。

但是，有些鲸的种类却非如此。如一角鲸，它经常有不同的寄生虫，但这并未明显造成破坏它航向的现象。环境污染也曾被认为是造成鲸搁浅的原因。因为那些使海水污染的化学物质，可能扰乱了鲸的听觉。

另一些科学家通过对数头冲进海滩搁浅的自杀鲸的解剖后发现，绝大多数死鲸的气腔两面红肿病变，因此他们认为，导致鲸搁浅的原因可能是由于其定位系统发生病变，使它丧失了定向、定位的能力。由于鲸是恋群动物，如果有一头鲸冲进海滩而搁浅，那么其余的就会奋不顾身地跟上去，以至于接二连三地搁浅，形成集体自杀的惨剧。

美国拉斯帕尔马大学兽医系胡德拉教授等学者却认为鲸集体自杀是由于水下爆炸、军舰发动机和声呐的噪声引起的。他们在分析了一系列鲸集体自杀事件后，发现了其中的巧合。

1989 年 10 月，24 头剑吻鲸冲上那利群岛沿岸的浅滩，当时该群岛附近正在进行军事演习。更早的时候，1986 年，4 头鲸冲进西班牙兰萨罗特岛的海滩搁浅，另两头鲸冲上附近一座岛屿的浅滩，其间这片海域海军正在进行军事演习。此外，成群鲸搁浅于委内瑞拉沿岸时，附近某地也刚好正在进行水下爆炸。

同意这一观点的还有法国拉罗谢尔海洋哺乳类动物研究中心的副主任科列德博士。他认为，每头健康的鲸都拥有能在海洋深处定向、定标的发达的定位系统，而军舰声呐和回声控测仪所发出的声波及水下爆炸的噪声，会使鲸的回声定位系统发生紊乱，这是导致鲸集体冲上海滩自杀的主要原因。

鲸通常生活在温带和极地的深海中，但它们有时也会游到沿岸地区寻找食物。这种哺乳动物成批死亡的现象以前曾经发生过，有时候还达到数百只。

2003 年 11 月 25 日，约 110 头巨头鲸和 10 只海豚在澳大利亚塔斯马尼亚州西部海滩搁浅死亡。

2004 年 11 月 29 日清晨，澳大利亚南部两个小岛的海滩上，居民和海洋生物学家同时发现，有大批鲸和海豚在这里搁浅而死。

有关专家表示，一般情况下，当领航鲸因生病导致不能正确进行导航，或者偶尔导航失误时，那些鲸群仍然追随游动，搁浅现象就有可能产生。但是，如果鲸和海豚两个物种一起搁浅，就非比寻常了。因此，逃避掠杀理论似乎更能站得住脚。海洋生物学家认为，可能当时有一只虎鲸在后面追杀，所以鲸和海豚被追赶到了海滩。该研究小组还说，从这些哺乳动物尸体上发现的撕咬痕迹，在一定程度上也支持了他们的推测。

搁浅在海滩的鲸和海豚

英国鲸豚保护协会主任马克·辛蒙德也认同追击掠杀会引起群体搁浅的说法。他认为，领航鲸具有强大的群体凝聚力，这有助于它们在大海里集体行动。但这也意味着如果其中的一条遇上麻烦，其他的鲸也不能幸免。但是海豚搁浅现象并不常见。因此，他表示："当两个或两个以上的物种一起搁浅时，那么它们就有可能是被某种东西驱赶上海滩的。"然而，英国国家海洋水族馆有关专家对两个物种同时被掠杀者驱赶上海滩的解释表示怀疑。他们猜测，可能是海底低频地震产生的声音冲击波干扰了这些哺乳动物的声呐导航系统，从而使得它们误上了海滩。

据悉，鲸集体死亡问题一直以来就是科学家们难以解释的问题。以前，科学家们曾提出了许多关于鲸集体死亡的观点，但都没有特别令人信服的。

吃人的巨龙——科莫多巨蜥

几个世纪前，印度尼西亚苏丹宣布把罪犯流放到科莫多岛上服刑。后来，传出令人可怕的消息：岛上有很多吃人的“巨龙”，口中吐着红色烈焰，但当时没人相信。直到1912年，荷兰人在科莫多岛发现能吞噬野猪的巨型蜥蜴，并打死一条运回国内，此后，第一份关于科莫多巨蜥的学术报告才发表出来。

科莫多巨蜥被称为“陆地上的鳄鱼”。它们不仅躯体硕大，而且长相十分吓人：巨大的头颅酷似鳄鱼，没有耳壳，耳孔却很大，双眼深陷，射出令人惊栗的目光，舌头像剑一般细长而分叉，脖颈粗大，四周堆积着橙黄色的厚皮，有褶皱下垂，全身披覆鳞甲，四肢短粗而健壮，趾端有锐利的长爪，身后拖着一条粗大有力的长尾巴。

科莫多巨蜥是世界上最大的蜥蜴，分布在印尼东南部的一些小岛上。成年雄性科莫多巨蜥大约有3米长，重136千克。科莫多巨蜥生活在岩石或树根之间的洞中。每天早晨，它们钻出洞来觅食。科莫多巨蜥是一种贪婪的毫不择食的食肉动物，它们喜欢吃腐肉和动物，吃饱后昏昏欲睡，毫无生气。但当它们饥饿时，则敏捷惊人。它们虽然听觉迟钝，再大的爆炸声也充耳不闻，但嗅觉和视觉却非常灵敏。它们的舌头有分叉，能辨别气味，不断地吸进吐出。通常情况下，它们都尽量找那些已经死去的动物为食，但也会捕杀猪、羊、鹿等动物，还攻击过一些独行的小孩。

科莫多巨蜥利用嗅觉，在动物经过的路旁伏击猎物。科莫多巨蜥的牙齿十分尖利，它们一旦发现较大的猎物时，并不急于出击，而是就地潜伏下来，静静地等待着猎物走近，然后以惊人的

科莫多巨蜥

速度冲上前去，用锋利的牙齿痛下杀口，紧紧咬住猎物不放，直到咬死猎物为止。考察人员曾亲眼目睹一条科莫多巨蜥用牙齿袭击一头野猪，并将其活活咬死、吃掉。当猎物临近（距离约 1 米远）时，它会扑上去，先以暴力把猎物打倒在地，或咬断猎物的后腿，在猎物无法移动后，用利齿撕开猎物的喉部或腹部，使其因大出血而丧命。它们强大的长尾具有很高的灵活性，像一条“裹在橡皮里的钢丝”，强劲而有韧性，不会折断。当遇到较大猎物时，它们就瞄准目标，然后突然转身猛抽。猎物被抽中，轻则昏迷，重则当场丧命。科莫多巨蜥的唾液中含有多种有毒性的细菌，受到攻击的猎物即使逃脱，也会因伤口引发的败血症而迅速衰竭直至死亡，成为科莫多巨蜥送给其他同类攻击者的“礼物”。捕获猎物后，科莫多巨蜥便用锯齿状的利齿和强有力的脚爪，把猎物撕成碎块，并迅速吞下。科莫多巨蜥进食时狼吞虎咽，有时吃得太多，以至于不得不歇上六七天来消化食物。

科学家曾亲眼目睹一条体重不超过 50 千克的雌性科莫多巨蜥，竟然在 17 分钟内吃完了一头约 31 千克重的野猪。科莫多巨蜥的胃像个橡胶皮囊，很容易扩张。成年科莫多巨蜥一餐就能吃下高达自身体重 80% 的食物，所以在餐前餐后其体重相差很大。

猎物的香味会吸引四处觅食的科莫多巨蜥，它们纷纷前来欲分享猎物。当一只大型猎物被杀死后，它们并不是根据“按劳分配”的原则，谁捕猎的谁就吃得最多、吃得最好，而是最大的科莫多巨蜥先挑选最好的肉吃，小一点的科莫多巨蜥吃大科莫多巨蜥剩下的肉，最小的科莫多巨蜥不但吃得最迟，而且得到的肉也最少最差。这是一个弱肉强食的团体，小科莫多巨蜥十分惧怕大科莫多巨蜥，因为它们会同类相食。它们唯一的天敌就是自己的同类。科学家在科莫多岛和另外 3 个附近的岛屿考察时就发现，如果没有足够的食物来满足这种科莫多巨蜥，它们就会吃掉自己的同类，所以在科莫多岛上几乎没有发现科莫多巨蜥的尸骸。近年来，为了能让日渐稀少的科莫多巨蜥繁衍生息，印度尼西亚政府采取了提供食物的方法来防止科莫多巨蜥之间的自相残杀。

现在，科莫多巨蜥已不超过 2000 条，是世界上珍稀的动物之一，在科莫多岛上的国家公园里，它们被保护起来。

蛙中珍品——蛤士蟆

蛤士蟆究竟是什么动物呢？蛤士蟆的学名叫中国林蛙，属于两栖纲无尾目蛙科，即蛙的一种。“蛤士蟆”是其俗名，“田鸡”也是其俗名，这是由于雄蛙求偶鸣声颇似母鸡叫声而得名。

蛤士蟆分布于我国东北、华北和西北地区，尤以东北长白山一带，松花江、鸭绿江上游山区分布最多、个儿最大，因此，东北是商品蛤士蟆的主产地。继人参、貂皮、鹿茸三宝之后，蛤士蟆可说是关东第四宝了。

蛤士蟆外形颇似青蛙，只不过体色稍有不同，为褐色而已，许多人便误认为它一定像青蛙一样，夏季生活在河流、湖泊、池塘等岸边，并常跳入水中。其实，蛤士蟆夏季根本不进入水中，而是在离河流等很远的山林中生活。在东北，蛤士蟆在4月下旬至9月下旬完全生活在陆地上，常栖居在阳光较弱、潮湿的山林阴坡。它们以多种昆虫为食，具有保护森林和农作物的生态价值。

秋季，随气温下降，昆虫纷纷蛰伏或冻死，蛤士蟆的食物减少，加上低温对其影响，它们便从山林中向沟谷或田地里移动，在小溪或田地里潜伏数日，随气温进一步降低便纷纷跳进河流中。通常是几十全数白只聚集在一起隐伏在河床大石头底下进行冬眠。可以说，9月底至翌年3月下旬，它们是在水底进行冬眠的。

3月下旬至4月初，蛤士蟆解除冬眠，进入附近的水坑、池塘、沼泽等产卵场。出河时间多在夜间，一般雄蛙先进入产卵场，发出如母鸡叫声般的求偶鸣声，雌蛙随即赶来，选好配偶抱对，多在黎明前后产卵于浅水处的草丛间。每次雌蛙产卵700粒~2300粒。卵群为团块状，卵粒黑褐色。受精卵经8天~15天孵化成蝌蚪，再经40天发育成幼蛙，幼蛙要长至第三年才能成为商品蛙。产卵后的雌蛙，进入河底泥中或岸边湿土中进行10天~15天生殖休眠，而雄蛙还可抱对，至整个生殖期结束后再进行10天~15天生殖休眠。成蛙从4月底、幼蛙从5月底开始分别进入山林中生活至9月下旬。

捕捞蛤士蟆最好是在10月，此时蛤士蟆正处休眠前，肉肥油多，价值高，且都移至河流各处，便于捕捞。春季虽易捕捞，但养料已消耗，价值不高，且影响其繁殖。

蛤士蟆肉质细嫩，肉味极为鲜美，可烹制成多种佳肴，是食用蛙类的上品。蛤士蟆蛙体干制品和输卵管干制品在药学上分别叫蛤士蟆和蛤士蟆油。蛤士蟆油含有50%的蛋白质、4%的脂肪、10%的碳水化合物，以及多种氨基酸、维生素、微量元素和激素等，主治体虚气弱、气血亏损、脾胃虚弱、产后亏血、神经衰弱、失眠健忘等症。蛤士蟆体内含有蛙醇和ATP（三磷酸腺苷或腺三磷），具有养肺滋肾、治虚劳咳等功效。总之，蛤士蟆在食用上和医用上都有极高的价值，是我国动物资源中的珍品之一。

由于蛤士蟆的药用、食用和滋补保健价值很高，随着市场经济的发展，蛤士蟆及其产品越来越受到人们的青睐。目前，在国际市场上特别是港澳和东南亚市场上，享有很高的声誉。

目前，为更大规模地开发利用这一动物资源，人们正在进行人工养殖试验和研究。蛤士蟆的各种食品和药品，将会越来越丰富，蛤士蟆佳肴也会香飘四海。

奇怪的青蛙之战

1970年11月7日，马来西亚森吉西普的一处大泥潭里，发生了一幕惊心动魄的景象：成千上万只青蛙你厮我杀，声震四方。这场蛙战足足持续了一个星期。这场奇怪的青蛙之战，引起了马来西亚大学动物系专家的重视，他们立即决定对这一非常事件进行调查，当他们赶到出事地点时，这里早已偃旗息鼓，见到的只是池水中的蝌蚪、蛙卵和遗尸遍野的死蛙。在我国，也发生过群蛙大战的场面。1977年广州市郊春夏久旱，直至9月初才下了一场大雨。雨后的第二天，在近郊公路旁的一个水坑里，数百只青蛙叫声大作，有的在水面追赶，有的用前肢打架，也有的十几只抱成一团，相互鏖战。搏斗的结果断肢残臂，鲜血淋漓，惨不忍睹。

1979年10月下旬，贵州省某地一块水田里，竟有上万只青蛙搏斗，蛙声齐鸣，响彻山谷。

1981年4月中旬的一天黎明，一场暴雨过后，湖南省会同县城郊河边的一块浅水田里，上千只青蛙展开了长达两个多小时的搏斗。开始时，只有几十只对战，后来参战的青蛙越来越多，场面也越来越大。它们有的两只追打，有的四五只群战，有的十多只抱成一团，你撕我咬。交战的青蛙发出短促急切的叫声，像是擂鼓助阵，又像呼请援兵，四周青蛙闻声源源而来，从清晨5时许起一直闹到7点多，最后是因为一个小孩扔下一块石头后，青蛙们才各自罢战而逃。

1983年6月4日凌晨，湖南省醴陵市大障镇石冲村出现了一次泥蛙聚会的奇观。这次聚会是在4个村连片种植的杂交稻试种秧田里进行的。

这天凌晨1时，住在秧田附近的村民陶发兰被阵阵蛙声惊醒，他打着手电去秧田察看，发现秧田里"泥蛙"黑麻麻一片。这些"泥蛙"一般都有拇指大，它们3只一堆、5只一群，叫声不断，用棍子赶都赶不散。他从这块秧田查看到那块秧田，块块秧田都出现这种状况。

早上6时左右，陶发兰叫来村民陶发兴和杨春培观看，经测算，整个秧田有泥蛙10万只以上。直到早上9时，这些"泥蛙"才陆续散去，群集的时间长达9个小时之久。当地村民说："出现这样多的'泥蛙'聚会，还是头一次呢！"

为了揭示青蛙大战等自然奇景的秘密，美国史密逊博物院于1956年专门成立了短暂现象研究中心。这个研究中心虽然只有6名职员，可是分布在185个国家、岛屿和地区的2800多名科学家却是该中心的通信员，至今已经报告了1000多宗事件。

动物学家调查研究后认为：青蛙"打仗"是蛙类"群婚"，繁衍后代的一种特殊现象。

一般说来，在我国南方1月~10月，在北方4月~8月，是青蛙的生殖季节，在这个期间，特别是雨后第二天清晨，常会看到成群青蛙聚集在池塘、水田里，雄蛙的外鸣囊像小布袋一样不断地扩大和缩小，"呱、呱、呱"的唱歌声，便是青蛙在争鸣求偶。此时，雄蛙显得格外活跃，常游于水面，有时还搂抱其他雄蛙，或双方争抱，好像打架。当雄蛙抱上雌蛙后便不再鸣叫，只见雄蛙的前肢紧紧地搂住雌蛙的胸侧，雌蛙即背着雄蛙钻入水中。

在风调雨顺的年头，由于水源充沛，蛙类争鸣求偶的现象比较分散。但如遇久旱无雨的年头，限于水源不足，蛙类本着寻觅水源的习性，从各方汇聚到有水的池塘或水田里，如果碰上大雨以后的隔天清晨，可能就会出现成千上万只青蛙大汇聚的奇异景象。有时青蛙还会在“群婚”中死得不明不白，那很有可能是，叫声引来了若干蟾蜍，蟾蜍皮肤分泌一种毒素，遂使青蛙中毒而死。

天下绝毒——箭毒蛙

亚马孙雨林的土著人一直用一种毒蛙身上的毒汁涂在捕猎用的弓箭上，使之更具杀伤力。这种致命的毒素来自于南美洲的哥伦比亚产的箭毒蛙，这种毒素只需 0.0003 克就足以毒死一个人。

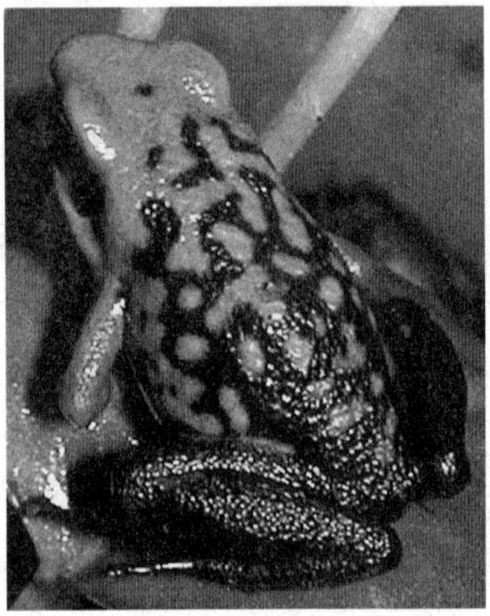

皮肤色彩鲜艳的箭毒蛙

箭毒蛙体形非常小，只有 3 厘米 ~5 厘米长，一般不会超过 5 厘米，却身负剧毒。它们的家族庞大，由 3 个属，共计 166 个种组成。许多箭毒蛙的表皮颜色鲜亮，经常带有红色、黄色或黑色的斑纹。这些颜色在动物界常被用作一种动物向其他动物发出的警告：它们是不宜吃的。这些颜色使箭毒蛙显得非常与众不同——它们不需要躲避敌人，因为攻击者不敢接近它们。即使有动物曾经试着去吃箭毒蛙，假如侥幸活下来，也绝不会去吃第二次。所以除了人类以外，箭毒蛙几乎不会再有别的敌害，它们也因此与其他两栖动物不同，敢在白天肆无忌惮地招摇过市。它们用美丽的外表似乎在向动物们挑衅：“谁敢惹我！”

科学家研究发现，箭毒蛙背部的皮肤里隐藏着许多毒腺，能分泌出极毒的黏液，这种黏液起到了润滑皮肤，保护自己的作用。据动物学家研究表明：只要 1/100000 克毒液，就能使一个人中毒身亡；1/5000000 克毒液，就足以毒死一只老鼠。早在哥伦布发现美洲大陆以前，中南美洲的印第安人就已经发现箭毒蛙分泌的毒液可以使人麻痹，甚至丧命。他们就用锋利的针把箭毒蛙弄死，放在小火上烘烤，使毒液从腺体中渗析出来。这时，他们就将箭头在蛙体上摩擦，制成了毒箭、毒标枪，因此，箭毒蛙的名字就从此叫响了。

尽管箭毒蛙的分泌物毒性极强，但印第安人却已经掌握了不会中毒的捕蛙术，即用手捕捉到箭毒蛙后，就立即用树叶将之包裹起来。只要箭毒蛙在手中的时间不是太长，就不会中毒。但是，有伤口的手是绝对不能碰箭毒蛙的，否则就会中毒甚至丧命。

金色的箭毒蛙不同寻常之处在于其交配之前，雌蛙和雄蛙一起嬉戏。在最终雌蛙产卵、雄蛙射精前，它们会花上两三个小时互相朝对方跳跃。箭毒蛙有着特殊的雄性育幼行为。雌蛙身体比雄蛙身体大，但却从不哺育后代。雌蛙和雄蛙交配以后，雌蛙就负责将卵产在积水处便不闻不问地离去，照顾下一代的任务就落在了雄蛙的身上。卵一旦发育成蝌蚪，雄蛙便任劳任怨地把孩子分别背到有适量积水的不同地方，例如树干上的小坑、附生植物的叶腋等处，让它们独自生活和成长。因为蝌蚪是肉食性的，雄蛙要把它们一个个分开，否则就会出现自相残杀、惨不忍睹的场面。

环境的宠儿——变色龙

变色龙又名避役，是一种树栖爬行动物。它们生活在非洲森林中，种类很多。变色龙有一副有趣的外表，它们身体扁平，体色可随外界发生变化，上面覆盖着一层鳞片，尾巴常呈螺旋状或者缠绕于树上。眼睛突出，两眼可独立地转动。为了适应生活的需要，变色龙的脚趾可以对握，以利于抓握树枝。

变色龙的舌头超过自身体长，平时缩入口腔内的鞘里，捕食时舌内血管快速充血，舌肌收缩，所以能极快地直射出来。它们喜食蝗虫、蝶、蝇、蚊等。如发现前方有虫子，变色龙就会慢慢靠近，然后闪电般喷射出自己的舌头，把虫子黏住。

变色龙

变色龙还有一个独特的地方，就是它们的眼球大而突出在眼眶外，眼睑上下合为环状，中央有孔。两只能旋转 180 度的眼球，可以各自独立运动。这样有利于扩大视野，捕捉昆虫。因为它们捕食蚊蝇，所以是有益的动物，但也是濒临灭绝的动物。

变色龙能改变体色，光线、气温、敌害等都是它们变化体色的因素。其体中的色细胞经过一种复杂的伸缩过程和反应，使变色龙在一天中就会变好几种颜色。变色龙之所以能够变颜色，是因为在它们的皮肤里有着各种色素细胞。这些色素细胞服从神经中枢的指挥，按照神经中枢的命令改变着皮肤的颜色。每当变色龙生活环境改变了，神经中枢就会根据环境颜色向色素细胞发出命令，让它们改变皮肤的颜色，与环境颜色相一致。变色龙的体色一般在晚上呈黄色，点缀着深黄色的斑块；到白天常变成灰绿色，有时身上还散布少量黑点和褐斑。它们在激动时，身体表面会显出栗斑和金色的闪点，但是金色闪点在变色龙狂怒时又会隐没，转变成墨绿色。因此，人们把变色龙的皮肤比喻成色彩缤纷的“大本营”。变色龙不厌其烦地把体色变来变去，目的是保护自己不遭敌人伤害。当变色龙在陆地上遇到猛兽时，会立即猛劲吸气，使全身膨胀变大，同时嘴里还要发出怪声来恫吓敌人，在敌人被其吓得不敢接近的一刹那，立即趁机溜之大吉。

“沙漠之舟”的秘密

骆驼被誉为“沙漠之舟”，是因为它具有耐干渴、耐高温、耐风沙、耐疲劳等优点。它在炎热、干旱的沙漠之中，能在 20 天以上的漫长旅途中滴水不进，甚至在失水达到体重 30% 时，照样能行进。一头骆驼驮 200 千克重的货物，每天走 40 千米，能在沙漠中连续走 3 天，空身时，能以每小时 15 千米的速度连续跑 18 小时。

骆驼为什么会具有上述优良特性呢？

骆驼耐干渴，是因为它具有很强的保水能力和贮水能力，既“节流”又“开源”。

骆驼有很大的鼻腔，里面有很多蜗形皱褶，鼻腔黏膜面积很大，增加了对呼出气体的水分的再吸收，并能冷却气体，呼出的气体能低于体温 8.3℃。据计算，骆驼能比人类呼出的温热气节省 70% 的水分。

骆驼的体温范围很广，适应于昼夜温差大的沙漠环境和减少水分损失的需要。在白天，体温可随环境温度的升高而升高，最高可达到 41℃，此时才开始出汗；夜间，可随环境温度的降低而降低，最低可降到 34℃。第二天，体温要升到出汗的温度以上，需要相当长的时间。这样，骆驼很少出汗，加上骆驼尿液的浓度很高，极少排尿，粪便也很干燥，这都有效地减少了水分的流失。

至于骆驼贮水能力很强，过去一度被认为是由于驼峰和“水囊”具有很大贮水能力的缘故，近来研究否定了这种看法。驼峰虽贮有大量脂肪，但它氧化分解产生代谢的水是有限的，而且分解需要耗氧，在摄取氧的呼吸过程中从肺部损失一部分水，这部分水大体相当于脂肪代谢产生的水。胃中虽有许多“水囊”，但总贮水量不过 5 升 ~6 升，由于这部分水的盐度和血液盐度相当，故也很难被吸收利用。

骆驼真正的“贮水器”是它的体液系统。如一头体重 500 千克的骆驼，它的体液系统的贮备水可达 125 升 ~150 升，因此，它在沙漠中能忍受体重损失 25%~30% 的脱水，当然，它在饥渴时，也能一次性饮水达 100 升之多，这些水能迅速吸收进入血液并被送到组织细胞里，成为体液的一部分。

沙漠中死于干渴的人，大多因血液中水分丧失，血液变稠，体热不易散发，导致体温突然升高而死亡。而骆驼能在脱水达 100 多升的情况下仍然保持血容量。据研究，这是因为骆驼血中有种具有保水能力的特殊蛋白质，只有在骆驼几乎每一个器官都失去水分后，才能丧失血液中的水分。

至于骆驼耐高温的能力，也与上述体温调节特点和血液保水能力有关，另外，骆驼长有蓬松的驼毛，里面有大量的不流动的空气，这样，在严寒时能避免体热的散失；在高温时能避免外热的侵入。

骆驼的两个驼峰所贮脂肪达体重的 1/5，脂肪氧化分解可产生大量能量。驼峰是其能在沙漠中长途跋涉、维持巨大体力消耗的“能源仓库”，所以骆驼十分耐劳。

骆驼的眼有浓密的睫毛，当风沙弥漫时，它会就地跪倒闭上眼睛，睫毛能有效地挡住风沙，保护眼睛。且鼻孔里有瓣膜关闭，阻挡风沙进入。而且胸部、肘部、膝部共有 7 块胼胝体，以避免跪卧时与地面接触受损伤。足底也都生有很厚的肉垫状胼胝体，走在沙漠中，既防陷，又防烫。

正是由于骆驼具有以上特点，从古至今，它都是人们赖以穿越茫茫沙海的“沙漠之舟”，是人们不可多得的沙漠旅途的好伴侣。

智慧的大象

大家知道，猩猩、海豚等灵长类、鲸类是很聪明的动物。其实，大象也是很聪明的动物。表面看，大象形体硕大粗壮，似乎呆头笨脑，只会使蛮力，不会动脑筋，实际上，大象颇具智慧，是一种“内秀”的动物。

下面，让我们看看大象的一些有趣的行为：

在缅甸的一个山寨，村民十分爱护大象，从不伤害它们，即使大象有毁坏庄稼等捣蛋行为，他们也不伤害大象。但为了保护庄稼，村民们在大象脖子上系上木铃铛，以便及时发现它们是否撞进了果园或农田。令人惊奇的是，大象居然用泥巴将铃铛堵死，使之成为“聋子的耳朵”，然后偷偷溜进香蕉园，将成串成串的香蕉偷吃光，并毁坏了不少树木，它们干得非常巧妙，以至于守园人毫无察觉。

更令人惊奇的是，大象似乎还能使用工具。大象能用鼻子卷起树枝去挠它的长鼻和尾巴够不着的背部、腿部等地方。有一头高大的亚洲象，曾被主人误拴在泥塘里，眼看身体下沉时，大象机智地将树枝垫在脚下，从而避免了灭顶之灾。在肯尼亚旱季要找到水源是很难的，可是大象能在干河床上挖洞找水。当找到水后，它们就大喝一顿。喝足了，再撕几块树皮，将其嚼成一个团，塞住水洞口，并盖上沙子。显然，这是为了防止水分蒸发。

以上行为说明大象似乎很会动脑筋、想办法，而不是仅仅具有本能行为和简单的习惯行为。而下面的一些事例则说明大象还有一些行为似乎颇富感情色彩。

据南朝《异苑》记载，广东阳山县有位农夫在野外遇到一只大象，大象的脚被扎了一个大刺，农夫帮大象取出了大刺，大象站立起来，颇为高兴，便载此人走到一湿地，用鼻掘出几根大象牙，赠给农夫，以示感谢（古时，大象在我国分布很广）。

在我国古代以及现在东南亚各国都有驯养的大象，这些驯象或为役使工具、或为警卫、或为表演动物，在古代还有作为战争工具的。被驯养的大象不仅力气大、能吃苦、聪明、记忆力好，而且很讲义气，忠于主人。如在老挝的热带丛林里，大象被当地居民作为一种主要的交通工具，它们在莽莽密林中准确无误地运送木材和游客，成为当地居民的“森林之舟”。

大象“关心同伴”和“爱护子女”也是十分感人的。如果一头大象陷入困境，其同伴会不惜自己的安危去设法营救。一头大象死后，其同伴会用树叶和草遮盖其尸体或者把尸体掩埋掉，而且还要将其牙砸碎或者掩埋掉。大象对幼象不论是自己的子女还是其他象的子女都很爱护。

大象的报复性很强，只要它们受了人类的“委屈”，它们会伺机报复，甚至会“铭刻在心”。如墨西哥驯兽团的驯兽员托雷兹，他对动物很残忍，曾用尖棒，甚至电棍来迫使动物服从他。其中一头名叫“珍宝”的大象，也曾受过他的虐待。他退休后 15 年，又重新回到驯兽团。当“珍宝”看到托雷兹走进表演场时，立即发起狂来，与托雷兹对视一阵儿后，便把他打倒在地，并使劲踩踏他的胸口，托雷兹当场丧命。

大象为什么聪明呢？专家们认为，动物的智力与其大脑的相对大小（脑重与体重之比）有密切关系。人类的这一数值为 2%，而大象的为 1%~5%，说明已相当于人类的比例。一般哺乳动物的初生幼体的脑重已接近成体脑重的 90%，再增大是很有限的，而大象的则为 35%，人类的为 25%，因此大象和人类从出生到成年脑重要增大几倍。大象的小脑也很发达，因此大象不仅聪明，记忆力好，而且还会做很多复杂的需要高度平衡和协调技巧的动作等。

至于大象、猩猩、海豚等动物是否有思维、思想、感情等，这是动物心理学家和行为学家们正在努力研究并希望解开的谜。

非洲象吞吃岩石之谜

东非国家肯尼亚的艾尔刚山区，是非洲象经常出没的地方，那里有很多奇怪的岩洞，其中最有名的就是基塔姆岩洞。令当地人惊讶的是，在每年干旱的季节里，常常看到非洲象成群结队地走进山洞，它们缓慢地穿过狭窄的通道，来到阴暗潮湿的中央大洞，用长长的象牙，在洞壁上挖凿下一块又一块岩石，接着又用自己的大鼻子卷起岩石，一口一口地吞到肚子里。吞完岩石以后，它们在山洞里稍微休息一会儿，领队的非洲象就发出集合的信号，象群又排着队走出山洞。

“非洲象吞吃岩石”的怪事儿传开以后，动物学家们感到十分惊奇：非洲象是吃植物的，怎么会吞吃起岩石来了？真让人迷惑不解。

后来，动物学家们专程来到肯尼亚的艾尔刚山区，进行了考察和研究后才真相大白。原来在非洲象吃的植物里，硝酸钠盐的含量太少，而在这些岩洞的岩石中，这种矿物质的含量却很高。差不多是这个地区植物含盐量的 100 多倍。非洲象吞吃岩石，就是为了补充食物中缺乏的这种盐分。特别是在干旱的季节里，身躯庞大的非洲象会大量出汗和分泌唾液，身体里的盐分消耗特别大，因此需要补充的盐分也就更多了。这个解释比较科学，大多数动物学家都已接受和承认了这个说法。

这个谜虽然被揭开了，可是由此又产生了另外一个谜，这就是非洲象经常出入的神奇岩洞是怎样形成的？

对于这个有趣的问题，不同学科的专家们提出了不同的见解。

地质学家认为，这些岩洞是早期火山爆发的时候，由喷射的气泡形成的。经过深入地考察，从岩洞的巨大空间和不规则的形状来看，这是不可能的事。所以，他们又推翻了自己原来的判断。

考古学家则提出，这些岩洞可能是当地土著居民挖掘的，可是一查有关的文献资料，这些土著居民的祖先当时还很落后，根本就没有挖掘这么大岩洞的工具。因此，这个说法也是站不住脚的。

那么，这些巨大的岩洞到底是谁挖掘的呢？

最近，动物学家又提出了一种新的解释：非洲象在艾尔刚山区已经生活了 200 多万年，如果它们每星期挖掘一次岩石，像基塔姆那样的大岩洞，只要 10 万年就挖成了。所以，这些岩洞很可能是非洲象挖的，为了补充食物中缺乏的盐分，它们世世代代地挖呀、吞呀，最后挖成了这些神奇的岩洞。

但这只是一种推理性的解释。还没有人真正解开这个千古之谜。

大象死后到底去了哪里

自古以来就有一种传说：大象在即将死亡时，一定要回到自己的坟地去。可以设想，如果这种大象坟地真的存在，那里肯定会留下许多象牙。象牙可用来制作工艺品，价格昂贵，因此在野象的天国非洲，经常有人为了得到象牙，冒着风险四处寻找大象的墓地。

前苏联探险家布加莱夫斯基兄弟俩，曾前往非洲的肯尼亚寻觅象牙。一天，他们攀上了森林中的一座高高的岩石山顶，朝前方一望，突然发现对面山上有无数的动物尸骨。有一头大象正摇摇晃晃地走到尸骨堆旁，无力地叫唤了一声便瘫倒在地。

“那里一定是个大象的坟地”，兄弟俩惊叫起来，沿着干涸的河谷，飞快地朝大象的坟地奔去。但是，在半路上他们遇到了猛兽的袭击，又陷进了深不可测的沼泽地，好不容易摆脱了困境，但是，最终仍未能到达目的地。

大象坟地真的存在吗？人们对此将信将疑。

最近，有许多学者否定大象坟地的存在。他们认为发现大象墓地一说纯属是那些为攫取象牙的偷猎者的捏造。因为捕杀大象攫取象牙，就要受到法律的制裁，所以偷猎者杀害大象之后，总要掩饰说，“我们偶然发现了大象的墓地，才得到这么多的象牙。”

这种说法正确与否另当别论，大象在临死之前，行动确实与往常不同，往往总要离开象群，在某个地方销声匿迹。这很可能是：大象在临死前，到某个僻静的场所或是有水源的地方去与世诀别。虽然象的寿命可长达九十多岁，但平均寿命则在 30 岁 ~40 岁。

人们在动物保护区可以看到大象的尸体，但与整个大象死亡的数量相比较，微乎其微。这些死亡的大象究竟葬身何处，会不会集中在某一个地方结束生命？是否因为热带气候炎热，大象的尸体很快被风化分解，或被其他食肉动物当成美餐佳肴呢？显然，也不能排斥这种可能性。

神秘莫测的大象坟地之所以至今未被任何人发现，也许与临近死亡的大象行动诡秘，而人类对象牙又贪得无厌不无关系吧？

会变色的海象

海象是北极地区仅次于白鲸和格陵兰鲸的大型海兽。它们的特征就是无论雌雄都长着一对长长的獠牙，沿着嘴角向下伸出。海象的躯体呈圆筒状，全身皮肤厚实而又褶皱丛生，脑袋长得又小又扁，脸上长满像刷子般坚硬的短胡须。一双小眼睛埋在皮褶里几乎难以看见。海象生有 4 只宽大的鳍脚，两只后鳍脚可以向前弯曲，帮助它们一拱一拱地在海滩上爬行。

变色龙、雷鸟、雪兔都会变色，这几乎是众所周知的。可是很少有人知道海象身体的颜色也会发生奇妙的变化。当海象浸泡在北极寒冷的海水中时，血管收缩，皮肤颜色便变为灰白色；而当海象来到陆地上后，它们的血管就膨胀，血液循环加快，因此皮肤颜色就变成棕灰色。盛夏时节，当海象晒太阳时，表皮血管膨胀以散发体热，全身则会呈现玫瑰红的颜色，这种生理现象对海象的生存很重要。如果海象在海里的时候也像在陆地上那样血管膨胀、血液流动迅速的话，那么机体的宝贵热量就会很快散发到海洋中，最终海象会因耗尽热量而死去。

海象的一对尖利的长牙朝下生长，最长的可达 1 米，它们对海象非常有用，是海象生存的工具。海象潜入海底时，可以利用长牙把海底泥沙中的蛤蜊挖出来，再用宽大灵活的前鳍将它们收集在一起，运到海面上以便食用；当海象攀登浮冰或山崖时，长牙则成了它们的攀登工具；当它们把猎物用前肢压住时，长牙则又成了它们的杀敌武器；海象还用长牙在冰上开洞以便呼吸，或者用长牙作杠杆，将庞大的身躯弄到海岸或冰上去。另外，海象的长牙也是它们在家族中一种身份的象征。

在众多的海洋动物中，海象是最出色的“潜水员”。它们一般能在水中潜游 20 分钟，潜水深度达 500 米。个别的海象，可潜入 1250 米的深水层，大大超过了一般军用潜艇。海象在潜入海底后，可在水下滞留两小时，一旦需要新鲜空气时，只需 3 分钟就能浮出水面，而且无须减压过程。海象之所以有如此惊人的潜水本领，主要得益于它们体内极为丰富的血液。海象的血液占整个体重的 20%。而人类的血液，仅占体重的 7%，比海象少了近 2/3。

由于海象体内血液多，含氧量也多，在海洋中下潜的深度深、时间长也就不足为奇了。

海象的体形庞大，而且它们的鳍状脚不能很好地用于行走，所以海象在陆地上行动比较困难。当它们成群结队地在海滩上晒太阳时，会尽可能地占据所有的空地。有时，为了抢占一个好的地盘，海象彼此之间会产生争斗，它们用长牙和强有力的脖子互相攻击，战胜者将战败者赶走，并占领夺来的地盘。

20 世纪 30 年代初，人们为了获取海象的油脂，曾对海象大肆进行捕杀。后来，因美国和墨西哥政府的严厉禁止，这种势头才得到遏制，逃避到太平洋墨西哥沿岸的小部分海象，才幸免于难。如今，海象已被列为濒危动物，但它们的命运也正发生转机，因为美洲南部沿海已时有成群海象出没。

奇特的生物互食链

棕纹蓝眼斑蝶是蝴蝶中的一种，与它的同类一样，它在幼时呈现的是毛虫状。确切地说，它是一种生活在欧石南树上的幼虫，因为成熟的彩蝶总是将卵产在欧石南叶子上，它知道这种植物的叶子适合自己孩子的口味，它自己也是在那儿出生的。所以当幼虫刚从卵里钻出来，一眼就能看见它所喜食的树叶，它只需张开口，就可以美美地饱餐一顿，无须到处奔波寻找食物。

幼虫在昏睡中完成几次变态后，终于长大了。于是，它离开欧石南叶子，跃跃欲试地到地面上来，它显然已经不满足于吃“素”了，它希望进食小昆虫，以便使自己从幼虫变成蝴蝶。刚刚着地，它就行色匆匆地上路了。

可是还没走出多远，眼前便出现一条清扫过的小径来，那是一条蚁道。路面不宽，只能容得下两只蚂蚁交臂而过。毛虫立即踏上小径，慢慢地向上爬，正在这时，一只蚂蚁正从小径的另一头沿坡而上，毛虫继续向上爬，逆行的蚂蚁也爬了过来，它们的距离越来越近了。两者的比较也愈加清晰了。与那只小小的蚂蚁相比，毛虫仿佛是一辆“大卡车”，此刻正与一辆“小小机动车”不期而遇。

由于通道狭窄，它们会合时几乎擦身而过。忽然，小小的蚂蚁伸出尖尖的触须，在毛虫身上轻轻地刺了一下，颇有点试探性的意味。毛虫立即表现出在这种情况下一贯采取的措施，这种措施是祖传的：它开始缩成一团来装死。

蚂蚁早料到毛虫会来这一招，它索性爬到蜷缩一团的毛虫身上，在毛虫的毛和足之间大模大样地穿行。并不时用触须轻刺毛虫的腹部。这一刺，刺得小蚂蚁喜出望外，因为它辨认出这是一个地地道道的棕纹蓝眼斑蝶的幼虫，一个能分泌出令蚂蚁垂涎的甜汁的毛虫。面对着这意外的收获，小蚂蚁迫不及待地品尝了一口，但它绝不会独吞，它必须把这只毛虫拖回去，让大家共同分享它的收获。于是，它用上颌咬住毛虫，把它拖上通道。

然而毛虫太重了，小蚂蚁的困难可想而知。不过，很快就会有一群蚂蚁来帮忙。这群蚂蚁的到来，也许是偶然路过此地；也许是第一只蚂蚁发出了一股气味召唤它们过来的。因为蚂蚁之间是通过气味来传递信息的。科学家已经认定，在蚂蚁身上有一种互相召唤的物质，因此，当小蚂蚁发出信息后，其他的蚂蚁立即纷至沓来，大家同心协力，前拉后推，各尽所能，终于把大毛虫拖回了家。

身躯庞大的毛虫此刻则完全听任这群蚂蚁的摆布，它仍然缩成一团装死，也许它以为这是保护自己的最佳办法，或许，这是它的本能。

浩浩荡荡的工蚁队列开过来了。洞口近在眼前，它们七手八脚地把毛虫搬进蚁穴，随即蜂拥而入。随之而来的情形让人大开眼界：一窝嗜毒成癖的雄蚁和蚁后一个个趋之若鹜，从四面八方爬上毛虫的躯体，伸长的触须贪婪地吮吸它肚子里的甜汁，就像酒鬼掉进酒窖，禁不住要开怀痛饮一番。然后，一个个醉态毕露、步履蹒跚地走出来，个个心满意足。

那么，毛虫的结局又怎样呢？体内的汁液被彻底吸干的毛虫，被蚂蚁监禁在黑漆漆的洞穴里必是九死一生了。然而，人们的判断却大错特错。几年前，一位动物学家在察看一个硕大无比的蚁穴时，突然发现从里面先后飞出三只蝴蝶，那是几只刚从蛹壳中蜕变出来的蝴蝶，同所有刚蜕变出来的蝴蝶一样，它们首先晾干翅膀，继而舒展双翅，扑棱几下，然后欢快地向空中翩翩而去。惊诧无比的科学家想方设法逮住了一只蝴蝶，通过仔细观察，发现它竟是一只棕纹蓝眼斑蝶！

这是怎么回事？喜欢寻根究底的科学家决心弄清棕纹蓝眼斑蝶在蚁穴里干什么。他掘开蚁穴，里面一塌糊涂。地道里除了熙来攘往的蚂蚁外，并无他物。

既没有蚁卵，又看不见幼蚁，这究竟是怎么回事呢？科学家心里打了一串串大大的问号。

原来，当棕纹蓝眼斑蝶的幼虫从欧石南树上爬下来寻觅食物时，它知道蚂蚁的巢穴里有它所需要的食物——蚂蚁的幼体。于是，它采取了欲擒故纵的措施，有意让蚂蚁将它弄进蚁穴。然而，蚂蚁却能坐视毛虫肆意吞噬它们的孩子，因为此时此刻，它们所关心的只是舔食它们所捕获的“猎物”肚子里令它们陶醉的甜汁！如此就形成了一种相食相生的生物界奇趣：雄蚁和蚁后因食用棕纹蓝眼斑蝶幼虫汁液而身强力壮，繁衍力大增；棕纹蓝眼斑蝶幼虫因食用蚂蚁幼虫而得以茁壮成长。

此后，有人进行了上百次的试验，其结果都完全一样。小蚂蚁是如此酷爱棕纹蓝眼斑蝶幼虫身上的甜汁，以致引“狼”入室，开门揖“盗”，置断子绝孙于不顾，疯狂地舔食它有意分泌出来的甜汁。这真是生物界的一大奇观。然而，刚刚离开树叶的棕纹蓝眼斑蝶幼虫又如何能与小蚂蚁不期而遇？它们又何以天生具有这种欺骗手段？这些耐人寻味的问题仍令科学家为之惊叹不已。

能量储备强大的蝎子

俗话说“歹人心比蝎还毒”。人们之所以对蝎子没有好印象，是因为蝎子的外形丑陋，令人厌恶；更主要的是因为蝎子有毒，尤其热带产的蝎子极毒，其毒不亚于眼镜蛇毒。因此蝎子被人们视为可怕的毒虫，一概在捕杀之列。

其实，世界上蝎类有600多种，而有剧毒的只不过几种。蝎子常吃蟋蟀、蝗虫、蝶、蛾及蚜虫等，为人们除害。即使是毒蝎，也可用作药材。

蝎子引起生物学家极大兴趣的是，它那惊人的生命力从何而来？

蝎子的前端生有一对形如蟹螯的强大脚须，内侧还有一对小钳角，能从脚须接过食物，撕碎后填入口内。蝎子尽管有这些取食利器，却是令人难以想象的“禁食者”。

它们很少表现出食欲，偶尔捕食昆虫，也仅仅吃掉很少一部分。据观察，一只蝎子在不进食的情况下，可以活 368 天。阿尔及利亚生长的蝎子，不进食竟能活 14 个月。蝎子即使不吃食也照常格斗、寻偶。然而，从蝎子的体格的肌肉看，它们不见得有多少能量储备。

蝎子这种罕见的奇异的现象连著名的昆虫学家法布尔也无从解释。他只能推测：蝎子的一部分活动能量可能是从周围环境中取得，如气温、光和电。但假如动物也能像植物一样，利用光能进行物质合成，就需要有进行这种工作的器官和特殊的细胞群。但是，直到现在，在其体内还没有发现有这类结构。至于电能，则更是凭空的臆想。有人又提出一种假说，认为在蝎子的体内可能存在一种专门机构，能够固定蝎子呼吸的气体（如氮和二氧化碳），或者使之转化为其他物质。它就用这样获得的能量来维持其特殊的生命现象。但这种假说的可能性如何，尚未证实。希望有人能尽快地解开这蝎子能量储备之谜！

蜘蛛是如何狩猎的

全世界蜘蛛有 3 万多种，多数以昆虫为食。谈到蜘蛛捕食昆虫，人们自然会想到蜘蛛织网捕虫子。其实，这只不过是人们经常见到的一些蜘蛛（如圆蛛）较普遍的捕虫方法罢了，而另有一些蜘蛛狩猎昆虫其方法之巧妙，简直令人难以置信。

澳大利亚有一种被称为美蜘蛛的色彩鲜艳的蜘蛛，夜间能在两个树枝间牵上一根横悬的蛛丝，再在中间向下悬一根蛛丝，使自己悬挂其上，然后用足擎住一根末端有黏性蛛滴的蛛丝，这样，它便成了“鱼饵”了。因为蛛滴对螟蛾有特殊的诱惑力，再加上它不断地甩动有蛛滴的蛛丝，使喜欢追逐动态食饵的螟蛾纷纷飞来，一旦碰上蛛滴，便被牢牢黏住，蜘蛛收上“钓绳”，便可美食一顿了。

有一种叫黑绿圆蛛的蜘蛛，能在草丛间、地面上横牵一根蛛丝，类似于古战场的“绊马索”，当一只造桥虫正一拱一拱地向前爬行时，冷不防碰到了前面的蛛丝，一场杀身之祸随之降临，潜伏在草丛中的蜘蛛猛扑过来，将其逮住饱餐一顿。原来“绊马索”的一端擎在蜘蛛的前足上，蛛丝一振动，它便知道有猎物自动送上门了。

还有一类蜘蛛，居然能向猎物发射"麻醉枪"，并达到"百发百中"的水平。如一种较为广泛分布于我国的黄昏花皮蛛，常埋伏于植物丛中，等有猎物飞入射程范围内或停歇在附近植物上时，它会瞄准猎物，从螯肢上喷射出一股毒液使被射中的昆虫麻醉而跌落下来，葬身于"射手"腹中。

而一种被称为"漏斗蛛"的会织网的蜘蛛，所织的蛛网形似漏斗，斜向上面的是大口，下端开一小口，它便守在这小口下面，以逸待劳。若有冒失的猎物撞在漏斗上，便会顺势滑入漏斗底小口处，漏斗蛛则立即擒住食之，若遇强敌，便立即逃遁，而强敌不能穿过小口追击。

中华七纺蛛则被人们誉为"地道战专家"，它的猎食法也是一绝。它栖于地下洞穴中，在颇深的洞穴里，整个洞壁都布以黏性的蛛丝，在洞口上还盖上一个盖。平时，将盖掀开一个缝，并守在洞口处，密切注视四周，若有猎物路过，即被劫持到洞中，因洞内布有蛛丝，猎物很难逃脱，挣扎的结果只会被缠得更紧，最后不能动弹，任其宰割。

总之，蜘蛛的狩猎方法多种多样，妙不可言。许多方法颇似人类古代狩猎术、古战术。是它们向人类学习来的吗？不，远在人类出现之前多少万年，它们便已具有这种绝技了。应该说，或许人类的某些战术是受蜘蛛启发而来的更恰当些，《西游记》中的"蜘蛛精"们的战术就有许多与上述相似，这或许是种证明。当然，这是戏言。

蜘蛛的各种狩猎术是在长期进化中形成的，是对环境适应的本能。据专家说，其中织网捕虫法是最原始的，后来有的蜘蛛逐渐抛弃了织网术，而形成各种游猎术，其方法越来越多、越来越妙，于是便有了这样五花八门的狩猎术了。

龟的长寿之谜

人们都将龟称为动物世界里的"老寿星"。那么，龟的寿命到底有多长呢？

据报道，一位西班牙海员曾经捕到一只海龟，长 2 米，重 300 千克，有专家说它已经活了 250 年了。另外一位韩国渔民在沿海抓到过一只海龟，长

1.5 米，重 90 千克，背甲上附着很多牡蛎和苔藓，估计寿命为 700 岁。它可以说是龟类家族的“老寿星”了。

但这只是估计的岁数，它不能精确地反映龟的实际寿命。有记录可查的才是比较准确的。

1971 年，人们在长江里捕获过一只大头龟，它的背甲上刻有“道光二十年”(即 1840 年)字样，这分明是记事用的。这一年，中国发生了鸦片战争。也就是说，从刻字的那年算起，到捕获的时候为止，这只龟至少已经活了 132 年了。它的标本至今还保存在上海自然博物馆里。另外，还有一只龟，据说经过七代人的饲养，一直到抗日战争的时候才中断，它的饲养时间足足有 300 年左右。

1737 年，有人在印度的查戈斯群岛捕到过一只象龟，当时科学家鉴定它的年龄是 100 岁左右。后来，它被送到了英国，在一个动物爱好者的家里生活了很长时间，最后被送到伦敦动物园。到 20 世纪 20 年代，它就活了将近 300 年了。

1983 年，在中国人民革命军事博物馆曾展出过一只海龟，有 120 千克重，在展出的时候，它还生了 30 个蛋呢。经专家鉴定，这只海龟已经活了 300 年。

龟虽然是动物世界中的“长寿冠军”，但在龟类王国里，不同种类的龟，它们的寿命也是有长有短的。有的龟能活 100 年以上，有的龟只能活 15 年左右。即使是一些长寿的龟种，事实上，也不可能个个都“长命百岁”。因为从它们诞生的那天起，疾病和敌害就时刻威胁着它们；另外，海洋环境污染和人类的过量捕杀，也在危害它们的生命。

人们虽然知道龟是长寿动物，但对龟的长寿原因却说法不一。

有的科学家认为，龟的寿命与龟的大小有关。个头儿大的龟寿命就长，个头小的龟寿命就短。有记录可查的长寿龟，像海龟和象龟都是龟类家族的大个子。但我国上海自然博物馆的动物学家不同意这个观点，因为前边提到过的那只大头龟的个头就不大，可它至少已经活了 132 年了，这又怎么解释呢？

有些动物学家和养龟专家认为，吃素的龟要比吃肉或杂食的龟寿命长。比如，生活在太平洋和印度洋热带岛屿上的象龟，是世界上最大的陆生龟，它们以青草、野果和仙人掌为食，所以寿命特别长，可以活到 300 岁，是大家公认的长寿龟。但另一些龟类研究人员却认为不一定，比如以蛇、鱼、蠕虫为食的大头龟和一些杂食性的龟，寿命也有超过 100 岁的。

最近，一些科学家还从细胞学、解剖学、生理学等方面去研究龟的长寿秘密。有的生物学家选了一组寿命较长的龟和另一组寿命不太长的普通龟作为对比实验材料。研究结果表明，一组寿命较长的龟细胞繁殖代数普遍较多。这就说明，龟的细胞繁殖代数多少，跟龟的寿命长短有密切关系。

有的动物解剖学家和医学家还检查了龟的心脏，他们把龟的心脏取出来之后，竟然还能跳动整整两天。这说明龟的心脏机能较强，跟龟的寿命长也有直接关系。

还有的科学家认为，龟的长寿，跟它的行动迟缓、新陈代谢较低和具有耐旱耐饥的生理机能有密切关系。

总之，科学家们从不同角度探索和研究龟的长寿原因，得出的结果也不一样，至于究竟是什么原因，还需要进一步研究。

鳄鱼为什么流眼泪

传说鳄鱼在吃掉别的动物之后，还会为自己吃掉的动物流下悲伤的眼泪。如果有人在场，它甚至还会不停地哭泣和哀嚎。后来，人们用“鳄鱼的眼泪”来比喻那种假仁假义的伪君子对同伴的死假装慈悲。

鳄鱼到底流不流眼泪呢？这个问题人们一时无法回答。

为了弄清传说的正确与否，20 世纪 70 年代，瑞典科学家范盖和尼尔松两人决定进行实地考证，冒着危险，两位科学家终于发现：鳄鱼真的会流眼泪。

如此说来，古老的传说是真的了？其实不然。

鳄鱼是没有同情心的，它也不会像人一样流眼泪。它流的不是真正的眼泪，而是盐分。鳄鱼的肾脏发育不全，它的体内又有多余的盐分，用什么办法把这多余的盐分排出体外呢？鳄鱼长有一种特殊的腺体，这种腺体恰巧长在眼睛里，它用腺体排泄多余的盐液。这样，每当腺体活动时，残暴的鳄鱼就像在流着痛苦的眼泪。

这就是鳄鱼流泪之谜，你觉得有趣吗？

神奇的金猫

金猫是一种体形较大的野生猫类，貌似小豹，双耳短小直立，双目大而圆，四肢粗壮，强健而有力，体长90厘米~130厘米，身体的毛色和斑纹花样翻新，变化多端。最常见的毛色是棕黄色，但深浅不同，由金黄、棕黄而至灰褐不等，但都透出一种赤金的色调并闪烁着光泽，美丽高雅，所以也叫作红金猫。也有花斑的，即全身布满乌褐色的斑点、斑纹，显得朴素大方，所以也叫作花金猫，是我国独有的类型。此外还有体色为纯黑色的，显得庄重素雅。

金猫主要分布于非洲和东南亚，在我国主要见于南方的广大地区和陕西南部、甘肃南部。此外，还见于尼泊尔、印度阿萨姆、中南半岛、马来西亚、印度尼西亚的苏门答腊等地。

金猫虽然基本上是属于热带亚热带动物，但仍具有相当的耐寒性，毛皮较厚，而且有底纹。一般都生活在山区，在云南等地甚至能栖于海拔3000米以上的高山地带。生活环境主要是较密的山地丛林，或者多岩石的地带。

金猫善于攀爬，听觉灵敏，在猫类中属于外耳活动最为灵活的一种，可以感知四面八方的动静。

同大多数猫科动物一样，金猫喜欢单独活动，具有夜行性，白天几乎完全伏着不动。它们性情凶野、勇猛，与老虎相似，故名“黄虎”。金猫仅以肉类为食，主要捕食鼠、兔、小鹿和鸟，也盗吃家禽，有时还袭击羊和牛犊等。在广西民间，竟有黄虎能够跳上虎背，将虎的脖颈咬断的传说，其他地方也有类似的说法。

嗅觉十分惊人的狗

在电视连续剧中，我们经常可以看到，侦察人员带着警犬进山搜捕犯罪分子。你想过没有，狗为什么能够从事侦探活动呢？狗的嗅觉神经和脑神经直接相连，嗅觉神经密布于鼻腔，其嗅觉的灵敏度十分惊人，因此警犬被广泛用于各种刑事案件的侦察活动。

有关的研究结果表明，人的嗅觉细胞只有 500 万个，覆盖着鼻腔上部黏膜的一小部分，面积仅有 5 平方厘米左右；而狗的嗅觉细胞为 12500 万至 20000 万个，有的品种数量还要多，例如有一种牧羊狗的嗅觉细胞竟达 22000 万个，这些嗅觉细胞在鼻腔上占的面积达 150 平方厘米左右。

狼狗的嗅觉灵敏度是人的 40 倍以上，而且其鼻孔长而大，适合于分析空气中的微细气味，有的嗅觉极为灵敏的品种，其嗅觉甚至是人的 100 万倍以上。据专家测定，狗能感觉到 200 万种物质发出的不同浓度的气味。一般每立方厘米的空气中含有 268 亿个气体分子，只要其中有 9000 个油酸分子，狗就能嗅山来。在 桶水中滴入数滴碳酸，狗也能分辨出来。

研究发现，狗对人脚汗中的脂肪酸十分敏感。如果每天人的每只脚分泌的汗液为 16 立方厘米，其中千分之一通过鞋底透出来的话，则在每个脚印上就留下 2.5×10^{11} 个脂肪酸分子，狗就足以嗅出人的踪迹。

掠走粪球的屎壳郎

当你漫步乡间小道或到牧区游览时，常可发现滚动着的粪球。仔细瞧瞧，原来是两只昆虫在搬运“宝贝”——充饥的粮食。它们的行为十分奇特，一只在前头拉，一只在后面推，一拉一推，粪球就向前方慢慢滚动。原来这是一对夫妻，通常雌虫在前，雄虫在后，配合默契，那种情景的确十分有趣。

这种灵巧滑稽的小昆虫，就是通常所说的蜣螂或屎壳郎，也有称它为粪金龟或牛屎龟的。蜣螂俗称屎克螂，属鞘翅目蜣螂科，体黑色或黑褐色大中型昆虫。前足为开掘足，后足靠近腹部末端，距离中足较远，后足胫节有一个端距。触角鳃叶状，锤状部多毛，小盾片看不见。鞘翅将腹部气门完全盖住。蜣螂为完全变态昆虫，夜出行，穴居地下（洞穴）生活，但推粪球却是在白天进行的。

我国古书《尔雅翼》（宋代罗愿著）中曾记载："蜣螂转丸，一前行以后足曳之，一自后而推致之，乃坎地纳九，不数日有小蜣螂自其中出。"从这几句话的记载可以看出，作者的观察是非常细致的，并告诉了我们蜣螂推粪球的目的。蜣螂能把大堆的牛粪做成小圆球，然后一个个推向预先挖掘好的洞穴中贮藏，慢慢享用。因为圆形在地面滚动时省力，运回巢穴比较容易。雌蜣螂把卵产在粪球里，卵孵化后，出世的小蜣螂立刻就可以得到食物吃。这是蜣螂对它的子女母爱的表现。它宁愿自己付出辛劳，使子女出世后不必再东奔西跑为找食而辛苦。然而在蜣螂的同类中，也隐藏着一些"懒汉"和"无赖"，它们不好好劳动，常常伺机在半路上去抢夺滚动着的粪球，企图占为己有，双方为此展开一场搏斗。若是"强盗"获胜，不但掠走粪球，连别人的"妻子"也一起掳走，这些"无赖"实在可恶！

能咬死人的蝴蝶

大家一定很喜欢蝴蝶，因为它们花花绿绿的，特别美丽、特别招人喜欢。蝴蝶是一种昆虫，和那些凶猛的野兽相比，它们是非常非常的弱小，然而在自然界却有一种能吃人的蝴蝶。

蝴蝶吃人的事发生在巴西北部山区。一次一支由10人组成的科学考察队，从巴黎出发到巴西北部山区进行动物习性考察。一个雨过天晴的下午，有个叫哈尔德的队员在途中掉队，到吃晚饭的时候队员们才在路边草丛中找到他的尸体，在尸体周围飞翔着一群颜色艳丽的蝴蝶。经医生检查，哈尔德是被蝴蝶咬死的。

难道小小的蝴蝶还真能咬死人？为了解开这个谜，考察队员们进行了调查。根据那一带山民的介绍，这种美丽的蝴蝶是巴西北部山区独有的，它们以食动物肉为生。遇到兔子、山鼠时，它们就三五成队追啃蚕食；碰到牛或羊等大型动物，它们则数以千计地联合起来，进行围攻叮咬，直到把对方叮死，分食完毕为止。所以这一带的山民们，不穿保护衣是不敢进山的，否则也要遭到这种吃人蝴蝶的侵扰。

蝴蝶咬死人，的确称得上是奇闻，为了进一步进行研究，考察队员们捉住了几只蝴蝶，将它们和老鼠关在一起。当蝴蝶进攻老鼠时，它们就对被啃过的鼠皮进行化验，终于把这个谜揭开了。原来，这种蝴蝶的唾液里含有一种剧毒物质，当它们咬了人或动物后，这种剧毒物质就进入人体或动物体内，先使人或动物失去知觉，然后死去。因此，考察队员们把这种蝴蝶称之为“吃人蝴蝶”。

破解蟋蟀鸣叫的含义

我想人们对蟋蟀这种昆虫并不陌生，即使没有亲眼所见也会在中学课本的《促织》篇，以及众多的电影中，对蟋蟀的好鸣善斗而有所耳闻。大概早在唐朝的时候，蟋蟀就被人捉起来，豢养在笼子里，夜晚放在枕畔，聆听它清脆悦耳的低唱。到了宋朝，又盛行斗蟋之风，蟋蟀又作为一种“玩品”而出没于宫廷、民间。

然而，若问蟋蟀有几种叫声？我想，大多数人只能回答出“嗯嗯”二字，若再追问蟋蟀鸣叫的含义，恐怕知者更少。

动物学家对蟋蟀进行了长期的研究，发现它虽没有声带，但在其腹背上面，贴近直翅的基部长有一对半圆形的发音器，该发音器是一块坚韧而半透明的油黑色薄膜，如果蟋蟀振动着翅膀，同时又鼓足体内的气流，其从发音器迅速流出，那么，发音器薄膜的振动，再加上两翅的举起和放下，使翅膀与腹面的接触处不断地发生广狭不同的变化而引起共鸣，因而，蟋蟀便发出了不断变化的音符。据初步统计有“嚁嚁嚁、嚁嚁嚁”“的铃、的铃、的铃”“铃铃铃铃”等鸣叫，这些鸣叫显然与蟋蟀的生命活动的各个阶段密切相关，如求偶、生殖、格斗、占巢等。然而，目前还不能说已经完全了解了蟋蟀的各种低吟浅唱的所有含义，这还有待于进一步的研究。

另外，使科学家感兴趣的是，雄蟋蟀振翅歌唱时，雌蟋蟀就会循声追踪而至，雌蟋蟀为什么会成为雄蟋蟀的“知音”呢？

1913年，维也纳的约翰·里根为了弄清蟋蟀的求偶行为而做了一个实验，他设法使雄蟋蟀的歌声通过当时刚发明的电话传给雌蟋蟀听，当电话中传出雄蟋蟀的“嚁嚁嚁……”声时，雌蟋蟀就爬到了电话筒前面，这就证明了雌蟋蟀确实是听到雄蟋蟀的鸣声“应召”而来，排除了是由非刺激（如化学信号）引起雌蟋蟀反应的。

海豚睡眠之谜

大千世界，无奇不有。按说，动物运动了一段时间，就会疲劳，就需睡眠。任何动物在睡眠时总有一定的姿势，这时身体的肌肉是完全松弛的。可海豚却从未出现过肌肉完全松弛的状况。难道海豚不睡觉吗？

美国动物学家约翰·里利认为，海豚是利用呼吸的短暂间隙睡觉的。这时睡眠不会有呛水的危险。经多次实验，他还意外地发现，海豚的呼吸与其神经系统的状态有特殊的联系。里利在自己的著作中记载了这一发现：把海豚放在一张实验台上，然后给它注射一定量麻醉剂，剂量是每千克体重约30毫克。半小时后，令人沮丧的后果发生了：海豚的呼吸变得越来越弱，最后死了。以后的实验证明，海豚不宜注射麻醉剂，否则会死亡。

为什么会有这种现象？初步的解释是，海豚是在有意识的状态下睡眠的。因而对海豚的神经系统施加轻度影响，必然导致海豚死亡。

海豚的睡眠之谜，引起了研究催眠生理作用的生物学家的浓厚兴趣。他们将微电极插入海豚的大脑，记录脑电波的变化，还测定了头部个别肌肉、眼睛和心脏的活动情况，以及呼吸的频率。结果表明，海豚在睡眠时，呼吸活动依然如故。与其他动物不同的是，海豚在睡眠时依然游动，并有意识地不断变换着游动的姿势。进一步的研究证明，睡眠中的海豚，其大脑两半球处于不同状态。一个半球处于睡眠状态时，另一个却在觉醒中；每隔十几分钟，它们的活动状态变换一次，很有节奏。正是海豚大脑两半球睡眠和觉醒的交替，维持着正常呼吸的进行。而麻醉剂一下子破坏了大脑两半球的正常平衡，使之都处于休眠状态，从而阻塞了呼吸的进行。

到目前为止，人们仍没有真正看到睡眠中的海豚。但科学家们仍在作出极大努力。他们坚信，研究海豚的睡眠，必将为揭示人类睡眠之谜提供新的启示。

老鼠会做梦吗

老鼠做梦想什么？不光我们普通人好奇，科学家也好奇。美国马萨诸塞州理工学院的神经学家马修·威尔逊宣布，他发现了他所“领导”的几只实验鼠做梦想什么。

威尔逊和他的助手把微小的电极插入实验鼠脑中的海马状突起处，这个区域负责动物的记忆和学习。他们训练这几只实验鼠在一个圆形的轨道上兜圈子。威尔逊发现，不同实验鼠的神经细胞以不同的节奏活动，但对同一只实验鼠来说，其神经细胞的活跃程度是相同的。进一步研究发现，当这些实验鼠在睡觉做梦时，眼睛会快速转动，这时，同样的神经细胞开始活动。“它们的节奏并不完全相同，”威尔逊说，“但我们能明确地说，它们（即神经细胞的活动）源自实验鼠在醒着时在圆形轨道上的经历。”

很明显，实验鼠夜间做梦所想的东西与它们白天的活动有关系，它们在梦中像放电影似的重新经历了一遍现实中的事件。在一些实验中，威尔逊和路易甚至能够讲出做梦的实验鼠梦到了跑道上的什么地方。

人类梦见的事件大部分是最近发生的，但偶尔也梦见很久很久以前发生的事。威尔逊推测，一些老鼠可能也和人类一样。威尔逊的实验鼠在进入实验之前，一直过着平凡、简单的生活。参加实验后，生活也是日复一日，“工作”单调。威尔逊认为，这使实验鼠做的梦单调枯燥。“我们让这些实验鼠做的工作和这之前它们在洞穴的生活是它们仅有的经历，所以这就是它们梦中所看到的。”

研究人员很早就知道，动物会经历梦的状态。但威尔逊的实验意义不仅于此，他为研究人类为什么会做梦提供了一条线索。威尔逊推测，实验鼠做梦时重温白天的活动是为了巩固记忆。简而言之，就是学习。

黑猩猩会交际吗

黑猩猩生活在横贯赤道200多万平方千米的热带雨林和草原林地中。所有黑猩猩都同属一种。一只成年雄性黑猩猩体重50千克~70千克，站立时身高130厘米~150厘米。它们没有尾巴，但手臂很长，浑身黑毛，一双大耳朵向两边突出。黑猩猩的智力仅次于人类，是动物中智力最高的，能分辨大多数颜色，并且会制造及使用简单的工具，有很强的记忆力，还具有多种面部表情。

黑猩猩的交际是多样的。交际有助于揭示等级。黑猩猩聚集在一起时，它们都要用富于表达性的姿势、神态和声音来确立彼此在黑猩猩群中的地位。例如，一只雄性黑猩猩在试图赢得其他黑猩猩对它的尊重时，总要先"哇哇"地大叫一番，然后瞪起眼睛，竖起毛发，最后手抓树枝，疯狂地来回奔跑。地位低下的黑猩猩要在地位高的黑猩猩面前低头哈腰，或翘起屁股，或发出呜咽和尖叫声，希望取得可以让其放心的保证。黑猩猩群内等级序位的安排有利于维护黑猩猩群的秩序，但黑猩猩的地位会随着新的情况而转变。

交际有助于觅食。黑猩猩每天要花五六个小时进食和觅食。热带雨林中的黑猩猩主要靠爬树采摘水果为食，水果不足时，便吃树叶、野菜、谷物和小鸟。草原、林地中的黑猩猩因食物不充足，便吃白蚁，同时也捕杀猴、猪和小羚羊。觅食往往是各种协作性的随机活动。如果某只黑猩猩发现了一棵果实累累的树，它先是大叫几声，发出"有食物"的信号，才爬上树。附近的黑猩猩听到这种叫声后，便纷纷赶来分享成果。假如发现附近有一只幼年狒狒或猴子，雄性黑猩猩便会三四只一起出动，进行围猎。其他黑猩猩则等待着分享猎手们的收获。在食物丰富的地区，黑猩猩常结集在一起，成群结队地觅食。但在食物吃光后，它们一般又分散活动，单独或者结成2只~5只的小群前去寻找下一顿食物。

交际有助于母子之间建立亲缘关系。黑猩猩之间的结伴关系一般只有几天或几个小时，而母子之间的联系可以持续几年。幼小的黑猩猩总是待在母亲身边，因为它们只有依靠母亲才能有食物、有安全和活动的保障。幼黑猩猩长到 4 岁时才敢冒险离开妈妈去找同伴玩耍，互相追逐、扭打吵闹或在树间摆荡。即使能够独自活动，它们还是经常跑回妈妈身旁，坐在妈妈的膝盖上。到了 10 岁左右，它们开始不再与母亲在一起活动了。但成年后，它们还时常去看望自己的母亲。在黑猩猩的世界里，母子关系最为持久。

当然了，交际促进社交。黑猩猩常结成小组或单独外出活动。在永久性的活动范围（面积 26 平方千米 ~78 平方千米）内，黑猩猩因为时常有社交活动，彼此间很熟悉。此外，黑猩猩每天有午休的习惯，它们的一些最愉快的社交活动都出现在午休时间内。午休时间一到，它们先躺在地上或树上的窝中，睡上一个或一个多小时。醒来后，小黑猩猩在一旁嬉戏时，成年黑猩猩就开始进行它们最喜欢的消遣活动——梳理毛发，这是确定、建立及巩固加强社群关系的一种愉快手段。在这段梳理毛发的时间内，母亲和已经长大了的孩子团聚在一起；雄性向发情期的雌性表示热爱；许多好朋友们兴奋热闹地互相聚首；一般偶尔相识的黑猩猩也可趁这种机会建立新关系。

结群而居的大猩猩

大猩猩是灵长类中最大的动物，主要分布在非洲赤道附近，它们的身体异常强壮魁梧，力大无穷。据说一只大猩猩足以同一头凶猛的雄狮拼搏，连大象见了它们也会退避三舍，就是十几个赤手空拳的小伙子也对付不了它，因而大猩猩被称为森林中的“金刚”。它们浑身披着黑褐色或略带灰色的长毛，头硕大，眉棱高耸，眼窝凹陷，鼻子大而塌，嘴巴宽大前凸，肩膀宽而圆，臂膀粗大，脖子异常粗壮。因为大肚皮突出，所以大猩猩端坐时，好像寺庙里常见的大肚弥勒佛，远观又似一座牢固的铁塔。

大猩猩因外表长得恐怖，长期以来被人们描绘成吓人的怪物。实际上大猩猩并不像人们描绘的那样可怕，它们是一种温和而斯文的动物。它们捶胸顿足、露出凶暴的样子是一种经常而自然的动作。它们一般不会轻易发起进攻。一旦有入侵者，它们也只是通过拍打胸脯、上下跳跃、怒声嘶吼的方式向敌人表示勇猛，企图吓退对方。

大猩猩结群而居，而且各群有各群的活动范围，一个群体的活动范围通常占地约 40 平方千米。一般情况下，每群 16 只，最多时可达 30 只。每群由一只居支配地位的雄性领导。首领年龄最小 10 岁，银灰色的背部就是成熟的标志。每个大猩猩群都是一个和睦的群体，甚至各个群体之间也能友善和平地相处。它们听从首领的命令。首领睡醒起身活动，其余大猩猩也不敢怠慢；首领决定的觅食路线，其他大猩猩都会追随前去。

虽然在分布区内，大猩猩已经受到各国有关部门的保护，但仍有人为吃肉或保护田园而对其进行袭击。现在，它们的生存正面临着两大危机：耕地拓展侵入它们的生活空间；各地动物园和科学研究者对它们的需求很大，而大猩猩的繁殖率却很低。目前，非洲各国政府已把大猩猩列为一级保护动物，绝对禁止捕杀。

复活的塔斯马尼亚虎

在动物学家们的案例册上记载有很多案子，牵涉很多明显已经绝迹的动物可能的复活。有人在远处看见过活体猛犸，它们在西伯利亚的针叶林带里慢慢地爬动。活着的恐龙曾在新西兰的丛林里短暂地出现过。不过，在所有据说已经绝种的动物中，最有可能仍然生存下来的一种就是袋狼科动物。

塔斯马尼亚虎是一种凶猛的袋狼科掠食动物，约有 1.8 米长，身上长有极大的张开的钳口，臀部有斑纹，它的俗名就是这么来的。这种动物曾在澳大利亚极常见，一般认为在公元前 1000 年以前就已经从大陆上绝种了，主要是因为引入澳

世界上最后一只塔斯马尼亚虎，1936 年死于澳大利亚。

洲野犬后造成的。袋狼科动物在塔斯马尼亚存活了相当长的时间，可是，这种动物被英国早期的殖民者疯狂猎杀，因为英国人认为，这种动物对他们的羊群是个巨大的威胁，到1910年，这种动物在野外就很少见到了。最后一只确认的样本是1933年在弗罗伦泰谷抓到的，3年之后死在霍巴特动物园，1936年，这种动物就被宣布可能绝迹。

可是，袋狼科从来就没有完全从人类视线里消失。1937年~1938年和1945年~1946年由政府资助的狩猎队，都曾找到可确认的踪迹，1936年之后共有400多名目击者报告，这比大多数神秘动物报告的次数都要多。国家公园及野生动物服务处的斯迪夫·史密斯1980年还主持过进一步的追查，想找到一些证据，他估计，目击报告约有1/3是高质量的报告，并发现在许多报告中，观察者都处在与猎物不到9米的距离内。

一件典型的事件发生在1982年3月，当时，一位名叫汉斯·纳阿丁的布须曼老人，他住在塔斯马尼亚西北部萨尔曼河的河口。这天夜里两点，他被吵醒了，伸手抓到手电筒后，他就朝四周一照，发现一头大型动物站在离他五六米远的地方。那看上去很像一只袋狼："它一动不动地站着，每一部分都看得非常清楚。那是一只成年的雄性动物，一身的细毛像沙子一样的颜色，状态极好。我数了一下，背部足有12条黑色斑纹。它有一颗很大的长角的角形头，耳朵很小，圆圆的。尾巴很细，但靠近臀部的地方很粗，跟狗尾巴一点也不像。"当纳阿丁伸手抓摄像机的时候，那头动物就跑了。可是，它在那个地方已经待了很长一段时间，留下了很强烈的麝香一样的味道，这位布须曼老人将这种气味与猎狗特别的气味进行了比较。

一小群虎类被宣称在塔斯马尼亚绝迹的60多年中存活下来，这个想法听上去并不显得荒唐，可是，动物学家们一直有个问题没有解决，就是说，事实上还有500多份报告称澳大利亚大陆上还有袋狼存在，而它们在那里的生存却看上去是非常成问题的。这些目击报告也不是集中于一两个不易进出的地方，这个地区的范围从昆士兰一直向南延伸至墨尔本的附近，在那里，一种叫作旺它吉的怪兽在过去40年里被人看见过100多次，目击地点一直向西到了海边，离帕西南部的160多千米。北部也有报告，包括在金伯利附近也发现的一小片腿骨，那是澳大利亚西北部的一个山区。对该腿骨附近的骨头做的碳元素测定，确定其年代早至1890年（那片腿骨本身没有进行碳元素测定，否则有可能会毁坏它）。

确切的证据仍然很少，仅仅有一位证人，他就是一位职业的猎野猪者凯文·卡麦隆，最近拿出了 6 张照片，表明一头老虎的尾巴和后腿，那只老虎正在永加里拉普附近的丛林里探路前进。那些照片一开始引起了人们相当大的兴趣，可是，不久便有人指出，那些照片拍摄的角度非常之多，不可能像卡麦隆宣称的那样是在“20 秒 ~30 秒”之内拍摄下来的。那位猎野猪者的可信度后来又一次受到怀疑，因为他宣称，在他追逐那只猎物时，为了减少噪声，他曾脱下自己的裤子，穿着短裤追。因为没有更确凿的证据，故而说袋狼存在的案件仍然停留在很有说服力，但又没有证据的阶段。

蛇中之王——眼镜蛇

眼镜蛇又名吹风蛇、黑乌梢、蚂蚁堆蛇。身长 1 米以上，雄性最长可达 1.5 米。头部椭圆形，与颈部难以区别。全身披鳞。体背棕黄、灰黑或蓝黑色，颈背有一黑白相间的圆形眼斑，身体后段有数道浅色横纹。眼镜蛇性凶猛，被激怒时身体前段能竖起，颈部膨胀，呼呼发声，做攻击状。但一般情况下，眼镜蛇不会主动进攻人或其他动物。

眼镜蛇捕食的方法十分狡猾。它们在猎捕之时，会躲在草丛中，诡计多端地只露出轻轻摇动的尾巴，伪装得惟妙惟肖，使得老鼠或者小鸟以为是蚯蚓在爬动，兴奋地前去捕食。这时，眼镜蛇就会阴险地冲出来偷袭，转眼工夫，老鼠或者小鸟就已成为它们的口中餐。

眼镜蛇

印度耍蛇人经常会用眼镜蛇来做表演。当悠扬笛声响起时，它们就会随着笛声翩翩起舞。其实，它们根本没有耳朵，而是被笛子的运动所迷惑，做出时刻准备反击的动作。

需要特别说明的是，人若被眼镜蛇咬伤，而又得不到及时抢救，几小时就会死亡。因为眼镜蛇具有神经性毒素，主要作用于人的中枢神经系统。被咬时，会感到一阵麻木，这种麻木不久就由伤处传及全身，使伤者有些眩晕，随后四肢无力，呼吸紧张，最终陷于昏迷状态而亡。印度每年都有 2 万多人死于毒蛇咬伤！眼镜蛇在中国广泛分布于滇南，栖息于海拔 1600 米以下的各种环境，如干燥的旱坡地、竹林、坟堆等。

来自地狱里的蛇

在南美那人兽难行、密不透风的热带雨林中，据说隐藏着巨大的同样使人感兴趣的未知动物。神秘动物学家们收集到各自独立的一些叙述，讲的都是一种大型水獭一样的动物，3.6 米长的南美犰狳和甚至未知的猿类物种。不过，最危险的动物是当地林区的巨蛇。

森蚺

亚马孙早已经是已知最大蛇种森蚺的家园，那是一种半水族的爬行动物，它主要在遍布雨林的河道内觅食，据说可以长到 9 米。可是，这个尺寸与在巴西和委内瑞拉很多未被深知的地区里面生长的巨蛇相比，真可谓是小巫见大巫。很多人知道，野外的活物极难知道它们的尺寸，如果是蛇，就更困难了。因为蛇一般是蜷在一起的，或者是在平面上波动前进的。的确，在这样的情形当中，未经训练的眼睛是很难将尺度百分之百准确地度量出来的。可是，就算我们将每一份活体巨物的报告排除在外，剩下的报告就都是关于死动物的，这些动物多少都有准确的测量，有的也长到惊人的程度。

著名的英国探险家帕西·富塞特 1907 年就进行了这么一次观察，当时，他在马托哥罗索的边境地区进行探险活动。他的独木船顺着亚马孙丛林深处的里奥阿班纳河漂流。

这时候，几乎就在船底下，出现一个三角形的头，还有数英尺波动前进的身体。那是一条巨型森蚺。因为那动物开始往岸上游了，我就跳起来拿步枪，没怎么瞄准就径直地将软头子弹朝它的脊椎打过去，就在离它那摆来摆去的头 3 米远的地方，顷刻，一阵大浪汹涌，船底受到撞击，剧烈震荡起来，就好像船已经撞到某种障碍物上了一样。

当他很努力才说服印第安船手将船往岸边划去，踏上岸，小心地接近那条巨蛇时。蛇已经没有动静了，可是，身体还在动，就好像一阵阵风在山中小湖面刮过一样。到可以测量的时候，水面以外的部分有 13.7 米，水里面有 5.18 米，总长 18.9 米。对于如此硕大的长身动物来说，其身体倒不粗，直径不到 30 厘米，有可能它很久没有吃到东西了。富塞特的报告如此不同寻常，当时竟引起人们的批评，可是，由于他消失掉了，就是在 1925 年的一次探险活动中神秘而且永久性地消失了，现在就无法再去证明是什么东西了。

1947 年，一位法国人塞尔日·波纳卡斯支持他的报告，那年，他参加了一支探险队，探索中阿拉爪亚河，并与沙万特印第安人建立了联系。波纳卡斯的探险队横穿两条支流，在里奥曼索和里奥克里斯达利诺河之间的沼泽地，发现了一条在草丛中睡着的森蚺。成排步枪一起开火，打死了那只怪兽，用绳子测量后发现，身长为 21 米~22.5 米。不幸的是，当时没有人意识到他们所杀死的东西的意义，也没有人想到要保存它的一小块骨头或者一小片肉，更没有人去拍它的照片。

有 4 张照片登载在巴西乡间的报纸上，说明亚马孙丛林中的确存在巨型蟒蛇。一张是正面照片，照的是一条长 30 米、重 5 吨的蛇，是在曼纳奥附近被打死的；另一张是快照，据说是一条长 30 米的死蛇顺水流漂到亚马孙河口；第三张描述的是一条 29 米长的巨蛇，是在内格罗河岸上被打死的；最后一张描述了一条长约 34.5 米的蛇，据说是在一个废弃的古堡里用了 500 发机关枪子弹才打死的。

来自亚马孙湿热内陆的这些纷乱的报告，向人们表明，地球上每个未曾探明的荒野都有可能藏着极其丰富的动物宝藏。

第三篇 植物万象

植物的“喜怒哀乐”

我们常说“人是有感情的”，可研究发现，植物也有感情，也会表现出“喜、怒、哀、乐”。

科学家发现，并不是只有人类才懂得爱和恨，植物亦有“爱”和“恨”。20世纪以来，俄、美、日等科学家大量研究成果表明：植物有头脑，不仅会表露感情，还能忍受痛苦、挨饿，并具有同情心。

前苏联莫斯科农科院做过实验，把植物根部置入热水中，仪器里立即传出植物绝望的呼叫声。

美国耶鲁大学的实验说明：植物有记忆力。先将两株植物并排置于屋内，让一人当着一株植物面毁掉另一株植物。然后让他混在6人队伍中（都戴面罩），当这个毁坏者走过来时，那株活着的植物便在仪器记录纸上留下强烈的讯号指示。

科学家经过实验证明：洋葱和胡萝卜是好朋友，它们发出的气味可驱逐相互的害虫。大豆喜欢与蓖麻相处，蓖麻散发的气味使危害大豆的金龟子望而生畏。玉米和豌豆间种，两者生长健壮，相得益彰。葡萄园里种上紫罗兰，彼此能“友好共存”，结出的葡萄香味更浓。有趣的是，英国科学家用根茎叶都散发化学物质的连线草与萝卜混种，在半个月内就长出了大萝卜。

在沃特·迪斯尼的动画片里，自然界的生物比人还有灵气。危险降临，树木会把枝叶折回，灌木会蜷缩，花朵会合拢，野草会用叶子向远方的同伴传递信息。以前，人们只把它看成是植物的本能，一种对外部刺激的无条件反射。可是最近二三十年来的研究却使人们对上述的经典结论产生了怀疑，并提出了植物有感情，植物有喜怒哀乐，植物会说话，植物有心理活动等“奇谈怪论”，在植物学界掀起了探索植物心理奥秘的浪潮。更有甚者，提出建立“植物心理学”，专门研究植物的“类人”活动。

这一研究的始作俑者是在美国中央情报局工作的测谎专家克里夫·巴克斯特。一天，他在院子里浇花时突发奇想，想利用测谎仪的电极看看水从根部升到叶子的速度有多快。结果他诧异地发现，当水徐徐上升时，电压却渐渐下降，描述器上显示出一种与人在受到感情刺激而短时间激动的波形极其相似的图形。这一发现激发了巴克斯特的好奇心。进一步的实验发现植物还有恐惧心理。巴克斯特试图用火烧一片叶子。然而，还没等火靠近叶子，描述器上已显示出波幅剧烈振动。但是，当反复点火，却烧不着叶子，植物感到火对它构不成威胁时，波形振幅便减小，趋于平静。

1966 年，巴克斯特发表了他那近乎荒诞的研究结果，在科学界引起巨大反响，遭到大多数科学家的强烈反对和质疑，但也引起了许多人的关注。

几乎与巴克斯特同时，前苏联科学家维克多设计了更先进的实验。他使用电脑仪，把经过催眠处于睡眠状态的被试者的手与植物叶子相连，随后诉说一些愉快或不愉快的事，他发现，电脑仪记录了人和植物基本相同的波形反应。进一步的观察发现，当被试者高兴时，植物的叶子挺拔，花瓣舞动；当说到寒冷被试者浑身发抖时，植物叶子也会瑟瑟抖动；当被试者悲哀时，植物也会沮丧地垂下叶子。

1973 年，彼得·托姆金斯和克里斯朵夫·伯德的《植物生命奥秘》一书出版了。书中不仅重复了巴克斯特的实验，并且进一步显示植物还对语言、思维、祈祷有反应。此书一出，很快销售一空。人们对这项研究的兴趣日益趋浓。连一些原先根本不相信植物有感情的科学家，在获得实验证据后，也加入了这一研究行列。更有甚者，不仅认为植物存在着“可测量”的心理活动，而且如果进行更深入、更广泛的研究，还可以像心理学家对人格进行分类那样，按植物的性格和敏感性进行“物格”分类。

植物互相传递信息的高招

1983 年，美国华盛顿大学的两位研究者发现，植物在遭受害虫侵袭时，不仅有恐惧感，而且还会向周围的邻居发出警告信息。

德累斯顿的生物物理学家赫伯特·魏泽表示，它们是通过声音和能量来传递信息的。例如，一旦槐树的叶子被羚羊或长颈鹿啃得差不多时，不仅这棵槐树，周围的槐树也像接到命令似的开始分泌毒物；森林里，如有一棵橡树被伐或病死，周围的橡树就会全体总动员，结出更多的种子和果实。

魏泽指出，植物之间传递信息的能量是一种微弱的光，通过“剩余能量放大器”可以看见这种光，至于人类听不见植物说话的声音，是因为植物发声的音频太高。法国物理学家施特恩海姆说，20 年前根本没人相信鲸会唱歌，但现在鲸唱歌已被破译，在不久的将来植物的联络声音也将变得清晰可听。

现在，在英国科学家和日本中部电力技术研究所的努力下，已经有了“植物活性翻译机”，它由放大器、合成器、记录器组成。录音记录表明：黑暗中的植物突然受到强光的照射会发出惊讶的声音；刮风或缺水时，植物会发出低沉、混乱、可怕的声音；当植物受到温暖适宜的阳光照射或灌溉以后，原来发出难听声响的植物，会使声音变得悦耳动听。

植物的“感情世界”真丰富，植物的“话语”真奇妙。植物语言的研究为我们打开了一条通往未知世界的道路。尽管各种实验为我们解开植物语言之谜提供了大量素材，但是至今人们对植物语言的解释始终是站在人的立场上，以人的心理活动、人的情感世界、人的语言能力来度量植物，因而有把植物拟人化之嫌。有研究者指出，植物语言之谜只有在世界任何地方的实验室中，能在被控制和可记录的反复实验中获得数据的基础上，区分出植物语言和人类语言的本质区别以后才算真正被解开，这有待于科学家们的继续努力。

植物寿命为什么远比动物的长

在世界各地，到处可见年龄达数百、数千岁的老树，而在动物界，即使是被视为长寿象征的乌龟，顶多也不过能活几百岁。为什么植物的寿命远比动物长呢？

几乎每个人都怀有“不会衰老而永远活着”的欲望，但这只是一个无法实现的梦。与 20 世纪相比，人们的平均寿命已经提高了 20 岁 ~30 岁。这个趋势会一直延续下去吗？人类的寿命会无限延长吗？答案是“不仅是人类，其他动物的寿命也很有限”。植物就不同了，在有的植物个体身上，固定寿命似乎是不存在的。

在春天撒下牵牛花的种子，到了夏天便会盛开花朵并结出种子，入秋之后立即枯萎。由此看来，牵牛花的寿命只有半年。如果把萌芽的牵牛花一直放在暗处使它吸收不到光，在它刚刚长出双子叶还没有抽蔓时就开花结果，进而枯萎。这时，它的寿命只有短短几个星期而已。但是，如果把牵牛花移入温室，一到夜晚就点亮电灯保持光亮，它将始终不会开花，而是一个劲儿地伸蔓长叶，这样持续生长好几年。

由此看来，牵牛花好像可以“随意”改变一生的寿命长短，没有固定的寿命。

人类或者动物，只要是相同的物种，都会以大致相同的速度成长、性成熟、产子，随年龄的渐增而老化，最后以既定的寿命结束一生。但是，植物却能够在一生的各个阶段休眠一阵子。比如冬天停止代谢，春天再开始生长。从同一棵草木上同时掉落地面的多粒种子，有的第二年立刻发芽，有的则躲在地下休眠数年乃至数十年，有些种子甚至经过几百年之后才发芽。

植物和动物都靠繁衍子孙而使生命延续。动物的繁殖需要精子和卵子的结合，即使是“克隆”也需要有卵细胞或者胚胎细胞的参与。而植物却可以借助自身细胞（单细胞）来繁殖，它不停地分裂，“永不死亡”。

森林火灾常常把满山遍野的植物烧成一片惨状，但一到次年春天，烧焦的树干上可重见稀稀疏疏的新绿。

1963年，英国的史基瓦德切下一小块胡萝卜放在培养液中，不久，胡萝卜块中有不少细胞游离出来，将这些细胞放到培养基上，并开始繁殖，在试管中长成了整个的胡萝卜。

史基瓦德首次证明了构成植物体的每一个细胞都具有再度发展成新个体的能力，而这一点，人或者动物都是做不到的。

另外，包括人类在内的一切动物个体都具有显示物种特征的特定形貌：猫和狗就不一样，因为它们的相貌不一样，瘦猫和胖猫都是猫，因为它们的相貌一样。植物则是没有一定的形貌的，同样是落叶松，生长在不同的地方，可能完全是两个模样。即使是生长在同一地方的相同种类的两棵树，形貌也可能完全不同。

世界上寿命最长的植物——水杉，可以活4000年以上，在美国，甚至有成片的长寿林。而世界上寿命最长的人，只可以活120岁左右。

从生命的起源来看，植物和动物完全是同祖同宗的，但其后代为何会有如此大的差别呢？植物长寿的原因究竟是什么呢？它们将会给人类什么样的启示呢？

植物有乳汁吗

如果你在无花果树干上砍上一刀，它就会像动物受伤一样，从伤口里流出一滴一滴的乳白色液体。类似无花果那样能流出乳汁的植物种类还不少呢，如大戟科、桑科的植物很多是含有乳汁的。

这种乳白色液体是一种什么东西，有什么用途呢？这个问题一直是植物学家研究和利用天然植物资源的重要课题之一。

经过植物化学家的分析，认为这些乳白色液体（有时候稍微带一点黄色或粉红色），是一种高分子不饱和碳氢化合物。又发现大多数乳汁里含有一定量的橡胶原料。但这些橡胶与热带所产的那种做轮胎用的橡胶不完全一样，而且数量和质量比真正橡胶树差远了。另外还含有水分、蛋白质、色素、树脂类物质、糖及灰分等。

当然，也不是所有植物乳汁里都含有橡胶原料的，如路边经常可以见到一种叫“猫儿眼”（又名泽漆）的野草里就只含有少量的乳脂、草酸钙、皂素等物质。

另外，有些乳汁还可以吃，南美洲亚马孙河流域，生长着一种热带树，当地人叫它“索尔维拉”，这种树分泌又浓又白的乳汁很像牛奶，只要用清水把它冲淡，煮沸以后，便成为像牛奶一样美味可口的饮料了。

有些植物流乳汁，是利用它来自卫的。有一种开绿色花的草本植物，名叫甘遂，它的枝条或叶子，都含有牛奶似的浆液，这种浆液非常毒，只要一小滴滴在人的舌头上，就会感到喉咙和嘴里热得像在燃烧，一直要隔几小时以后才会好一些。如吞下少量的浆液，就会有被毒死的危险。甘遂这种植物就是利用它的这种毒液，来作为自卫的武器，所以动物是不敢侵犯它们的。

含有乳汁的植物还有很多种，生长在山坡上的藤本植物——萝摩和普通常见的桑树、构树（有的地方称“皮树”“麻叶树”“醋桃树”，是一种落叶乔木，适应性极强，耐干冷、耐湿热，根系发达，极少有病虫害）都含有一定量的乳白色乳汁。桑树的乳汁可解蜈蚣毒，构树的乳汁可以涂治疥癣等皮肤病。有一些大戟属的植物乳汁里含有30%~40%类似原油的碳氢化合物，可提炼出石油，美国科学家们已在大戟属的绿玉树、续随子、三角大戟等的乳汁中提取过石油，目前还在进一步研究中。

如此看来，植物的乳汁，实质上是一个相当复杂的物质，除含有几种共同性的化学成分外，每种植物还含有其他的特殊成分，所以，不同植物所含的乳汁，有不同的用途。

植物有血液和血型吗

人有血液、动物有血液，难道植物也有血液吗？是的。在世界上许多地方，都发现了洒“鲜血”和流“血”的树。

我国南方山林的灌木丛中，生长着一种常绿的藤状植物——鸡血藤，总是攀缘缠绕在其他树木上。每到夏季，便开出玫瑰色的美丽花朵。当人们用刀子把藤条割断时，就会发现，流出的液汁先是红棕色，然后慢慢变成鲜红色，跟鸡血一样，因此得名“鸡血藤”。经过化学分析，发现这种“血液”里含有鞣质、还原性糖和树脂等物质，可供药用，有散气、去痛、活血等功效。它的茎皮纤维还可制造人造棉、纸张、绳索等，茎叶还可做灭虫的农药。

南也门的索科特拉岛，是世界上最奇异的地方，尤其是岛上的植物，更是吸引了世界各地的植物学家。据统计，岛上约有200种植物是世界上任何地方都没有的，其中之一就是“龙血树”。它分泌出一种像血液一样的红色树脂，这种树脂被广泛用于医学和美容，这种树主要生长在这个岛的山区。关于这种树在当地还流传着一种传说，在很久以前，一条大龙同这里的大象发生了战斗，结果龙受了伤，流出了鲜血，血洒在这种树上，树从此有了红色的“血液”。

英国威尔士有一座公元6世纪建成的古建筑物，它的前院耸立着一株已有700年历史的杉树。这株树高7米多，它有一种奇怪的现象，长年累月流着一种像血液一样的液体，这种液体是从这株树的一条2米多长的天然裂缝中流出来的。这种奇异的现象，每年都吸引了数以万计的游客。这棵杉树为什么流“血”，引起了科学家们的注意。美国华盛顿国家植物园的高级研究员特利教授对这棵树进行了深入研究，也没能找到流“血”的原因。

会流“血”的植物，流出的真是血吗？如果不是血液又是什么？这些都有待进一步研究。

说来有趣，关于植物的血型，竟是日本一位搞警察工作的人发现的。他的名字叫山本，是日本科学警察研究所的法医，第二研究室主任。他是在1984年5月12日宣布这一发现的。

植物的血型，是在一次偶然机会中被发现的。有位日本妇女夜间在她的居室死去，警察赶到现场，一时还无法确定是自杀还是他杀，便进行血迹化验。经化验死者的血型为O型，可枕头上的血迹为B型，于是便怀疑是他杀。可后来一直未找到凶手作案的其他佐证。这时候有人提出，枕头里的荞麦皮会不会是AB型呢？这句话提醒了山本，他便取来荞麦皮进行化验，果然发现荞麦皮是AB型。

这件事引起了轰动，促使了山本对植物血型的研究。他先后对500多种植物的果实和种子进行观察，并研究了它们的血型。发现苹果、草莓、南瓜、山茶、辛夷等60种植物是O型，珊瑚树等24种植物是B型，葡萄、李子、荞麦、单叶枫等是AB型，但没找到A型的植物。

根据对动物界血型的分析，山本认为，当糖链合成达到一定的长度时，它的尖端就会形成血型物质，然后合成就停止了。也就是说，血型物质起了一种信号的作用。正是在这时候，才检验出了植物的血型。山本发现，植物的血型物质除了担任植物能量的贮藏物外，由于本身黏性大，似乎还担负着保护植物体的任务。

人类血型，是指血液中红血球细胞膜表面分子结构的型别。植物也有体液循环，植物体液也担负着运输养料、排出废物的任务，体液细胞膜表面也有不同分子结构的型别，这就是植物也有血型的秘密所在。

但植物体内的血型物质是怎样形成的，至今还没有弄清楚其原因。植物血型对植物生理、生殖及遗传方面的影响，也还都未弄明白。

植物也会“出汗”

夏天的早晨，你到野外去走走，可以看到很多植物叶子的尖端或边缘，有一滴滴的水珠淌下来，好像在流汗似的。有人说这是露水吧！

滴下来的真是露水吗？科学研究发现，那亮晶晶的水珠慢慢地从植物叶片尖端冒出来，逐渐增大，最后掉落下来；接着，叶尖又重新冒出水珠，慢慢增大，最后掉落下来；接着，叶尖又重新冒出水珠，慢慢增大，以后又掉了下来……一滴一滴地连续不断。显然，这不是露水，因为露水应该满布叶面。那么，这些水珠是从植物体内跑出来的吗？

这是怎么回事呢？原来，在植物叶片的尖端或边缘有一种小孔，叫作水孔，和植物体内运输水分和无机盐的导管相通，植物体内的水分可以不断地通过水孔排出体外。平常，当外界的湿度不高，气候比较干燥的时候，从水孔排出的水分就很快蒸发散失了，所以我们看不到叶尖上有水珠积聚起来。如果外界的温度很高，湿度又大，高温使根的吸收作用旺盛，湿度过大抑制了水分从气孔中蒸散出去，这样，水分只好直接从水孔中流出来。在植物生理学上，这种现象叫作“吐水现象”。“吐水现象”在盛夏的清晨最容易看到，因为白天的高温使根部的吸水作用变得异常旺盛，而夜间蒸腾作用减弱，湿度又大。

植物的“吐水现象”，在稻、麦、玉米等禾谷类植物中经常发生。芋艿、金莲花等植物上也很显著。芋艿在吐水最旺盛的时候，每分钟能滴下 190 多滴水珠，一个夜晚可以流出 10 毫升 ~100 毫升的清水呢！

木本植物的“吐水现象”就更奇特了。在热带森林中，有一种树，在吐水时，滴滴答答，好像在哭泣似的，当地居民干脆把它叫作“哭泣树”。中美洲多米尼加的雨蕉也是会“哭泣”的。雨蕉温度高、湿度大、水蒸气接近饱和及无风的情况下，体内的水分就从水孔溢泌出来，一滴滴地从叶片上降落下来，当地人把雨蕉的这种吐水现象当作下雨的预兆。“要知天下雨，先看雨蕉哭不哭？”因此，他们都喜欢在自己的住宅附近种上一棵雨蕉。作为预报晴雨之用。自然界中的这些奇妙现象是多么有趣啊！

森林里树木为什么都很直

如果你见过森林里的树，就会发现那里的树又高又直，没有纵横的枝条，只在顶上有那么一小段长着树枝和树叶，看去仿佛在一根电线杆顶上扎了一把伞。

要是只有云杉、红松、杉树、松树等组成的原始的纯针叶林，那么展现在你眼前的，就只有一根根粗大的木柱子，非要你仰起头来，才能看到枝叶，而这些树木的枝叶，就只有小小的一簇，盘踞在高高的树顶上，跟画上的怪树一样。

这是怎么一回事呢？是谁把它们的枝条砍得如此光光的呢？

其实谁也没有来砍过这些树的枝条，这些枝条是树木本身落掉的。

原来，树木的生长，首先必须依靠阳光。有哪一棵树能够在没有阳光的照射下，长久地生存下去呢？许多树木挤在一起生长时，得到阳光的机会自然比单独生长的树木少，但是生存是一切生物的第一要务，于是树木都争先恐后地向上长，都想多得到一些阳光。然而在一定面积上，阳光给予的能量是有限的，就迫使树木不得不改变它的生长状况，以适应自然环境。

在茂密的森林里，大量的枝叶既影响通风，又得不到充足的阳光，因而不能给树身制造养料，在消耗了枝叶本身的养料以后，就自然而然地枯死了，掉落了。这种现象叫作森林的自然整枝。

可是树顶部分的枝叶，在同其他树木进行了竞争以后，大家均匀地长到相差不多的高度，在那样的高处，有着充足的阳光照射，根部又源源不断地送来水分与无机盐，使它紧张地制造着整棵树所需要的养料，因此这一部分的生命力特强，长得也很好。

一定的自然环境，往往会赋予各种植物以一定的外形（生活型）。森林里的树木，大部长得很直，而且只有树梢一段有树枝和树叶，也是森林的自然环境造成的，如果让它享有充分的阳光，有足够的发展空间，它就绝不会是那样了。

圆柱形的树干有什么用

如果你平常对周围的树木稍加注意，就会发现不同种类的树木，尽管它们的树冠、叶子、果实的形状变化多端，不可能找出它们的共同形状来。但几乎所有树木的树干都是圆的。树干为什么大都是圆柱形的，而不是别的形状呢？

科学家的研究表明：一切生物都在进化的道路上前进着，它们躯体的特点总是朝着对环境最有适应性的方向发展。圆柱形树干也是对环境适应的结果。

圆柱形物体有最大的支持力。树木高大的树冠，它的重量全靠一根主干支撑，有些丰产的果树结果时，树上还要挂上成百上千斤的果实，就更需要强有力的树干支持了。

树木结果的年龄往往比较迟，有些果树，如核桃、银杏等常需要生长十多年，甚至几十年才开始结第一次果实。在这一段漫长的时间里，它们主要的任务，首先是“建造”自己的躯体，这需要耗费大量的养分，如果不采用消耗材料最省而功能最大的结构，就会造成浪费，使结果年龄推迟，树木本身繁衍后代的时间也拉长了，这对树木来说是不利的。

此外，圆柱形结构的树干对防止外来伤害也有许多好处。树干如果是正方形，或是长方形，或是圆以外的其他形状，那么，它们必定存在着棱角和平面。有棱角的存在最容易被动物伤害，也极容易摩擦碰伤。果园中的果树，假如树干是四方的，可以想象它就容易被耕畜或其他机械损伤。我们知道，树木的皮层是树木输送营养物质的通道，皮层一旦被中断，树木就会死亡。如树干是圆柱形时，就是机械碰伤或摩擦损伤了树皮，也可能是局部地方而已。而且树木是多年生植物，在它的一生中不免要遭到风暴的袭击，由于树干是圆柱形的，所以不管任何方向吹来的大风，很容易沿着圆面的切线方向掠过，受影响的就只有一小部分了。假设如果树干是具有平面的其他形状，则其任一点的受风力就会大大增加。这样一来，树木就会被风刮歪，甚至刮倒。

花儿为什么五颜六色

在自然界中，花儿有各种各样的颜色，甚至有的同株植物可以开出不同颜色的花。研究发现，有的花儿在开放的不同阶段也会发生颜色的变化。例如，我国南方有一种五色梅，能开出淡黄、黄、橙、粉红、红五种颜色的花朵。五色梅初开花时，呈淡黄色，后渐变为黄色、橙色、粉红色，后期变成红色。每朵花都是这样一个成长过程。

科学家对此研究后发现这主要是因为花瓣内所含的化合物不同的原因。花瓣内通常有两种决定花色的化合物：花青素和胡萝卜素。花青素是一种极不稳定而且容易改变颜色的有机色素，当温度酸碱度改变时，其颜色便发生变化。花青素在遇到酸性时，呈现红色；遇到碱性时呈蓝黑色；花瓣内无花青素时则呈白色。至于胡萝卜素，其颜色现已知有黄、橙、红色等 60 多种。

科学家还发现绿花翠菊开花呈碧绿色。为什么这些花瓣呈绿色呢？原来，这些花瓣内本来含有花青素和叶绿素，应当开出非绿色的花。但是，这些品种的花受到了某种病毒的侵袭，影响了瓣内花青素的合成，因此，花青素的颜色淡漠，叶绿素的颜色占据主导地位，花便呈绿色。

不过，在自然界中，绿色和黑色的花是非常罕见的。例如黑牡丹和墨菊的花便是少之又少的黑色花。开黑花是因为其植株体内能合成黑色素，而黑色素将花瓣内其他色素遮盖起来。这与以墨涂其他颜色均能使其变黑是同样道理。

树木降噪器

在日常生活中，人们的吵闹声、商贩的叫卖声、汽车的发动机声与喇叭声、飞机的隆隆声、机器的轰鸣声、建筑的撞击声、风的呼啸声等都是很大的噪声。

噪声的影响和危害是多方面的。这些噪声严重污染着城市的环境，危害着人们的健康。例如，长期在较强噪声环境下工作的人，听觉器官会发生功能性和器质性变化，造成无法治疗的、不能恢复的噪声性耳聋，成为残疾。一定强度的噪声会使人神经紊乱、头昏脑涨、烦躁不安、注意力分散、记忆力减退、全身乏力、失眠多梦，严重者甚至会发生恶心呕吐、头晕目眩。总之，噪声严重干扰和妨碍人们的工作、学习和生活，是城市的主要公害之一。

根据科学的标准，分贝是声音响度的单位。按照规定，噪声的卫生标准为 30 分贝 ~60 分贝，如果超过这个标准，将会对人造成危害。为了降低或控制噪声，减轻噪声的污染，科学家提议植树造林，绿化城市。这一措施十分有效。

那么，为什么树木能降低噪声呢？

科学研究表明：在一个空旷的大厅里，只要有人说话声音稍微大点，就能听到回声。这是因为说话发出的声波向四周传播，碰到了墙壁、地面和房顶，又反射回来的缘故。如果大厅里坐满了人，哪怕是说话的声音再大一些，也不会有回声。这是因为人们身上的衣服柔软多毛，孔隙又多，它能有效地把声音吸收掉。

同样，当噪声通过树林时，声波的能量使枝叶摆动，枝叶对声波的传播形成阻力，使声波的振动幅度减小，并且越来越小，直至最后消失。同时，树叶上长满了毛，有很多气孔，树的枝干表面粗糙，高低不平，能把噪声吸收掉。这就是树木为什么能降低噪声的原因。据有关资料记载，有人曾做过一个实验，他们把同样重 3 千克的炸药分别置于海下 500 米、地面上和森林里爆炸，测得声波传播的距离在水中为 4500 米，在地面上为 4000 米，在森林中为 400 米。试验充分证明了树木能够有效地降低噪声，有着消声的特殊作用。相信大家都有这种体会，当我们走在高楼林立两旁没有种树的街道上时，就会感到声音很刺耳、很烦躁；而当我们漫步在林荫道上时，就觉得比较安静，比较舒适。这就是因为树木这个消声器在发挥作用，它使得林荫道上的噪声比两旁没有种树的街道上的噪声降低了 8 分贝 ~10 分贝，所以走在林阴道上我们会感到比较安静。

树木不仅能够降低噪声，还有美化环境、调节气温、净化空气、保持水土、防治旱涝、抵御风沙、改善生态环境、促进经济发展等多种综合效益。据日本的有关研究表明，日本有 2500 万公顷森林，每年能贮水 2300 亿吨，阻止水土流失 57 亿立方米，栖息鸟类 8100 万只，提供氧 5200 万吨，总价值为

12.8 万亿日元。由此可见，植树造林有着巨大的生态效益、社会效益和经济效益。

冬天的树木是如何抗冻的

大自然里的植物，为什么有的怕冻，有的不怕冻？更奇怪的是松柏、冬青一类树木，即使在滴水成冰的冬天里，依然苍翠夺目，经受得住严寒的考验。

冬天的树木是如何变得特别抗冻呢？这确实是个有趣的问题。

最早国外一些学者说，这可能与温血动物一样，树木本身也会产生热量，它由导热系数低的树皮组织加以保护的缘故。后来，另一些科学家说，主要是冬天树木的组织含水量少，所以在冰点以下也不易引起细胞结冰而死亡。但是，这些解释都难以令人满意。因为现在人们已清楚地知道，树木本身是不会产生热量的，而在冰点以下的树木组织也并非不能冻结。在北方，柳树的枝条、松树的针叶，冬天不是冻得像玻璃那样发脆吗？然而，它们都依然活着。

科学家在研究中还发现，不仅各种各样的植物抗冻力不同，就是同一株植物，冬天和夏天抗冻力也不一样。北方的梨树，在 - 20℃ ~30℃能平安越冬，可是在春天却抵挡不住微寒的袭击。松树的针叶，冬天能耐 - 30℃严寒，在夏天如果人为地降温到 - 8℃就会冻死。

那么，秘密究竟何在呢？

原来，树木抗冻的这个本领很早就已经锻炼出来了。它们为了适应周围环境的变化，每年都用“沉睡”的妙法来对付冬季的严寒。

我们知道，树木生长要消耗养分，春夏树木生长快，养分消耗多于积累，因此抗冻力也弱。但是，到了秋天，情形就不同了，这时候白天温度高，日照强，叶子的光合作用旺盛；而夜间气温低，树木生长缓慢，养分消耗少，积累多，于是树木越长越“胖”，嫩枝变成了木质……逐渐地树木也就有了抵御寒冷的能力。

然而，别看冬天的树木表面上呈现静止的状态，其实它的内部变化却很大。秋天积贮下来的淀粉，此时转变为糖，有的甚至转变为脂肪，这些都是防寒物质，能保护细胞不易被冻死。

如果将组织制成切片，放在显微镜下观察，还可以发现平时一个个彼此相连的细胞，这时细胞的连接丝都断了，而且细胞壁和原生质也分开了，好像各管各的一样。这个肉眼看不见的微小变化，在植物的抗冻力方面却起着巨大的作用。研究发现：当组织结冰时，它就能避免细胞中最重要的部分原生质不受细胞间结冰而遭致损伤的危险。

可见，树木的“沉睡”和越冬是密切相关的。冬天，树木“睡”得越深，就越忍得住低温，越富于抗冻力；反之，像终年生长而不休眠的柠檬树，抗冻力就弱，即使像上海那样的气候，它也不能露天过冬。

“发热植物”的奥秘

在“植物王国”里，有一种能“发热”的植物，它所发出的热量足以使周围的冰雪融化。是什么植物能有这般的奇异功能呢？它为什么会“发热”呢？

科学家发现这是一种名叫“斑叶阿若母”的百合科草本植物。这种植物在环境气温为 4℃时，花的体温可达 40℃左右。这种“发热”植物的“花温”为什么如此之高？科学家经过仔细研究发现，这种植物在开花之前，已在花的组织里贮存了大量的脂肪。开花时，脂肪进入组织细胞内，发生强烈的氧化作用从而释放出大量的热能，所以造成了“花温”较高的结果。

科学家在研究中还发现，有一种叫“臭菘”的植物，它的成熟期是在冬末春初，此时它的温度一般比环境温度高出 20℃ ~25℃，从而能够融化覆盖在植物上面厚厚的雪层，于是，花便可以轻而易举地钻出雪层，避免了被冻伤的危险。这是植物“发热”的第一功能。

还有一种“发热”的植物叫“佛焰”，它的雌蕊和雄蕊都隐藏在苞的深处。为了能在花开之后请到“媒人”，它把“花温”急剧升高，散发臭味，类似发热的腐烂动物尸体或发酵的粪堆发出的气味，于是一种对热敏感、喜欢吃腐烂物的蝇就急忙赶来，为它们做媒，完成传授花粉的重任。这是植物“发热”的第二功能。

在研究中，科学家发现佛焰的“发热”可以使四周的风转变成围绕着佛焰花序旋转的涡流，而且这种涡流不受外界风向的影响，并能把四周各个方向吹来的风转向佛焰花苞的开口处。这样，不仅能使热量均匀地分布在整个佛焰苞内，使整个花朵能融化厚雪的覆盖，而且，更令人惊奇的是，佛焰花序周围的涡流能把花序顶端成熟的花粉吹到花序下部未经授粉的花朵内，从而达到没有蝇为媒，利用热气流为媒也可以“成亲”的目的。

真菌是动物还是植物

在自然界里，真菌是一个很大的生物类群，大约有10万种，其中包括各种霉菌、酵母菌等，还有我们平时很熟悉的蘑菇——伞菌，它们在整个生物界中占有非常特殊的地位。

虽然在很早以前，科学家们已把它勉强归到植物界中，但关于真菌究竟是植物还是动物的争论，长期以来一直没有停止过。

有关真菌的最早论述，应追溯到公元前4世纪，著名的古希腊学者亚里士多德，首次在书中描述了真菌的特性。大约过了3000年后，著名科学家达普林尼把蘑菇分为可食蘑菇和有毒蘑菇两类。然而，人们对真菌的认识，长期以来一直徘徊在较低的水平，仅仅知道，它是一类没有叶绿素、不能进行光合作用、常常依靠腐生或寄生的生物，但无法确定它究竟是植物还是动物，没有一个人能为它下一个权威性的确切定义。

随着对真菌研究的不断深入，许多科学家对真菌归属到哪一类，纷纷提出了自己的观点。在较早的时期，植物学家尼克尔认为，真菌的形态虽然多种多样，面貌各异，但都是植物组织分泌出的产物，它们就像植物身上的废料一样，不能划入到生物的范畴之中。因此他认为，真菌更接近矿物。可是，在当时尼克尔不了解那些蛛丝般的物质，并不是植物的分泌物，实际上它恰恰就是真菌本身。

对此，就连赫赫有名的瑞典分类学家林奈在这个问题上也有些为难。起先，由于他在真菌中发现了一种与水螅相似的小动物，所以一直认为真菌是动物，直到后来才改变了此看法。在这种情况下，法国生物学家瓦扬风趣地说：“真菌是破坏了自然界普遍和谐性的魔鬼杰作。”的确是这样，如果真菌是植物，可又没有花，它出现在这个世界上，似乎就是为了刁难这些科学家的。

不过，尽管在真菌的分类上有种种不同看法，大部分植物学家都认为真菌是植物。后来，意大利科学家密凯利首次打开了通往真菌生活史迷宫的大门。他在研究中发现了真菌是由极细微的孢子来传播繁殖的。从此以后，人类对真菌的研究进入到了一个崭新的领域之中。到了 18 世纪，林奈正式把真菌归属到植物的家族之中。

但在大家都认为真菌是植物的时候，不少植物学家又提出了新的观点。他们认为，真菌在地球生命史的早期就已出现，再加上没有叶绿素，不能自我制造食物，所以不应该属于植物界，而应当处于与植物界、动物界相并列的第三个界——真菌界。但是，这个新观念没有得到同行们的普遍支持，经过反复多次的激烈争论，最后还是把真菌列入到植物界中。

这样的情况一直延续到 20 世纪。1909 年，俄国科学家曼莱日柯夫斯基再次提出，应该建立真菌界，它包括细菌、蓝绿藻和真菌。他指出，这互相并列的三个界，在生活方式上各有特点。植物、动物和真菌分别来自于三个假想的祖先。

后来，科学家又进一步提出，生物可分为四个界，即裂殖界（细菌和藻类）、真菌界、植物界和动物界。随着科学的不断发展，科学家采用了现代化的技术手段，发现真菌确实兼有植物体和动物组织的特点。例如真菌能直接进行氮交换，细胞壁中有几丁质（壳多糖），这些方面很接近动物。但是，真菌的细胞有细胞壁和细胞膜的特点，又很接近植物。

真菌究竟是植物还是动物还需科学家的进一步分类。

有些植物的茎为什么是中空的

如果你把一些植物的茎切断，观察一下它的断面，就可以发现，一般植物茎的构造是这样的：最外面一层是表皮，表皮上面常常长着一些毛或刺；表皮的里面是皮层，皮层中有一些薄壁组织和比较坚固的机械组织。皮层和表皮都是比较薄的；皮层再往里，就是中柱部分了。在中柱部分里，包含着一个一个的维管束，这是植物茎中最重要的部分，输送养分、水分全靠维管束。中柱部分的最中心，也就是植物茎的最中心，叫作髓。髓具有很大的薄壁细胞，它的作用是贮藏养料。

可是有些植物，譬如小麦、水稻、竹子、芦苇、芹菜等，茎的中间却是空的。研究发现，这些植物的茎中央的髓部很早就已经萎缩消失了。本来这些植物的茎也是实心的。但是，茎中间变空心对植物很有利，所以植物在长期的进化过程中，茎慢慢地变空了。

为什么茎变空对植物有利呢？

科学家指出，植物茎中的机械组织和维管束，就好像钢筋混凝土建筑物中的梁架。有了这些，就可以支持植物直立起来而不会倒伏。而同样分量的材料，造成中央空而较粗的支柱，比中央实而较细的支柱，它的支持力要强一些。如果植物的茎加强机械组织和维管束，减少甚至消失柔软的髓部，就形成管状的结构，那么它的支持力既大，又节省了材料。

禾本科植物，如小麦、水稻、芦苇、竹子等都是这种进化的植物，所以大部分禾本科植物的茎都是中空的。

有些农作物（小麦、水稻等）的品种也容易倒伏，那是因为它们茎中的机械组织不太发达。我们可以用控制水分和氮肥，增施钾肥的办法，来增强它的机械组织。

老树空心了为什么还能活

在自然界里，我们常常可以看到有些年久老树的树干是空心的，可是枝叶仍旧那么繁茂。甚至我国山东有一棵数百年生的老枣树，空心的树干可容一个人避雨，枣树还年年结果呢！那么，树干空心了，树木为什么还会活呢？

科学家发现，老树空心主要是外因造成的。树干年年增粗，树干中间的木质由于越来越不容易得到氧气和养料，可能渐渐死去，老树的心材也就失掉了它的功能。这个死亡组织如果缺乏“木材色素”等防水防腐物质，一旦被细菌侵入，或从树干伤口处渗入雨水，就会逐渐腐烂，久而久之便造成树干空心。有些树种特别容易空心，老年柳树就是一例。

不过，树干空心对树木并不是一种致命伤。科学家发现，树木体内有两条繁忙的运输线，生命活动所需要的物质靠它们秩序井然地向各个部门调运。木质部是一条由下往上的运输线，它担负着把根部吸收的水分和无机物质输送到叶片去的任务，皮层中的韧皮部是一条由上往下的运输线，它把树叶制造出来的产品及有机养分运往根部。这两条运输线都是多管道的运输线，在一株树上，这些管道有成千上万条，所以，只要不是全线崩溃，运输仍可照常。树干虽然空心，可是空心的只是木质部中的心材部分，边材还是好的，运输并没有全部中断，因此，空心的老树仍旧照常生长发育。

但是，假如你将空心老树的树皮全部都剥去的话，问题可就严重了：植株很快就会死亡。这是因为运输养分的通道被中断，根部会因为得不到营养而“饿死”。根一死，枝叶得不到水分便也同归于尽了。这就是常说的“树怕剥皮”的缘故了。

香蕉树是真正的树吗

香蕉是人们喜爱的水果之一，可很多人对香蕉树知道的却不多。

香蕉是生长在热带地区的单子叶植物芭蕉科芭蕉属的多年生草本植物。由于它的植株长得又粗又高，有的甚至可超过10米，往往被人们认为是一种树。其实，这是一种误解。

香蕉树真正的茎是地下的块状茎，贮存丰富的营养物质，无论是根系、叶片、花轴还是吸芽，都是从这里长出。至于地上的树干部分，是由叶鞘相互包裹所成的假茎，每一片新叶，都从中心部分的地下茎伸出。当出现最后一片叶时（从幼苗起可抽出40片左右叶片），由假茎中心伸出花轴及花序。尽管香蕉的假茎显得粗壮而直立，但茎内没有坚硬的木质部，木质化细胞极少甚至没有，因而茎干不像木本植物那样坚硬直立，一般都是较软的。

香蕉树也不像木本植物那样能逐年生长加粗。它一生只结一次果，在生长季结束时，其地上部分逐渐枯死，第二年则会再从母株底下茎抽出吸芽生长。所以香蕉并不是树，而是一种多年生的草本植物。

竹子为何不像树木一样继续增粗

许多树木都会越长越粗。譬如加拿大白杨，刚栽下的时候只有筷子那么粗，以后一年一年地长，茎干就慢慢粗起来，十来年后就变成很粗的一棵树干了。

可是竹子就不同了。竹子也能生长许多年，但是它的茎一出土面，就不再长粗了，年龄再大，也只能长这么粗。

这是什么原因呢？

因为竹子是单子叶植物，而一般树木大多是双子叶植物。单子叶植物茎的构造和双子叶植物茎的构造有很大区别，最主要的区别就是单子叶植物的茎里没有形成层。

如果把双子叶植物的茎切成很薄的薄片，放在显微镜下面观察，可以看到一个个的维管束，维管束的外层是韧皮部，内层是木质部，在韧皮部与木质部之间夹着一层薄薄的形成层。

不要小看了这层薄薄的形成层，树木长得粗，可全靠它了。形成层是最活跃的，它每年都会进行细胞分裂，产生新的韧皮部和木质部，于是茎就会一年一年粗起来。

如果把单子叶植物的茎横切成薄片放在显微镜下面观察，也可以看到一个个的维管束，维管束的外层同样是韧皮部，内层是木质部，但是韧皮部与木质部之间，并没有一层活跃的形成层。所以单子叶植物的茎，只有在开始长出来的时候能够长粗，到一定程度后，就不会长粗了。除了竹子以外，小麦、水稻、高粱、玉米等都是单子叶植物，所以它们的茎到一定程度后就不再长粗了。

那么，竹子能长到多粗呢？

据记载，江西省奉新县的一棵大毛竹，从地面根部到竹梢高 22 米，眉围粗 58 厘米，地面围粗 71 厘米，可以说是毛竹之王了。

鞭毛藻类为什么既是植物又是动物

长期以来，科学家将地球上的生物分成植物和动物两大类，这就是生物学上的两界系统或两界学说。这种观念在生物科学中延续了 200 多年，并且至今仍被广泛采用。

那么，动物界和植物界是怎样划分的呢？

研究认为植物是固定着生长的，能进行光合作用制造自己生活所需要的有机物质；而动物则不同，可以自由运动，必须以有机物质为营养，自己不能制造养料。根据这些差异，科学家可以轻易而准确地识别出地球上的绝大多数生物应当归入哪一界。例如奔跑的马是动物，不动的杨树是植物等。然而地球上的生物种类千奇百怪，并不是每一种生物都那样容易归类的，有些生物究竟应当归入哪一界，甚至连专门研究生物分类的专家也难以断定。

这些令生物学家感到困惑的生物，是一些构造简单、比较原始的生物。藻类植物中就有一群这样的生物，由于它们都有一种特殊的运动器界——鞭毛，所以笼统地称为鞭毛藻。

鞭毛藻有的只有一个细胞，有的是多细胞群体。眼虫藻是一种既有代表性，又十分有趣的鞭毛生物。它生活在水中，只有一个细胞，因为个体太小，只有借助显微镜才能看到。眼虫藻呈梭形，前端圆，尾端略尖，整个细胞充满了透明的细胞质，透过体表的表膜，可以清楚地看到中央有个大型的细胞核和许多均匀散布的卵形叶绿体。藻体前端有个凹窝，叫作胞咽，胞咽下端膨大部分叫储蓄泡，它是调节体内过多水分用的。从胞咽口部伸出一条长长的鞭毛，这是运动器。鞭毛有规律地划动和波动，使藻体做螺旋状运动。胞咽的旁边有个红色发亮的杯状体，对光很敏感，所以叫作眼点。此外，还有副淀粉体等一些其他的东西。所有的鞭毛藻的基本构造都和眼虫藻大同小异，即使是群体，它们的单个细胞也和眼虫藻差不多。

科学研究发现，眼虫藻有一个显著特点：有叶绿体，可进行光合作用，能自己创造有机物质。这种营养方式叫自养，是植物界最典型的特征之一。植物学家根据这一特点，毫不犹豫地将这群生物归入植物界。但是动物学家却将眼睛盯在另外一些特征：他们发现这类生物都有专门运动的鞭毛，可以在水中游动，包裹在细胞外面的也不是植物细胞特有的、由纤维素组成的细胞壁，而是一层有渗透吸收水中有机养料能力的细胞膜，这些又都是动物界最典型的特征，因此动物学家又理直气壮地将这些生物归入动物界。

在鞭毛类生物的归属问题上，植物学家和动物学家都称是自己的，一种或一群生物，既有植物的属性，又有动物的特征，并且在动物界和植物界中又都有自己的位置，乍看起来，似乎是难以理解的。

不过，科学家们却指出这只是生物进化的问题而已。我们知道，地球上的生物数以万计，形态千差万别，但却都起源于同一个祖先。总的来说，生物进化的规律和趋势，一方面是由简单到复杂，由低级到高级的演化；另一方面生物进化又不是一条直线，而是在进化过程中不断形成大大小小的分支。动物界和植物界乃是生物界的两大进化支系，它们共同起源于一个比现存的动植物都要原始的生物。鞭毛类生物是现存最原始的生物之一，比较接近动植物的共同祖先，因此它们身上兼有动植物两界的某些属性是完全可以理解的。

开花时雄蕊会捉打虫子的灌木

你可能知道有食虫植物能吃小虫，含羞草的叶片受到触动很快就会闭合。那么，你有没有见过花朵举起雄蕊像棍子一样朝着来访的虫子打去的情景呢？要是没有，你可以在小蘖开花时观察一下，或用铅笔尖去触动它的雄蕊的基部，那时，花儿误以为虫子又来了，会马上举起花药扑打过来。这究竟是怎么回事呢？

小蘖是一类植物的统称，它是有刺的灌木，通常开黄花，花朵直径通常只有 1 厘米 ~2 厘米，萼片、花瓣和雄蕊都有 6 枚，每片花瓣的基部有一对

细叶小蘖

蜜腺。开花时，6 枚雄蕊紧贴着花瓣的内侧，花的中心是一枚雌蕊。昆虫采蜜时，花丝受到触动，它就像棍棒一样向中间打去，花药里的花粉受到震动便扑散在昆虫身上，由于一朵花有 6 对蜜腺，所以昆虫常在同一朵花上连续“挨打”，直到吸尽了花蜜，披上了“花粉新装”才高兴地离去。当它降落到第二朵花上时，身上的花粉就被柱头黏住，实现了异花传粉。

原来，雄蕊的这种激应性运动，并非恶意驱赶，而是一种异花传粉的适应。通过异花传粉，小蘖的种子具有了较强的生命力。

小蘖属植物在我国约有 200 种，全国山区都有分布，特别是在我国西南

和西北地区不仅种类多，而且资源丰富。其中许多种土名“三颗针”，它的根或根皮含有多种生物碱，最主要的是小檗碱。小檗碱的盐酸盐就是商品黄连素，是一种广谱抗菌药，用来治疗疮毒、痢疾等多种由细菌引起的疾病。小檗的根在民间常用以代替中药黄连或黄柏应用，是一种重要的中草药。

十大功劳属植物，在我国约有 50 种，它和小檗属植物一样，也有花丝扑打昆虫的特点。这两类植物在一般公园和植物园里都有栽培，可供观赏。

植物中举重冠军——王莲

要是告诉你，有一种植物的叶子上可以载一个人，你可能会摇头不相信。但是你只要到云南省西双版纳，或是北京和广州植物园里亲眼看上一看，就不由得会赞叹世界之大无奇不有了。

王莲

这种植物名叫“王莲”，因为它确实大，人们亲切地称它为“大王莲”。它是一种水生植物，生长在水池里。每年 8 月，探出水面的花蕾就开放了。花的样子很像普通的荷花，可大小却非同寻常。单说那花托和花柄上长的刺毛，一根根都有钉子那么粗，看了简直叫人难以相信，世界上竟有这么大的花。

王莲花的开放时间很短，一朵花只能开两天。第一天晚上初开时为白色，并散发出一种似白兰花的香气。到第二天上午，花瓣闭合，到傍晚重新开放，这时，花的颜色由白色逐渐变为淡红至深红色。

王莲的果实呈球形，每个果实中有 200 粒 ~300 粒种子，种子含有大量淀粉，可以食用。

王莲最惊人的是它的叶子。一张叶子的直径一般在 2 米以上，有时足有 3 米多，浮在水面，就像一个翠绿色的大玉盘，又像一张圆桌。一株王莲有二三十片叶子，所以能占很大一片水面。这种叶子的载重力特别大，有人曾经做了一个实验：在一张叶子上铺沙子，一碗一碗地往上倒，一直倒了 75 千克沙子，那张叶子还没有下沉。难怪一个 30 千克重的孩子坐在叶子上，就安稳得像坐在一张桌子上似的，丝毫不会摇晃。

大王莲的叶子哪里来的如此这般力量呢？关键在它的叶背面。如果把它的叶子翻过来观察，就可见到一种特殊的构造：叶脉又粗又壮，并且排列成肋条状，很像大铁桥的梁架，所以承重力特别强，是一般植物无法比的。

大王莲的老家在南美洲的亚马孙河流域，1801 年欧洲人第一次发现了它，到 1846 年欧洲各地的植物园学会了在温室里栽培大王莲。因为它原产热带，所以要求水温高、气温高、湿度大。在温室里必须创造这样的条件，才适宜大王莲生长。北京植物园就专门安排了一间暖房给它居住，每年有许多人去观赏。

植物幼苗的向光奥秘

1880 年，英国生物学家达尔文观察到一桩奇怪的事儿：稻子、麦子的幼苗受到阳光照射后，会向着阳光的方向弯曲。但是，如果把这些幼苗的顶端切去或者用东西遮住的话，那么，幼苗就不再向太阳“鞠躬”啦！

为什么会这样呢？达尔文提出了这样的假设：在幼苗的尖端含有某种物质，在光的作用下，这种物质跑到幼苗背光的一侧，引起弯曲生长。

如果你问：这个“某种物质”是什么呢？连达尔文自己也没法回答。但是，达尔文的发现与假设，引起了各国科学家的重视，不少人开始着手研究，想把这“某种物质”弄清楚。

1926 年，荷兰科学家汶特发现，如果把燕麦幼苗的顶端切掉，幼苗立即停止了生长，而且不再向太阳“弯腰”。但是，把这切下来的顶端再放回原来的位置，幼苗又可以重新开始生长、“弯腰”啦。更有趣的是，把切下来的顶端在琼胶上放几个小时，然后把这琼胶小块放在切面上，幼苗竟能重新生长！

这个实验证明，在幼苗的尖端显然是存在着“某种物质”。这种物质可以转移到琼胶中去。因而加强了人们寻找这奇妙的“某种物质”的信心。

这个谜，直到1933年终于被揭开了：化学家们从幼苗的尖端，得到好几种物质。这些物质对植物的生长具有刺激作用，能够使幼苗背太阳一面的细胞分裂生长加速，使幼苗朝太阳的一面“弯腰”。这些奇妙的物质，被称为“植物生长素”。根据化学分析，这些植物生长素大都是一些复杂的有机化合物界——三醇酸（生长素A）、醇酮酸（生长素B）和β-吲哚乙酸（异生长素）。

种庄稼的人，哪个不想庄稼快点长呢！既然这奇妙的植物生长素能刺激庄稼的成长，那么，能不能叫它为农业服务，出点力气呢？

可是，科学家研究发现，大自然太吝啬了，植物中所含的天然植物生长素实在少得可怜，在数万棵的玉米幼苗顶端，也只含有不到1/1000克的植物生长素！于是，科学家们开始试着自己来制造植物生长素。人们发现有许多东西，虽然不是植物生长素，却也能对庄稼的生长起到刺激作用。这种人造的与植物生长素一样对植物生长具有刺激作用的东西，被称为“植物生长激素”。

近年来，人们找到了上百种植物生长激素，其中大部分是一些复杂的有机化合物，如“二四滴”（2，4-二氯苯氧乙酸）、赤霉素等。

植物生长激素能刺激庄稼快点成长，早点开花，早点成熟，防止成熟的果实脱落，防止种子发芽等。在喷洒了植物生长激素后，还得到了无籽西瓜、无籽番茄、无籽黄瓜与茄子。现在，植物生长激素，已经成为支援农业的一支生力军。

有不长叶子的光棍树吗

树木一般都有叶子，但在南京中山植物园的温室里，却长有两株一年到头光溜溜不长叶子的绿色植物，叫作绿玉树。即使绿玉树的枝顶上偶然长出一些很小的叶子，过一段时间也枯萎了。因此，人们叫它“光棍树”。

为什么绿玉树会出现只长树干、枝条，不长叶子的现象呢？

研究发现，绿玉树的老家远在非洲，那里气候干旱，雨水稀少。如果绿玉树也像气候湿润、雨水充足地方的植物一样，长出又大又多的叶子，那它早已被自然界淘汰了。所以说绿玉树这种只有绿色枝条、不长叶子的现象，是它同干旱作斗争最巧妙的办法。

植物为了生存，除凭借顽强的生命力外，还要采用各种各样的巧妙办法去适应大自然。植物与干旱作斗争的最常用办法就是“节约开支”，即减少叶片的蒸腾作用。

我们知道，植物叶子上有许多细小的气孔，这是植物蒸腾的主要门户，孔口有两个特殊的保卫细胞，呈半月形或哑铃状。植物体内水分充足时，孔口就敞开着；缺水时，就紧紧关闭起来，以减少水分散失。禾本科植物的叶里，还有一些特殊的大细胞，水分充足时就膨胀，使叶片舒展；水分不足时就收缩，使叶片卷成筒状，在一定程度上也能减少水分的散失。不过，这些都是植物抵抗干旱的“临时措施”。有的植物为了适应干旱环境，还会做“长远打算”，在叶面上生有一层厚厚覆盖物（蜡质、角质或绒毛），表面细胞排列紧密粗厚，俨如古代全身披甲的武士。另外，在沙漠或者气候干旱的缺雨地区，有的植物就不长或少长叶子，长小叶子，甚至叶子全部退化变成针刺状，以应付干旱。如仙人掌科的植物，它们的祖先和绿玉树一样，长期生长在沙漠地带，其叶子逐渐变成为针刺状或毛状，这就不足为怪了。

在自然界里，不长叶子的植物除绿玉树外，还有我国台湾的相思树、木麻黄等。它们虽然不长叶子，但那些绿色的光溜溜的枝条，却可代替叶子的机能，进行光合作用，制造食物，为自己提供营养。

花是叶子变来的吗

很多年以前，德国诗人歌德提出了“花由叶子变态而来”的说法，得到了不少人的支持，到现在这种看法仍历久未衰。

对这一问题，科学家研究后发现有花植物的花，两性花是由花萼、花冠、雄蕊群、雌蕊群组成的。比较进化的花朵，上述各个部分与一般绿叶形态相差较大，难以想到花与叶有什么相关之处，尤其颜色美丽的花朵与绿叶之间更是如此。但是，如果解剖一朵较原始的花，仔细观察其形态，就会发现花的各部分与叶子似乎有一定的联系。

例如玉兰这种植物，属于木兰科木兰属。木兰科在有花植物中是最原始的科。玉兰的花为两性花，比较大，外面有 9 片花被，三轮排列，每片都呈白色，大小形状差不多。它的雄蕊群由多数分离雄蕊组成，花药长、花丝短；雌蕊群由多心皮（分离的）组成，每个雌蕊像一个小型瓶子，看不出有花柱，柱头略偏一侧，不是圆头状。人们认为，玉兰花花心边的花托好似一条小木棒，外面 9 片花被就像叶形一样，也有脉，但还没有分化成花萼与花冠，雄蕊群和雌蕊群分别排列成螺旋状。玉兰花的构造，与树木上的一个带叶的短枝极为相似：花的各部分像短枝上叶的变态形状，花托好像短枝。加上玉兰花是原始植物。因此，人们联想玉兰花是由叶变态而来的。

后来，植物学家又从许多别的有原始特征的植物中寻找到了证据。

他们发现，分布于南太平洋斐济的德坚勒木更为有趣。它的雄蕊和雌蕊表现出更像叶形，雄蕊是扁平的，像叶子，上面有脉，花药生在扁平体中间，看不清有花丝、花药那种明显的分化。于是推想，德坚勒木的雄蕊接近叶形。它的雌蕊看不出有什么花柱，子房像个小瓶，特别是柱头，不像一般植物那样生在子房顶端成圆头形的，而是在侧面延伸成一条形柱头。也就是说，柱头在心皮两边接合处从上向下延伸，极像一片叶子对折过来，在接合处形成长柱头，以接受花粉。有时对折的地方结合并不紧密，就像一片叶子对折过来靠拢一样。因为这种柱头不是头状，而是面积极长的一个面，所以叫柱头面。这些特征说明德坚勒木的雄蕊和雌蕊极为原始，花与叶的联系似乎更明确了。

德坚勒木属于木兰科植物。在木兰科里，还有许多植物的雄蕊也有花丝较宽、花药较长、药隔伸出花药的现象，这都说明花是由叶子变态而来的。当然，从现代植物学角度看，上述认识还只是一种学说，还需要进一步的论证。

铁树千年才开花吗

“铁树开花”，通常用来比喻极难实现或非常罕见的事情。有句俗语是“千年铁树开了花”。古时候就有人将铁树开花与公鸡生蛋相提并论。那么，铁树开花真是如此之难吗？

铁树也叫苏铁，为常绿木本植物，茎干圆柱状，不分枝，高 1 米 ~8 米，生于热带的可高达 20 米。叶簇生于茎顶，是一种大型羽状复叶，由许多条形小叶排列在很长的总叶柄两侧，整个叶看上去像羽毛一样。植株全形呈伞状，有点像椰子树，但比椰子树矮。铁树茎干黑褐色，有显著的落叶痕迹，斑块像鱼鳞。

苏铁的雌花、雄花

苏铁的雄花

铁树的花不同于我们常见的花，它没有绿色的花萼，也没有吸引昆虫的美丽花瓣。铁树雌雄异株，雄花、雌花分别长在不同植株上。雄花称为雄球花，圆柱形，单独生于茎顶，由一片片的小孢子叶组成。小孢子叶是一种具有生殖功能的变态叶，叶上有许多囊状结构，内有花粉。拍打成熟的雄球花，就有黄色粉末飘出。雌花称雌球花，在茎顶呈半球状，由大孢子叶组成。大孢子叶也是具有生殖功能的变态叶，结构类似于叶，但呈黄褐色，上面长有绒毛，下方两侧生长数枚胚珠。胚珠接受了雄株花粉后受精，然后就会发育成种子。

成熟的种子呈朱红色。由于种子露在外面，所以铁树就被归属于裸子植物。

铁树为热带、亚热带树种。在我国云南、广东、福建等省多露天栽植于庭园中，生长发育状况甚佳。在上海、南京、北京等地大多栽于盆中，冬季移置于温室越冬，生长发育异常缓慢。

铁树树龄可达 200 年。一般有 10 年以上树龄的铁树，在良好的栽培条件下，能经常开花。在我国南方，气候温暖，降水丰富，可以每年开花，花期在 6 月 ~8 月。在北方盆栽情况下，虽可开花，但开花次数较少，开花期也没有规律。

相传铁树发育需要土壤中的铁元素的供给。如果铁树逐渐衰弱，加入铁粉便能恢复健康；以铁钉钉入茎干内，效果也相同。这便是铁树名称的由来。但正如对铁树开花有误传一样，此种方法是否确实有效，乃需进一步的科学证实。

竹子为什么不每年开花

在大自然中，竹子与稻、麦等是近亲，同属于禾本科植物。稻、麦等作物每年都开花，但竹子花并不常见。这是什么原因呢？

研究发现，这得从有花植物的生活周期说起。

自然界中，有花植物从种子开始，经萌发、生根、生长、开花、结实，最后产生种子，这是植物的一个生活周期。有的植物在一年或不到一年的时间里，完成了一个生活周期，植株随之死亡，这类植物属于一年生植物；有的植物在两年或跨两个年头的时间里，完成了一个生活周期，植株随之死亡，这类植物同属两年生植物；有的植物要经过几年生长以后，才开始开花结实，但植株却能活多年，这类植物属于多年生植物。

竹子虽能生活多年，但不像常见的多年生植物那样，在一生中可多次开花结实，而是只开花结实一次，结实后植株就会死亡，因此属于多年生一次开花植物。

那么竹子要生长多少年后才开花呢？

研究发现，竹子一般在平常年景都不开花，只有在遇上反常的气候时，才大量开花结实，以产生生活力强的后代来适应新的环境条件。有人做过实验，用覆盖法减少雨水下渗竹蔸，或挖开竹蔸下的泥土，使竹子处于干旱状态，结果一些竹子开花了。农谚说的“竹子开花大旱年”，就是这个道理。

竹子在开花前，出笋减少或不出笋，叶枯黄、脱落，开花结实后，养分消耗殆尽，植株便枯萎死亡。而且竹子会连片开花，开花后又连片死亡。这是因为竹子是竹连鞭、鞭连竹的植物。鞭就是主茎，埋于地下，而竹是主茎的分枝，长于地上。一丛竹或一片竹林，看来它们毫不相干，但地下的竹鞭却是纵横交错、互通养分的。因此，竹子的开花常常会和死亡连在一起。

竹子开花会给竹业生产带来损失，因此种竹人都不希望竹子开花。如果发现竹林中有开花植株，就会将它伐除，并立即对竹林进行松土、施肥，防止开花植株继续蔓延。

有些植物为什么会发光

夏天，在树林里或草丛中，萤火虫以它美丽的闪光和星星相映，这是大家都知道的生物发光现象，然而，植物也会发光，你见过吗？

若干年前，在江苏省镇江市丹徒区，有很多人看见几株会发光的柳树。白天，这些在田边的腐朽树桩丝毫不引人注目，可是到了夜间，它却闪烁着神秘的、浅蓝色的荧光，即使在风狂雨猛、酷暑严寒中也经久不息。这稀奇的事，使得传说纷纭。

这些普通的柳树怎么会发光呢？

经过研究终于解开了疑团。原来，会发光的不是柳树本身，而是一种寄生在它身上的真菌界——假蜜环菌的菌丝体发出来的，因为这种菌会发光，给它取名叫“亮菌”。在苏、浙、皖一带分布很普遍，它专找一些树桩安身，长得像棉絮一样的白色菌丝体吮吸着植物的养料，吃饱了就得意地闪着光，只因为大白天看不出来，人们对它往往是相见不相识罢了。其实，朽木发光的现象在一千多年前的古书中已有记载，不必大惊小怪。今天，你在药房里看到的“亮菌片”“亮菌合剂”就是这种发光菌做的药，对胆囊炎、肝炎还有相当的疗效呢！

如果你是一位海员，在漆黑的夜晚，有时你会看到海面上有一片乳白色或蓝绿色的令人目眩的闪光，一般称作海火。深海潜水员也会在海底遇见像天上繁星般的迷人闪光，真是别有洞天啊！原来，这是海洋中某些藻类植物、细菌及小动物成群结队发出的生物光。

据说 1900 年巴黎国际博览会上，光学馆有一间别开生面的展览室，那儿没有一盏灯，却明亮悦目，原来是一个个玻璃瓶中培养的细菌发出的光亮，令人惊叹不已。

那么，植物为什么会发光呢？

科学家经过研究发现这是因为这些植物体内有一种特殊的发光物质界——荧光素和荧光酶。生命活动过程中要进行生物氧化，荧光素在酶的作用下氧化，同时放出能量，这种能量以光的形式表现出来，就是我们所看到的生物光。

生物光是一种“冷光”，它的发光效率很高，有 95% 的能转变成光，不像白炽灯泡有 95% 的能变成热消耗掉，只有极少量的能变成光。而且生物光的光色柔和、舒适，具有极高的研究价值。

与众不同的花——夜来香

我们常见的植物，以白天开花居多，并且开花后就放出香气。可夜来香（又叫晚香玉、夜香花、月下香）却不是这样，只有到了夜间，它才散发出浓郁的香气来。这是为什么呢？

研究发现，夜来香的这个怪脾气，也是经过世世代代，很长时间才渐渐养成的。

很多植物，都是依靠昆虫传粉繁殖后代的。依靠白天活动的昆虫传粉的植物，在白昼里，花开飘香，迎候使者。夜来香是靠夜间出现的飞蛾传粉的，在黑夜里，就凭着它散发出来的强烈香气，引诱长翅膀的“客人们”前来拜访，为它传送花粉。夜来香的这一习性是它对环境的一种适应。

俗话说“花不晒不香”，是很有道理的，太阳一晒，花瓣内的挥发油由于温度升高，很容易挥发出来，闻着也就特别香了。

然而，夜来香却与众不同，白天它既很少开花，也只有很淡的香气。而到了夜间，虽没有太阳晒，香气反而更浓，这又是什么缘故呢？

这是因为夜来香的花瓣与一般白天开花的花瓣构造不一样，夜来香花瓣上的气孔有个特点，一旦空气的湿度大，它就张得大，气孔张大了，蒸发的芳香油就多。夜间没有太阳照晒，空气比白天湿润得多，所以气孔就张大，因此，放出的香气也就特别浓。如果你注意一下就可以发现，夜来香的花，不但在夜间，而且在阴雨天，香气也比晴天浓，那是因为阴雨天空气的湿度大的关系。“夜来香”和“雨来香”的名字就是这样得来的。有人晚上给茉莉花浇水，觉得香气特别浓，也是这个道理。除夜来香、茉莉花之外，晚上

娇艳清香的夜来香

开花的待宵草、烟草花也是如此。

另外，由于花卉种类的不同，香气散发的时间也不一致。如蔷薇类在花朵孕蕾时香精油就形成了，所以花刚刚开放就已香气扑鼻了。而夜来香、茉莉花是要到花开后才逐渐放出香气来，夜来香大多是晚上才开花，既然如此，夜来香到晚上才释放出浓郁的香气来也就不难理解了。

不会腐烂的水生植物

自然界的植物都是需要水的，若离开了水，就会有死亡的危险，这是众人皆知的。不过，不同的植物，却各有不同的生活习性，有的需水多一些，有的需水少一些。例如，连续几天大雨后，地里到处积满了水，如果不及时排出去，像棉花、大豆、玉米等许多农作物就会被淹死，时间再长一些的话，整株植物就会腐烂。可有些就不同了，比如荷花，它身体的大半段是长期泡在水里的，还有金鱼藻、浮萍等水生植物，是全身泡在水里，但是它们却安然无恙，还生机勃勃地生长着。

为什么水生植物长期泡在水中不会烂，而棉花、大豆等农作物泡在水里的时间稍一长就会烂呢？

科学家发现，陆地的植物，根是用来吸收土壤中水分和养料的。但必须要有足够的空气，根才能正常地发育，如果根长时期泡在水里，得不到足够的空气，根就会停止生长，甚至会闷死，根一死，整株植物也就死了。可是水生植物的根与一般植物的根不同，由于受了环境的影响，使它们适应于水中生活，最明显的特点是，它们都具有一种特殊的本领，就是能吸收水里的氧气，并且在氧气较少的情况下，也能正常呼吸。

那么，它们怎么吸收溶解在水里的少量氧气呢？

一般说来，水生植物的根部皮层里，具有较大的细胞间隙，上下连通，形成一个空气的传导系统，更重要的是它们的根表皮是一层半透性的薄膜（这种薄膜像猪膀胱一样），可以使溶解在水里的少量氧气透过它而扩散到根里去（这种扩散作用好像把一块糖放在一杯水里，不久糖渐渐溶解了，而全杯水都变甜了一样）。在进行渗透作用时，由于薄膜两边的浓度不同，产生了一种渗透压，而水生植物的根表皮的渗透力特别强，所以氧气能够渗透到根里去，使根吸收到一点氧气，再通过较大的细胞间隙，供给根充分的呼吸。

有些水生植物，为了适应生活的环境，在身体上还有另外一些特殊的构造，例如莲藕生长在泥泞的池塘中，空气不易流通，自然呼吸也就会感到困难了。但是我们不必替它担心，吃过藕的人，都知道藕里有许多大小不等的孔，原来这种孔与叶柄的孔是相通的，同时在叶内有许多间隙，与叶的气孔相通。因此，深埋在污泥中的藕，能自由地通过叶面呼吸新鲜空气而正常地生活。

又如菱角，它的根也是长在水底污泥里，但它的叶柄膨大，形成了很大的气囊，能贮藏大量的空气，供根呼吸，因此也能平安无事地生活。另外，还有槐叶萍等水生植物，它们叶的下面有许多下垂的根，其实，这并不是什么真正的根，而是叶的变态，担任根的作用罢了。

除此之外，水生植物的茎表皮与根一样，具有吸收的功能，表面防止水分消失的角皮层不发达或完全缺少。皮层细胞含有叶绿素，也有进行光合作用的功能，自己制造食物。

由于水生植物有着种种适应水中生活的构造，就能够正常地呼吸，又有“粮食”吃，所以能够长期生活在水中，不会腐烂，就是这个道理。

高山上的植物为何长得矮

植物生长所需要的条件，不外乎温度、养料、水分、光线等。水，如果太少了植物会渴死，太多了会淹死。温度对植物也有个限度，太高或太低了会使植物停止生长或死亡。至于光线，虽然植物也能在黑暗中生长，但是长期得不到光线，绿色植物就不能进行光合作用，自己不能制造养料，植物也会死亡。但是光线中有些光谱却会抑制植物的生长，而且光线越强，阻碍生长的作用越大。因此，高山上的一些植物比平地上的长得矮。

科学研究还发现。高山上的植物没有平地上长得高还有以下几种原因：

光线

我们知道，太阳光可分成红、橙、黄、绿、蓝、靛、紫七种色光。这几种色光阻碍植物生长的程度各不相同，其中红光对植物生长的阻力最小，蓝、紫光对植物生长的阻力最大，如果没有蓝、紫光的话，植物会较快地生长起来。

太阳光

高山上照到的阳光中蓝、紫光要比平地上多。在高山上，灰尘少，空气稀薄，因此空气比较透明，阳光中的紫光和紫外线很少被灰尘吸收掉，所以高山上照到的阳光中紫光和紫外线要比平地上多得多，这就大大抑制了植物的生长。

空气稀薄，土层浅

高山上甚至缺少土壤，因此，养料和水分容易流失掉。高山上晚间气温降低较多，即使在白天，气温也比平地低，对植物的生长也有一定影响。

风比地面上大

大风迫使植物成俯伏状发展。如果你到过安徽黄山的话，就能看到著名的黄山松，它们长得低矮，而且向背风的方向弯斜，好像在欢迎游人，所以被叫作迎客松。这主要是高山风大而长成这种姿态的。

由于这些条件的综合影响，所以高山上的一些植物一般没有平地上长得高。

灵芝是否是仙草

灵芝有许许多多的动人的传说和神话，说它是一种吃了能治百病、长生不老、起死回生的“仙丹灵药”。

我们来看看灵芝到底是怎样一种东西？

根据古书记载，我国劳动人民大约在数千年前就发现了灵芝。我国最早的 部药书《神农本草经》上，把灵芝分为赤芝、黑芝、青芝、白芝、黄芝、紫芝六种。晋代化学家葛洪所著的《抱朴子》一书中，把灵芝分为石芝、木芝、草芝、肉芝、菌芝五大类，每类又各分120种。明代药物学家李时珍所著《本草纲目》中，对灵芝的形状和用途作了记载。

野生的仙草——灵芝

经近代科学鉴定，从前所说的各种灵芝，其中除少数是属于矿物外，大部分都是属于真菌的担子菌类低等植物。在分类学上主要指的是灵芝和紫芝两个种类。它们的别名很多，前一种又叫赤芝、红芝、木灵芝、菌灵芝、万年蕈、灵芝草等；后一种又叫黑芝、玄芝等。它们跟蘑菇一样，本体是菌丝，所说的灵芝部分是它的菌丝所形成的子实体，是用来产生“孢子”进行繁殖的。它们没有叶绿素，不能利用二氧化碳和水在日光下进行光合作用，而是寄生在活着的或死亡的有机体上，靠吸收现成的营养，过着寄生或腐生的生活。

根据化学分析和药理试验，灵芝含有一些药用成分，有一定药效。能滋补、健脑、强壮、消炎、利尿、益胃。用来治疗神经衰弱、头昏失眠、慢性肝炎、肾盂肾炎、支气管哮喘，以及积年胃病等，均取得不同程度效果。

灵芝的形状也有些奇特：普通的蘑菇菌伞呈圆形，菌柄着生在菌伞的中央；而灵芝的菌伞是肾形，菌柄着生在菌伞的一旁。有些生长在特殊环境下的灵芝，还具有奇妙的分枝和美丽的色彩。灵芝含有多量的角质，因此质地坚硬，经久不腐，往往被用来观赏。

但是，尽管灵芝可以作为药用和观赏，但绝不是什么神秘的东西，更不是什么起死回生、长生不老的“灵药”，世界上根本没有什么“灵药”。而且灵芝草并不稀奇罕见，近年在我国各地都采集到许多品种。许多单位还把它们引种驯化，人工栽培也获得成功。还有人在发酵罐中用发酵法生产灵芝菌丝体，效果也很好。

滋补良药——人参

我国利用人参治病，已有几千年的历史，由于人参的医疗效果显著，采挖又极其困难，所以比较珍贵。从前，人们常常用一些神话故事来传颂它。

人参对人的身体有哪些作用，它究竟含有些什么物质？

近百年来，很多科学家从植物学、化学、医学等各方面进行了研究。根据药理和临床治疗研究初步证明，适当剂量的人参对于高级神经的兴奋过程和抑制过程都有加强的作用；能够增强心脏的舒缩作用，具有强心和兴奋血管运动中枢和呼吸中枢的作用，并刺激造血器官，增加红细胞和增强白细胞的吞噬能力；具有催性腺作用和利尿作用；能增进食欲，促进新陈代谢和生长发育，提高对疾病的抵抗能力、消除精神疲劳等。可以说，人参的“滋补”作用，是表现在多方面的。在临床应用上，人参对于休克等急症病人的抢救，对于治疗糖尿病、心血管和消化系统疾病、各种精神病、不同类型的神经衰弱症等，都有一定疗效。现在，科学家又在研究人参对攻克人类顽敌癌症的效用。

那么，人参的有效成分是什么呢？

关于这个问题，经过世界各国科学家们的努力，已查明人参的主要有效成分是：第一类是皂苷，并已分离出人参单体皂苷 13 种之多；第二类是人参里还含有多种氨基酸，主要有精氨酸、赖氨酸、谷氨酸等 15 种以上；第三类是含有大量的碳水化合物，如淀粉、蔗糖、果糖和葡萄糖等；第四类是有机酸，如人参酸等；第五类是挥发油，为人参特有香气的来源；第六类是维生素，如维生素 B_1 和维生素 B_2、烟酸、泛酸等。另外，有的研究者还发现有酶酸类和其他有机物质。从人参含有的矿物质中，还分析出大量的磷和较多的硫化合物和多种微量元素，如钾、钙、镁、钠、铁、铝、硅、钡、锶、锰、钛等。

因此，人参要使用得当，才能发挥出它的作用。现在，科学家们仍在继续进行研究，进一步掌握人参的奥秘，明确它的主要有效物质及其化学结构、性质以及各自的药理和医疗作用，使人参更好地为人类的健康服务。

无根无叶的天麻

天麻是我国一种珍贵药材，在古医书上有“神草”之称，不仅对某些病如眩晕、小儿惊厥等有特殊的疗效，而且它的生长过程神秘莫测，长相也别具一格。

初夏时节，在阴湿的林区山间，从地面突然冒出像细竹笋似的、砖红色的花穗，穗的顶端排列着黄红色的朵朵小花，不到 1 米长的光杆孤零零地摇曳着，看上去就像一支出土的小箭，所以有的地方叫它“赤箭”。花开过后，结上一串果子，每个果里都有上万粒不到 1 微米长、小如沙尘那样的种子，随风飘扬，不见一片绿叶长出。细心的采药人，顺着这根“赤箭”往下追，从地下挖出一些像马铃薯、鸭蛋、花生米那样大小的块茎，也找不到一条根，这些块茎就是天麻。

没有根，不见叶，全身没有叶绿素，不会进行光合作用，也无法吸收水分和无机盐类，那天麻是怎样长大的呢？

原来，天麻生长时有它自己的秘诀：“吃菌！”在林子里到处蔓延着一种名叫蜜环菌的真菌，菌盖是蜂蜜色，菌柄上有环，所以叫作蜜环菌。它们的菌丝体到处钻营、无孔不入，专靠吸吮其他植物的养料为生，腐烂木材、危害森林，当遇到天麻时，菌丝也照样把块茎包围起来。但没想到真菌这时占不到便宜了，天麻的细胞里有一种特殊的酶，能把钻到块茎里面来的菌丝当作很好的食料消化、吸收掉，真菌反而成了天麻的食物！有了蜜环菌的喂养，天麻长大了，没有根和叶一样过得很好。这样，在漫长的进化过程中，根和叶慢慢退化了，就是现在，你在块茎的节间还可以依稀见到叶的痕迹界——薄薄的小鳞片。可是，当天麻衰老的时候，生理机能衰退，已没有“吃菌”的能力，这时反而成为蜜环菌的食物。所以，天麻和蜜环菌是共生的关系，前期天麻吃蜜环菌，后期则是蜜环菌吃天麻。

虽然天麻无根、无叶，可它具有高等植物最大的特征：有复杂的开花、结实器官，用种子繁殖后代。人们逐渐掌握了天麻的习性后，只要把它所需要的“粮食”界——蜜环菌准备好，给它一个阴湿的环境，在平原也可以人工栽培。

树木剥皮为什么能再生

常言道：人活一张脸，树要一张皮。因为树木一旦被剥皮，就切断了树冠叶子光合作用合成的有机物质向下输送的通道界——筛管，根系由于得不到有机物质的供应而处于饥饿状态，最后导致树木干枯死亡。可见树皮对树木的生命活动是非常重要的。

然而，树木剥皮不死的例子也很多。例如，辽宁省一位农民的耕地上长着一棵老梨树，影响周围庄稼的生长，他把梨树的树皮剥去，好让梨树自然死亡。结果，梨树不但没有死，反而当年再生了新的树皮，第二年结了很多梨子。

为什么树木被剥皮后会再生呢？

研究发现，树木的树干里有 套周密的组织结构，从外向里由周皮部、韧皮部、形成层、木质部构成。各个部分都有各自的功能：周皮部由栓皮层及栓皮形成层组成，对树干起保护作用；韧皮部由筛管组成，将绿叶制造的有机物质由上而下输送到全身；木质部由木质纤维细胞组成，它把根部吸收的水分及无机养料由下而上地输导到树冠，参与光合作用，并具有支撑树木直立的作用；形成层由几层薄薄的、具有旺盛分裂能力的细胞组成，它使树木增粗，向外形成韧皮部，向里形成木质部。树木的树皮主要包括周皮和韧皮两个部分。如果树皮剥去后没有连同形成层剥掉，那么，紧贴在木质部的形成层细胞就会分裂增长形成愈伤组织，再生新树皮。

例如杜仲剥皮后，裸露的未成熟的木质部细胞和残留的形成层细胞，便很快恢复分裂能力，形成愈伤组织。杜仲剥皮一个月左右，就基本建成了树皮的雏形。剥皮 3 年到 4 年后，杜仲再生树皮的厚度、结构和功能，就与原来的树皮一样。

树皮的再生与剥皮时的温度、湿度以及树木的生长旺盛与否都有关系。春夏间是树木生长的旺盛季节，也是形成层活动旺盛期，温度和湿度都很高，有利于再生树皮的形成。秋冬季节是干旱低温季节，也是树木生长缓慢或休眠季节，树木剥了皮，由于形成层细胞分裂能力很弱，裸露细胞也由于干旱而失水死亡，因此很难形成再生树皮。

假叶树的叶子是假的吗

假叶树是地中海沿岸很常见的植物。在我国常栽植于庭园间或盆栽供观赏。许多人看到“假叶树”三个字时，常常会感到困惑：它同其他植物一样，也长着宽阔、扁平、正常的叶子，为什么说它是假的呢？

科学家指出，假叶树的老家在地中海沿岸，那里气候炎热干燥，大而薄的叶子对它的生存是十分不利的，因而逐渐退化为鳞片状，着生在“假叶”的基部；而代替叶进行光合作用的是分枝系统的最末的分枝。这个分枝强烈扁化，并且变为绿色，其样子和正常的叶十分相像。我们知道，有花植物的花只能长在枝上，真正的叶子是不会长花的。而假叶树的花却长在叶上。这样看来，给这种植物起名为假叶树是对的。枝条扁化成的叶状体，在植物学上叫叶状枝。

研究发现，有花植物有五大基本器官，即根、茎（包括分枝系统）、叶、花和果实。在正常条件下，这五大器官分得清清楚楚，并且各自履行自己的功能。根的功能是长于地下，固着植物体和从地下土壤中吸收水和无机养料；茎及其分枝系统是植物的骨架，起支撑作用，使植物地上部分得以展开，同时也是运输的通道；叶进行光合作用以及气体交换；花和果实，其实是同一器官的不同阶段，专管繁殖。但是有些植物长期生活在特殊的环境中，使自己部分器官的形态和功能发生或大或小的变化，以利于生存，这就是植物学上所说的器官变态。例如，马铃薯是茎的变态、蕃薯是根的变态、山楂的刺是枝的变态、豌豆的卷须是叶的变态等。器官变态后，功能与原有功能不同，有些则因退化而几乎消失。

促使植物器官变态的原因很多，但最重要的是气候条件，干旱加炎热常常促使植物的营养器官产生明显变态。仙人掌类就是一个著名的例子。它们的茎、枝变得肥厚多汁，而且是绿色的，既可贮藏大量水分，又能进行光合作用；叶子退化变为针刺，减少水分蒸发起到保护植物体的作用。在植物界长有叶状枝的植物不算太多，但也不止假叶树一种，如蓼科的竹节蓼和木麻黄科的木麻黄也有叶状枝，但都没有假叶树这么典型。

百年不凋的百岁兰叶子

百岁兰是植物界有名的丑角，凡是见过它的人无不为它新奇的样子叫绝。它的树干很矮，地面高度常常只有几厘米至几十厘米，如果达到 1 米，那就是很老的树。那么它有多粗呢？说来难以置信，它的直径常常和高度差不多，最粗的直径有 1.5 米，远远超过高度。所以人们一眼望去总以为它是一棵大树被砍伐后留下的残桩。但仔细一看，树干顶端浅浅地裂开，好像两片翻开的厚嘴唇。沿着两个唇片的外缘，各生一片阔带形的叶子；如果是老树，则叶子常常撕裂成好几条，好像很多叶片。花和种子结在厚嘴唇的边上。茎、叶、花和种子俱全，毫无疑问，这是一棵矮得出奇的树。

百岁兰生长在非洲西南部的纳米布荒漠上，那里雨水稀少，一年的雨量只有十几毫米，有时终年没有降水。如不发生意外，百岁兰可以活几百年，最老的树据说超过千岁。活几百年乃至千余年的树木在植物界并不稀罕，令人惊奇的是，百岁兰一生只长两片叶子，叶子的寿命和这株植物是一样长的。春夏秋冬，寒来暑往，这两片叶子从不脱落，所以人们又叫它二叶树或百岁叶。

我们知道，植物的叶子长到一定大小就长了，少则几个月，多则几年就会衰老，最后枯萎脱落。一些常绿树，并不是它的叶子永远不落，而是随着枝条的生长又不断长出新叶。老的死去，新的生长，这本是自然界的普遍规律。白岁兰终生只长两片叶子，不但经百年乃至千年都不脱落，而且从不显老态，新陈代谢的规律对它似乎不起作用。

那么，它的长生不老的秘密何在呢？

原来，百岁兰叶子的基部有一条生长带，位于那里的细胞有分生能力，不断地产生新的叶片组织，使叶片不停地长大。叶子前端最老，它或因气候干燥而枯死，或因风沙扑打而折断，或因衰老而死去，总之在不断地消失。由于它最基部的生长带始终没有被破坏，损失的部分很快又由它分生出来的新组织替补了，使人们误以为它的叶子既不会衰老，也不会损伤。其实我们所看到的叶片都是比较年轻的，老的早已消失了，真正不老的是它那有分生能力的细胞。另外，百岁兰的叶子里有许多特殊的吸水组织，能够吸取空气中的少量水分。这就是百岁兰仅有的两片叶子始终不凋谢的秘密所在。

植物的“飞行装备”

“天高任鸟飞”，说的是鸟类因长有翅膀而能任意翱翔在天空。那么植物是否也有能自由飞翔的翅膀呢？

研究发现，许多植物的果实也长有翅膀，凭借翅膀，它们成了“飞将军”。植物的“飞行装备”还相当不错呢，有的是翅膀或翅膜，有的是针芒，有的是羽毛或绒毛。有飞行装备的果实、种子随风飘到遥远的地方安家落户。榆树和枫杨树在初夏开出黄绿色的花朵，到秋天才结果实。枫杨树的果实上长着两只翅膀，一左一右。风一起，它们就像燕子一样会飞上天空。榆的翅果上则长着两张翅膜。大风一刮，便纷纷离开榆树，随风飞到很远的地方。这些长翅膀的果实或种子极轻，飞起来相当轻松。

科学家专门观察、研究了长翅膀的果实和种子，发现桦树的翅果能飞到1000 米以外的地方，云杉种子的翅膀酷似船帆能飘到 1 万米以外。果实或种子上长“翅膀”的植物种类非常多。如百合和郁金香的种子本身就长成薄片状，在风里像滑翔机一样滑翔；白蜡树和樗树的种子长着翅状突起，好似长翼的歼击机；蒲公英种子的头上长了一圈冠毛，风把它托得高高的，果实垂在下面，像一顶降落伞；生长在草原上的羽茅，果实顶上长着羽毛，被风吹很远，风停了，它就像降落伞一样竖直落地，果实旋转着插入土中。有些植物种子本身的分量非常轻，风一刮，就像长了翅膀一样到处飞，例如列当属的植物，每粒种子的重量不超过 0.001 毫克，小得像灰尘；梅花草的种子，每粒仅仅才有 3/100000 克；天鹅绒兰的种子更轻，每粒仅重 1/500000 克，微风一吹，它们都会飞到很远很远的地方。

许多植物经长期的自然选择，它的果实或种子成为“飞将军”，让风力帮助它繁衍后代，正是大自然优胜劣汰的又一体现。

不怕刀斧砍的硬骨头树

自然界中一般的树木，在生长过程中最怕的就是被刀斧砍伤。然而，树中也有不怕刀斧砍的“硬骨头”，被刀斧砍过反而花繁果丰。芒果树便是树木中的这种“硬骨头”。

芒果树，属于漆树科芒果属的常绿乔木。树冠生长得繁茂，呈球形，树皮厚，为暗灰色；树干高大粗壮，树高 10 米 ~20 米；寿命可达几百年。芒果树具有不怕刀斧砍的硬劲。在民间流传着这样一个故事：在很久以前，有个岭南人为躲避官府的追捕，逃到南洋，以种植花木、果树为生。他栽种的芒果树，生长得树壮、枝粗、花繁、果密。没多久他便成了当地栽种芒果的专家。这一出名不要紧，官府探得消息后，便派人到南洋去追捕他。由于他躲避得快，等官府的人追到南洋时，早已不见他人影。官府没有抓到人，于是，便拿他种的芒果树来出气，派人用刀在芒果树上乱砍一番。但没想到，被刀砍过的芒果树上，结出的果实比没有被刀砍的树结出的果实还多。后来，人们也学着用刀砍芒果树的办法促其结果，果然灵验，于是刀砍树的办法便传了下来。

随着科学的发展，人们逐渐弄明白了刀砍之法促果丰的科学道理。因为芒果的枝叶茂密，光合作用合成出来的大量营养物质都由运输线传给根部，以供根系长粗、伸展之用。过多的营养输入根部，则枝叶积累营养就会不足，从而影响开花、结果。如将树皮砍开道道口子，就可以阻止过量的营养输进根部，枝干营养丰富可以促进多开花，花开得多，果实自然也就结得多。

据说，芒果原产于印度，印度栽植芒果已有4000多年的历史。有趣的是，第一个使芒果扬名于世的却是个中国僧人。当然，那已经是公元629年，中国高僧玄奘到印度时的事。

随着科学的进步，现在，人们已经采取更科学的办法，取代刀砍法使芒果获得更大的丰收。

含羞草为何“害羞”

含羞草是一种奇妙的植物，它的身上有不少的奥秘。

含羞草是一种豆科草本植物。它白天张开那羽毛一样的叶子，等到晚上就会自动合上。有趣的是，你在白天轻轻碰它一下，它的叶子就像害羞一样，悄悄合拢起来。你碰得轻，它动得慢，一部分叶子合起来；你碰得重，它动得快，在不到10秒钟的时间里，所有的叶子都会合拢起来，而且叶柄也跟着下垂，就像一个羞羞答答的少女，所以人们管它叫“含羞草”。

含羞草为什么会动呢？

研究发现，这全靠它叶子的“膨压作用”。在含羞草叶柄的基部，有一个“水鼓鼓”的薄壁细胞组织，名叫叶枕，里面充满了水分。当你用手触动含羞草，它的叶子一振动，叶枕下部细胞里的水分，就立即向上或两侧流去。这样一来，叶枕下部就像泄了气的皮球一样瘪了下去，上部就像打足了气的皮球一样鼓了起来，叶柄也就下垂、合拢了。在含羞草的叶子受到刺激合拢的同时，会产生一种生物电，把刺激信息很快扩散给其他叶子，其他叶子也就跟着合拢起来。过了一会儿，当这次刺激消失以后，叶枕下部又逐渐充满水分，叶子就会重新张开，恢复了原来的样子。

但也有的科学家认为，含羞草所以会动，是跟光敏素的作用有关。

含羞草的老家在巴西，那里经常有暴风雨。含羞草的枝干长得非常柔弱，为了适应这种不良环境，它在自然选择中培养了保护自己的本领。每当在风雨到来之前，就把叶子收拢起来，叶柄低垂，这样一来，就不怕暴风雨的摧残了。

有趣的是，含羞草还是相当灵敏的“晴雨计”。人们利用它的这种怪脾气和本能，预测未来的晴雨。

含羞草

“含羞草害‘羞’，天将阴雨”这句谚语告诉我们，如果含羞草的叶片自然下垂、合拢，或半开半闭，舒展无力，出现“害羞”现象，就预兆着将有阴雨天气。

在正常天气里，含羞草一般不会自己“害羞”，即使有人碰它的叶片，叶片也会很快地合拢，恢复原状。这是晴天的征兆。

当天气发生变化，含羞草本身对湿度反应很灵敏，加上小昆虫因为空气湿度大，只能贴近地面低飞，容易碰到含羞草的叶子上，含羞草也会作出反应。这时候，用手指去摸它的叶片，叶片也会回拢，但恢复原状相当慢，反应迟钝，这预兆着在一两天以内，天气将转阴有雨。

可以指南的草——“指南草”

“指南草”是人们对内蒙古草原上生长的一种叫野莴苣的植物的俗称。一般来说，它的叶子基本上垂直地排列在茎的两侧，而且叶子与地面垂直，呈南北向排列。

如果你到广阔的内蒙古大草原旅游，那里美丽的草原景色吸引了你，你不幸迷了路，正在那儿放牧的蒙古族牧民一定会告诉你：“只要看看‘指南草’所指的方向就知道路了。”那么，为什么“指南草”会指南呢？

原来在内蒙古草原上，草原辽阔，没有高大树木，人烟稀少。一到夏天，骄阳火辣辣地烤着草原上的草，特别是中午时分，草原上更为炎热，水分蒸发也更快。在这种特定的生态环境中，野莴苣练就了一种适应环境的本领：它的叶子，长成与地面垂直的方向，而且排列呈南北向。这种叶片布置的方式，有两个好处：一是中午时，亦即阳光最为强烈时，可最大限度地减少阳光直射的面积，减少水分的蒸发；二是有利于吸收早晚的太阳斜射光，增强光合作用。科学家们考察发现，越是干燥的地方，其生长的“指北草”指示的方向也越准确。其道理是显而易见的。

内蒙古草原除了野莴苣可以指示方向外，蒙古菊、草地麻头花等植物，也能指示方向。

有趣的是，地球上不但有以上所说的会指示南北方向的植物，在非洲南部的大沙漠里还生长着一种只指示北方的植物，人们叫它“指北草”。

“指北草”生长在赤道以南，总是接受从北面射来的阳光，花朵总是朝北生长；可它的花茎坚硬，花朵不能像向日葵的花盘那样随太阳转动，因此总是指向北面。

无根的植物照样活

俗话说，“本固枝荣”。这里说的“本”，就是植物的“根”。在移栽植株时，人们常提说：“别把根弄断了。”因为没有“根”，植株就不能成活。由此可见根的重要性。

根是植物的重要营养器官，植物体靠它吸收地下的水分和溶解在水中的无机养料，供自身生长发育的需要；也靠它扎进土壤，保持茎干的直立，稳固植物体。有些植物的根还贮藏着大量的养料，是人们赖以生活的重要食品、药品和工业原料，如甘薯、豆薯、木薯、萝卜、甜菜、人参、甘草、地黄、雷公藤等的根。总之，只有有了根，植物体才能成活，才能生长发育。

既然根是这么重要，那么，为什么有的植物没有“根”却能成活和生长发育呢？

大家知道，很多动物身上都有寄生虫，如蛔虫、绦虫等。它们吸取动物身体中的养料，过着不劳而获的寄生生活，危害动物的身体健康乃至生命。在植物界里，也有些靠寄生来生活的植物，称之为寄生植物。被寄生的植物，叫作寄主。

有一种名叫菟丝子、别称菟丝的植物，是旋花科一年生缠绕寄生草本。它那橙黄色的茎很细、很柔软，就像丝一样，茎上没有叶绿素。它没有叶子，夏秋间开细小的白花，一簇簇地长在茎的侧面，结的果像个扁球的样子，里面有细小的种子，是黑色的。它常寄生在豆科、菊科、藜科等植物上，对寄主的生长有害。不过，它的种子可提取脂肪油，中医学上可做药用。

再有一种叫作大花草的植物，是大花草科大花草属的一种，主要分布在加里曼丹和苏门答腊等地，也是一种寄生的草本植物。它喜潮湿高温的热带雨林生活环境，营养器官退化得只剩下几根像丝一样的组织，寄生在其他植物的根部。但它却长着奇异的特大花朵，直径可达 50 厘米 ~90 厘米，重 7 千克，颜色很鲜艳，散发出来的不是香气，而是一股腐烂的气味，就像动物尸体腐烂的气味一样，很难闻。它就是靠这种气味吸引那些喜爱尸臭味的昆虫来为它传粉。

还有一种叫作槲寄生的植物，是常绿小灌木，但有节的茎很柔软，不能直立，常寄生在槲树、杨树、柳树和榆树等的枝干上，它的叶子对生，开淡黄色的花，结的果为浆果，像球一样。

上面举的这几种寄生植物，它们都是靠从别的植物体中吸取营养物质来生活的。它们都没有真正的根，只有寄生根，叫作吸根或吸器。吸器是从那些像丝一样的茎上长出来的，非常之多。这许许多多的吸器侵入到寄主的根或茎的内部组织，它们把自己的维管组织与寄主的维管组织相连接，就像连通的水管一样，从寄主体内吸取水分和养料，供自身生长发育的需求。这就是植物无“根”的奥秘。

寄生植物不少，像大花草目和无茎草属的植物，都是寄生植物。它们的茎和根等营养器官完全退化，没有真正的根。它们的这种性状，是在长期系统的发育过程中，为适应外界生活环境的变迁而演化出来的。

独树也能成林

俗话说，“独木不成林”，而“独树成林”却以它的奇特吸引着国内外众多的游人。这是一棵独特的大榕树，它已活了900多年，真不愧为一位“树王”。它高大参天，雄伟挺拔，身高70米，比20层楼还要高，确实是顶天立地的巨树。它的树冠就像一把巨大的伞支撑在蓝天之下，就是两个班的学生坐在下面学习也没有一点问题。更为奇怪的是，从树干上又长出32根粗壮的“棒棒”一直扎进地里，形成一道道“大门”，远远看去，“干密枝繁”，就好像一个小树林，因此才有“独树成林”之名。

如果你有机会到云南旅游参观的话，有一个著名的景点可千万不能错过，那就是中缅边境打洛镇的“独树成林”奇观。可是，这“独树成林”的奇特景观是怎样形成的呢？

科学家发现，从大榕树树干上长出的32根粗壮的“根”，是暴露在空气中的不定根，叫作气生根，也称气根。热带森林中许多兰科植物，也有发达的气生根。这种根的顶端没有根冠，也没有根毛，不能吸收养分。但它有特殊的吸水组织，能吸收空气中的水分，也有呼吸功能。

根据作用的不同，气生根又可分为呼吸根、支柱根、攀缘根和吸器。植物除光合作用外，还有呼吸作用。生活在沼泽、水边的植物，它们的根部长期生活在水下土壤缺氧的环境中，呼吸通气受到阻碍，因此，在树的基部附近，背地向上生长出许多露出水面适应呼吸的根来。这些根结构特殊，内有发达的气道，表面又有气孔，使植物能进行呼吸通气，所以就叫作呼吸根或通气根。

不少学校的西墙上都攀缘着常春藤，它的茎上生长着无数的不定根，它正是靠这些不定根把自身固定在墙壁上的。这种根就叫攀缘根。

一棵树冠巨大的老榕树

有些植物如玉米，常从茎部的几个节上长出许多不定根，这也是气生根。它的机械组织发达，向下扎入土中，主要起到稳固茎干的支持作用，所以叫支柱根。像上面所说的那棵大榕树树干上长出的 32 根粗壮的气生根，它对榕树的地上部分起着增强和支持的作用，也是支柱根。由于它是从很高的树干上一直垂下来扎进土壤里，就像一棵一棵的小树，故给人以“独木成林”的感觉。这就是”独木成林”的奥秘谜底。

听说过可以吃的“树”吗

许多植物的果实、种子、根、茎、叶等可以食用，是我们生活的粮食、蔬菜、水果的来源。但是，从来没有听说过“树”可以吃。然而，西谷椰子树不仅能够吃，还是当地居民的主要食物来源呢！

西谷椰子树属棕榈科鳞果亚科，乔木，树干高约20米，主要产在东南亚的菲律宾、印度和巴布亚新几内亚等地。它被人们称为可食之树。

从外表上看，西谷椰子树和一般的树并没有什么两样，它能够食用的秘密到底在哪里呢？

研究发现，西谷椰子树树干髓心含有大量的淀粉。它的寿命不长，说来也怪，一般在开花后就会自然枯死。当地居民根据平时观察积累的经验，计算好每棵树生长的时间，在它们将要开花前，就将其砍倒。先把树干锯成几段，再把每一段劈成两半，然后刮出树干髓心制成淀粉。等到淀粉干燥后，再把它进行进一步的加工，制成洁白均匀的像大米一样的颗粒。这就是著名的“西谷米”，或叫“西米”。这种米的特点是：在常温条件下可以贮存较长时间，它不会变质，也不怕虫蛀，煮熟后疏松润滑，色泽油亮，香软可口，就是不吃菜也能吃两大碗。它不但是当地居民的主食，还可用来做纺织工业上浆的原料。

可食之树不只西谷椰子树一种，像棕榈科鱼尾葵亚科的一些植物如槿棕树，也可以食用。它和西谷椰子树一样，树干髓心也含有淀粉，可以把它制成粮食供人们食用，只是它没有西谷米那样出名罢了。

长不大的“小老树”

“小老树”，这个名字听起来怪怪的。按照正常的规律，一般植株的幼苗较小，而随着生长时间的加长，植物会逐渐长高长大。怎么会有既“小”又“老”

的树呢？这岂不是矛盾的吗？

在我国兴安岭的沼泽中，生长着一种落叶松。根据科学工作者的分析研究，有的生长的时间很长，寿命有 150 年，但是树高才 4.5 米。这还不算小，还有比这更小的。如在美洲北部的沼泽中，也生长着一种落叶松，生长的时间也有 150 年，可是树高仅仅只有 30 厘米。像这种生长的时间很长，很老，而又长得很矮小的树，人们就给它起了个有趣的名称，叫作“小老树”。

为什么这两个地方的松树都长得这么矮小呢？要了解其中的道理，首先得对它们生活的环境条件进行研究。

这种“小老树”都生长在沼泽地带。沼泽地表过湿，常年有薄层积水或季节性积水，有机物难以分解，有大量的泥炭形成和累积。沼泽地有富养沼泽（营养较为丰富）、贫养沼泽（营养贫乏）、中养沼泽（营养状况中等）之分。

贫养沼泽中植物种类稀少，稀稀疏疏地生长着一些乔木林，稀疏的林下生长着一些喜湿耐酸的小灌木层和泥炭藓层。贫养沼泽泥炭层增厚，水和泥炭显强酸性，营养很匮乏。

大家知道，在肥沃土壤中生长的植物，植株都长得健壮，枝繁叶茂，叶片肥厚宽大、绿油油的；而生长在贫瘠土壤中的植物，都长得干瘦矮小，枝疏叶稀，叶片窄小黄瘦、干瘪瘪的；当营养物质严重缺乏时，可造成畸形的个体。“小老树”恰恰就生长在贫养沼泽中。虽说它生长的时间很长，树龄已达 150 年，但是在营养严重缺乏的生活环境中，它始终处于生长发育不良的状态之下，生长就很慢很慢，长得非常矮小、弯曲、枯梢，像生长在美洲北部沼泽中的落叶松，平均每年才生长 0.2 厘米。这样，就形成了“小老树”。

防火树为什么能防火

大家都知道森林是大自然的蓄水库、氧气制造工厂，树木具有绿化、美化和净化环境等作用。知道树木具有防火功能的人却很少，但科学研究表明树木确实具有防火功能。

例如，在日本历史上发生过的关东大地震火灾、静冈火灾、酒田火灾等十大火灾。城市的树木曾经一再有效地阻挡了火势的蔓延，从而减少了人民生命财产的损失。日本为验证树木的防火性能，曾在 1979 年做了一次防火实验：并列设置两座 20 米长的木屋，在两座木屋间的空地上，一段 (10 米) 种上常绿的珊瑚树，另一段则不植树，然后将前列的木屋点火燃烧。结果，没有植树的那一段的后屋，不到 10 分钟即因受前屋的辐射热灼热起火，屋面升温到 800℃左右；而有植树的那一段的后屋，完好如故。

为什么树木能防火？实验结果表明，有树木存在的地方，犹如设置了一道防火墙，可以阻挡火源发出的辐射热，不让辐射热点燃周围物体。因此，树木具有隔热性能。然而，树木防火更重要的性能是在于树木的本身。我们知道，活的树木体内含有很多水分，通常一棵树木体内的含水量为 40%~70%；树干的树皮又有一层致密的木栓层保护；树叶和树干具有蒸腾作用，而且又可随温度上升而加剧。因此，树木依靠蒸腾散热和辐射散热的作用，能迅速排除体内积热，降低体温，从而具有很强的耐火性。据测定，树木对辐射热的忍受限度为 10000kcal/(m · h · ℃) [kcal/(m · h · ℃) 导热系数单位，读作：千卡每米小时摄氏度]，比干燥木材大 1 倍，比人体大 5 倍，着火后也会随时熄灭，而且很少会整棵树烧光。

树木的耐热性和隔热性能常因树种、树形、树皮以及叶片密度等不同而有差异。例如树形较均匀一致的珊瑚树，可阻挡辐射热量的 83%~93%；白榄树单株可阻挡热量 36%，三棵并列种植则可阻挡热量 90% 以上。又如树形、树叶密度比较一致的桧树，种植一株可以阻挡 90% 的辐射热通过，三株并列种植则可阻挡 95% 以上的辐射热量通过，它的隔热作用可与隔火墙相媲美。

由于各种树木的耐热性能和隔热性能不同，人们把具有较强耐热性能和隔热性能的树种称为“防火树”。目前已知具有较强耐热性能和隔热性能的常绿阔叶树种有：海桐、冬青、女贞、杨梅、楠木、珊瑚树、油茶、柯木等。其中油茶、杨梅、柯木等，这些防火树种已成为我国南方马尾松林区的绿色防火林带的树种。

能够“捕虫”的植物

张开盖子正待捕虫的猪笼草口袋

大家知道，动物能捕食昆虫，因为它们有神经系统、视觉器官、感觉器官，有四肢，能行动等。而植物没有神经系统，位置固定在地上又不能动，怎么能够捕食昆虫呢？

事实上，具有捕食昆虫本领的植物还不少呢！全世界大约有500种，如我国就有多种茅膏菜和猪笼草，北美有瓶子草和捕蝇草，南美火地岛有茅膏菜和捕虫堇等。

捕虫植物称为食虫植物。它们的捕虫器构造之精巧、反应之灵敏，曾吸引许许多多的植物学家进行研究。

有一种产于东南亚和我国各地的名叫狸藻的植物，又称黄花狸藻，是狸藻科一年生草本，多生于稻田、池沼或水塘。茎细长，秋季花茎伸出水面开黄花。它的叶子像羽毛，开有很多裂片，在裂片的基部长着个小“袋子”。“袋子”口上有个向内的活门，门上有敏感的“机关”。水中小虫要是不小心触动了这个机关，门就马上向内打开，与此同时，“袋子”也突然扩大开来，把小虫吸进去，门也就立即关闭了。“袋子”里面能分泌出酶，把虫子消化掉。

有一种茅膏菜，又叫石龙牙草，茅膏菜科多年生草本，分布于热带、亚热带和我国中部、南部。它的叶子像个圆盘，上面布满了黏液腺。黏液腺有个柄，柄内有维管组织，黏液腺的顶端膨大得像个头，能分泌黏液。当小虫爬上叶面一接触到腺体时，马上就被黏住。小虫想逃跑而拼命挣扎时，越挣扎刺激越强烈，附近的和远处的腺体就会马上聚集过来，把小虫紧紧裹住，使它窒息而死。吃完小虫之后，它的叶子或腺体又重新舒展开来。

还有一种生长在北美东部大西洋岸沼泽地的瓶子草，瓶子草科低矮多年生草本植物，开暗紫色的大花朵。它的叶子丛生于基部，像筒子，也像瓶子或喇叭。“瓶子”的内壁长满了向下倒生的毛，虫子掉进瓶内，被那密密麻麻的倒毛卡住就无法逃脱了。瓶子草的筒状叶子的前端，还长了一个小盖子，虫子掉进筒内后，盖子就立即盖上，防止虫子逃了出来。另外还有一种叫猪笼草的植物也如此。

看了以上的例子，我们就清楚了，植物捕虫的奥秘全在它们的叶子上，这种叶子叫作捕虫叶。捕虫植物大都生长在营养缺乏的酸性土壤、潮湿的沼泽地或池塘等环境中，为了能够生存和繁衍后代，它们必须捕食昆虫，依靠动物性营养，来弥补自身生长营养的不足。这样，它们就在长期的发育过程中，演化出具有特殊功能的奇妙的叶子。这种叶子的形态结构和生理功能，在本质上都发生了非常大的变化，是叶的变态。这些变态的叶子，形态上多种多样，有的像瓶子，有的像袋子，有的像圆盘，能执行特殊的任务，成为捕虫的工具。有的捕虫叶上有腺毛，有柄的腺毛分泌黏液，用来黏住小虫；无柄的腺毛分泌消化液，用来分解消化捕捉到的昆虫。消化腺分泌细胞具有内突壁，还具有吸收功能，能把分解消化后的有用物质加以吸收，为植株生长提供营养。

据说，瑞典科学家对捕虫植物分泌的黏液进行了研究，发现里面含有一种具有麻醉作用的生物碱。这种生物碱不仅能把昆虫麻醉住，而且还能帮助消化液分解昆虫的尸体，把它变成无毒物质。

能够分泌盐的植物

从我国辽宁省的锦西，一直到广东省电白县的沿海滩地上，不少地方都生长着茂密的大米草，好像一条绿色的绸带，镶嵌在祖国的大地上。牲畜和鸟类都喜食大米草，因此，生长着大米草的地方是牲畜的放牧场，是鸟类的天堂，也是海滨动物的栖息场所。海风吹来，绿浪起伏，群鸟飞翔，构成一幅美丽的图景。

海滩地带土壤中，含有大量的盐分，其他的植物都不能生长，为什么唯独大米草能够生长呢？

研究发现，大米草属禾本科多年生草本植物，丛生，是一种喜水耐盐的植物。大米草原产英国沿海地区，我国引种后生长良好，经过天然杂交，比欧洲海岸的细叶米草和美洲互生花米草的植株高大，所以叫作大米草。它的秆直立，根状茎很发达，能迅速蔓延，叶片线状披针形，再生力强。

大米草练就了一套能适应盐土生活环境的特殊本领。大米草的体内不累积盐分，而是通过分泌盐的方法，把体内多余的盐分排出体外。大家知道，人体的体温，是靠全身 200 万 ~500 万个汗毛孔（也就是汗腺）通过出汗来调节的。那大米草是靠什么来分泌盐分的呢？原来它的叶子的背面有盐腺，这是一种特殊的分泌腺，分泌的液体中含有氯化钠（即盐）。含氯化钠的液体分泌到叶子的表面，待水分蒸发掉后，分泌液中含的氯化钠慢慢地就变成盐类的结晶，遗留在叶的表面。这些遗留在叶子表面的盐分，经风吹、雨淋，就纷纷掉下来；或者到了秋天叶子黄时，随着脱落的叶子而脱离植株体。人们把这种能分泌盐分的植物，称为泌盐植物。

泌盐植物都具有泌盐能力。有的把体内多余的盐分排到细胞间隙之中，有的排到植株体外，就好像抽水泵把水不断抽走似的。多余的盐分排出去以后，植株体内的细胞就能保持一定的浓度，就能保持一种稳定的新陈代谢的环境。

据有关资料报道，每公顷大米草年产鲜草量为 15 吨 ~30 吨，最高每公顷达 37.5 吨以上。大米草不仅是牲畜良好的饲料，而且它还是一道绿色的屏障，能抵御海浪对堤岸的冲击，并可以把海浪挟带的大量泥沙淤积起来，起到淤泥造陆、围海造田的作用。因此，大米草是沿海地区很有发展前途的一种植物。

具有分泌盐分这种特殊功能的植物，不止大米草一种，像生长在我国甘肃、新疆等地的瓣鳞花，生长在海滨的马牙头，红树林中的白骨壤（海榄雌），以及柽柳、胡杨等，都属于泌盐植物。

植物为何会吐水呢

清晨，特别是雨后的清晨，如果你站在稻田边，会发现水稻等植物叶子的尖端和边缘闪烁着晶莹的水珠，水珠顺着叶尖和叶的齿缘流下来，还能听到清脆的叮咚叮咚的响声呢！这种现象叫作植物吐水。

植物没有口，怎么会吐水呢？要揭开这个谜，我们先从植物与水的关系谈起。

水是植物的“命根子”。植物的光合作用需要水，呼吸作用需要水，体内物质的运输需要水，生长也需要水。水在植物体中含量最大，代谢旺盛的器官或组织含水量都很高，如瓜果的肉质部分含水量可超过90%，幼嫩的叶子含水80%~90%。植物的各种生化反应都必须以水为介质或溶剂来进行。水是光合作用的基本原料之一。植物的生长，通常靠吸收水使细胞伸长或膨大，膨压降低，生长就减缓或停止。据测定，经常浇水的幼树是不浇水的幼树生长的两三倍。叶子上气孔的运动，是通过保卫细胞因水分情况变化而胀缩来实现的，从而调节水分蒸发的快慢，维持植株水分的平衡。

植物所需要的水分，主要靠根从土壤中吸取。当叶片蒸腾失水时，植株地上部分的水势低，土壤中水势高，水分就从土壤中经过根毛表面向根的内部渗透，然后向植株的地上部分输送。当植株的地上部分与地下部分水势保持平衡时，根系也能从土壤中吸收水分。大家都做过这种实验，就是把萝卜泡在盐水里，过不了两天就蔫了，这是因为盐水的浓度高，萝卜细胞液浓度低，萝卜体内的水渗透到盐水里去了的缘故。同理，根毛表皮细胞液的浓渡比土壤中水分的浓度高，所以土壤中的水分就向根毛表皮细胞渗透。根内导管细胞液浓度又比根毛表皮细胞液浓度高，所以水分又从根毛向根内渗透，然后输送到植株体的全身。

根从土壤中吸收的水分输送到叶子后，又是怎么“吐”出来的呢？原来，植物的叶尖和叶齿部分有一种特化的组织，叫作排水器。它是由水孔和它里面的薄壁组织共同组成的。它的表面有不闭合的、成对并列的保卫细胞所形成的水孔，里面为小型、五色、排列疏松的薄壁细胞，叶子里面导水的管胞末端与它相连接。水从管胞流出，通过薄壁组织的胞间隙，再经过水孔排出来。禾本科植物的幼苗或其他草本植物如西红柿、倒挂金钟、报春花、凤仙花、金莲花等，它们的叶尖或叶齿，在大气湿度高，早晨温度低时常悬着水滴，就是排水器通过水孔排水的结果。这就是植物吐水的秘密所在。

植物“自卫”的本领

在动物界中，墨鱼能喷出“墨汁”，弄得追捕它的“敌人”视线模糊，看不清楚，自己就趁机逃跑。壁虎的尾巴能断掉一小截，并且断掉的尾巴还能不断地“蹦跳”，以此来分散追捕它的“敌人”的注意力，自己则溜之大吉。这就是它们自卫的本领。与动物一样，植物也具有“自卫”的本领。

植物没有运动能力，它们怎么“自卫”呢？科学家发现，植物是通过分泌化学物质来达到“自卫”的。这些植物所具有的防御“敌人”侵害的“自卫”本领，是长期适应自然环境的结果，是自然选择的结果。

在墨西哥的荒漠地区，生长着一种叫作灰白银胶菊的植物。让人奇怪的是，它们不是像有些植物那样一棵挨一棵地生长，而是像城市街道两旁的行道树一样，棵与棵之间的距离很大。这是什么原因呢？

原来，荒漠地区气温很高，干旱缺水。为了防止彼此间为争夺稀有的水分和养料而两败俱伤，所以它们都有一套“自卫”的本领，都能从根部释放出一种叫作反式月桂酸的毒素，抑制同种植株的生长，因而它们之间的距离很大。这虽说是“兄弟”间的自相残杀，但却能保持它们的种族不被淘汰，不会灭绝。

美洲北部，生长着一种黑胡桃树。在它的周围，几乎是寸草不生。原来它的茎、叶及根内含有一种特殊物质，随着雨水淋洗到树下的土壤中，再经水解及氧化，形成一种萘醌，叫胡桃醌。胡桃醌可杀死多种宽叶草类植物，还可抑制许多种子发芽。它独霸了生存空间，从而保证了自己更好地生长。

除上述的通过水溶性毒物影响周围植株的以外，还有的植物通过挥发性毒物，利用空气影响周围植株。如生长在美洲北部的白叶鼠尾草，它的叶子能挥发出桉树醇和樟脑，弥漫在草丛的周围，因此，距离白叶鼠尾草一两米内寸草不生。

此外，不少动物都有食草性。植物为了保护自己的生存，都有一套对付动物侵害的“自卫”本领。如有的植物能分泌一种叫鞣酸的物质，它入口发涩，而且它与食物中蛋白质结合而妨碍消化吸收，使动物不爱吃，自己也就幸免于难了。有些堆心菊含有苦乳内脂，牛误食后，牛乳就变苦，从此再也不吃了。澳大利亚的牧场上，生长着一些苜蓿属植物，它体内有雌激素样的物质，母绵羊吃了它以后，会造成大量的不育或难产。有些蕨类和裸子植物体内，含有高浓度的蜕皮激素。昆虫吃了它们的叶子以后，会造成畸形发育，提早死亡和不能生育繁殖后代。人们由此得到启示，正在研究从某些植物体中，提取能防治昆虫的有效物质来为人类服务。

植物是如何反击动物的

一般来说，动物世界似乎对植物世界拥有绝对的权威，动物想吃什么就吃什么，而植物却毫无还手之力。

那么，事情真的就这么简单吗？科学家经过观察发现，柔弱的植物也有一种保护自己的有效方法。

例如，当毛虫大嚼玉米茎叶时，它无意中为自己布下了死亡的陷阱，因为它帮助玉米召唤来了自己的死敌。研究发现，植物在受到昆虫或动物蹂躏时，会送出特定的化学物质信息，这些信息既可以是促使其他同类植物构筑起化学防御工事的信息，也可以是召唤捕食者来吃掉昆虫的信息。金合欢树在动物舌卷它们的枝叶时，能够产生一种化学物质，一种吃起来带恶臭的化学物质，让嚼食者食而远之。而玉米在被甜菜行军虫啃食时，则会产生和散发出一种化学物质，招引寄生黄蜂来攻击这些害虫。

那么，玉米是怎样发出信号，招来毛虫的捕食者的呢？原来，毛虫在嚼食叶片时，会产生一种化学变化，使得玉米能知道毛虫的存在。

具体过程是这样的：当毛虫咀嚼叶片时，它从植物那里取食了一种叫亚麻油酸的化合物，这种化合物通过毛虫的新陈代谢转化为另一种化合物，这种新的化合物随着毛虫咀嚼时产生的口水又反馈给植物。毛虫转化后的化合物就像毛虫的签字一样，使植物知道了谁在啃食它们。于是植物就送出特定的化学信息，召唤恰当的毛虫的捕食者。

植物为何会流“血”

当你听到植物会流“血”时，也许会感到不可思议。然而研究发现世界中有些植物确实体内有“血”，也会流“血”。

在热带地区生长着一种树，叫作龙血树。它原产于大西洋加那利亚群岛，是百合科高大常绿乔木，高可达 20 米。龙血树非常特殊，它有些与众不同的特点。它那带白色的叶子像剑一样，稠密地挤在一起，生长在树枝的顶端，好像其他的地方不能生长似的。这种树开绿白色的花，结的浆果为橙黄色。

它的寿命特别长，最长的大约可以达到 6000 年左右，真不愧是植物界的“老寿星”。

它的茎干能分泌出红色的树脂，就像动物流“血”一样。这种龙血树体内的“血”(树脂)称为“麒麟竭”，可以做染色的原料，也可供医药用，作为提炼中药“血竭”的原料。

和龙血树一样，麒麟血藤也流“血”。它原产印度尼西亚，现在我国广东、台湾也有栽培。麒麟血藤是棕榈科多年生藤本植物，叶子像羽毛，上面有三条直向的叶脉；果实像卵球的形状，外面有黄色的鳞片。令人奇怪的是，它的果实和茎干所分泌出的树脂，干了以后凝结成一块一块的“血块”，称为“血竭”或“麒麟竭”。“血竭”在中医学上可供药用，有活血散瘀、消肿止痛之功效。

产于非洲东南部和阿拉伯半岛的没药树，是橄榄科常绿乔木，枝上长着刺，叶子为卵圆形，夏季开白色的花，结的果为核果，像球一样。它的树皮渗出的树脂、油胶，在空气中会变成红棕色的坚硬的“血块”，称为“没药”(也叫末药)。中医学上用它来治疗痈疽肿痛、跌打损伤等症。

另外还有一种叫作安息香的树，产于印度尼西亚、越南等地，是安息香科落叶乔木。它的叶子上面无毛，而下面却长着白色的星状毛，叶脉颜色很深，像铁锈色一样。安息香树每到夏季开放带红色的花朵，散发出阵阵香气。如果把它的茎干砍伤，就会从伤口处流出“血”来。这种“血”也是其分泌出的一种树脂，等它干燥后，就会变成又硬又脆的带有香气的红棕色的“血块”，人们把这种“血块”叫作“安息香”。安息香含有肉桂酸、苯甲酸、脂类和苏合香素等，中医学上用它来治疗中风昏厥、产后血晕等症，它还有防腐、消毒、祛痰的作用。另外，它还可用来作为调合香精的定香剂。

安息香树

“咬”人的植物

如果有人问你植物会“咬”人吗？你肯定会说植物没有嘴，呆呆地固定在地上又不能动弹，怎么能“咬”人呢？

然而，在云南西双版纳就有会“咬”人的植物。

它是一种豆子，叫刺毛黎豆，属豆科。它豆荚的表面长满了密密麻麻的橙红色的刺毛，颜色非常鲜艳好看。可是，你千万得小心，这是它的一种“伪装”，不要随便去碰它。如果你觉得好看，想去摘下来玩一下的话，那可就上当了。因为只要你的皮肤一碰到它，它就会“咬”你一口，被“咬”的地方马上就会红肿起来，疼痛难忍。

荨麻科有一种植物叫欣麻，别名又叫蝎子草、螫麻、哈拉海，为多年生草本植物。它生命力极强，用分根、播种繁殖都可以，在我国东北、华北、西北的丘陵、草原、坡地、路边都能生长。茎直立，有棱。花序位于茎的上部叶腋处，长而且分枝，密生着花簇，成穗状，夏季开花。它的叶子对生，像手掌的样子。叶子的表皮有隆起的钟乳体，有高等植物所没有的独特的短柔毛或螫毛。人或动物的皮肤要是不小心碰到螫毛，准会被它“咬”一口，就会出现红斑，觉得奇痛难忍。这是因为叶子上的这种独特螫毛，是一种表皮延长的特化腺毛，由单细胞的毛管和多细胞的毛枕（制造和分泌毒液的器官）组成。毛管壁上端硅质化，很脆，下部钙质化，很坚硬。毛枕的主要功能是制造和行使分泌刺激物质，当螫毛“咬”人时，就把有毒的刺激物质分泌到人的皮肤里。这种毒汁很复杂，含有一种特殊的酵素、蚁酸、醋酸、酪酸以及含氮的酸性物质。这就是欣麻“咬”人的秘密。不过，欣麻对我们很有用，可以用它来治疗风湿病、糖尿病等，还可用它的茎皮纤维做纺织原料和制绳索之用。

植物传粉妙招

在自然界里，有些植物能自花传粉，但更多的植物，则必须依靠风力或昆虫等传粉途径进行异花传粉。据研究报道，地球上较早出现的裸子植物，都借助风力传粉。大约到了 7000 万年前的白垩纪晚期，昆虫才和有花植物交了朋友。现在大约有 80% 的被子植物依靠昆虫传粉。昆虫的传粉，也使植物的后代具有更大的生活力和变异性，大大提高了被子植物的进化速度。

大多数植物在吸引昆虫的自然选择过程中，花的形态结构不断发生变化，形成了千姿百态、色彩艳丽的花朵。一般来说，这些依靠昆虫传粉的花，其花朵大而鲜艳，有的具有芳香的气味，也有的具有甘甜的花蜜，以有利于吸引昆虫为其传粉。且花粉粒较大，粗糙或有黏性，易于黏附在昆虫的身体上。非常有趣的是，那些专为花儿传粉的昆虫们，都有惊人的本领。它们的“视觉”和“嗅觉”都非常灵敏，能“嗅”到很远的地方传出的阵阵花香，或看见不同颜色的花朵，然后发出信息，呼唤同类一同去采蜜、传粉。

在各种花朵中，黄、红、蓝颜色最容易被蝴蝶、蜜蜂等昆虫识别，而白色的晚香玉等，则特别受蛾类等夜飞昆虫的赏识。一些虫媒花的形态结构与昆虫相适应，如有一种兰花，其蜜汁藏在花的一种像小管的特殊结构“距”中，“距”长达 29 厘米。当发现这花时，著名生物家达尔文就断言，一定有长吻昆虫为之传粉。后来，果然发现有一种吻长超过 30 厘米的蛾类，此种蛾的吻盘卷起来，达 20 圈之多，因而能为兰花传粉。

有些植物的花吸引昆虫的方式很有趣。如金鱼草，花形与金鱼的头和嘴极为相似。开花时花冠的喉部闭合，当蜂前来采蜜时，通常停在花的下唇瓣上，借助身体重力，打开闭合的喉部，头顶住花的上唇瓣，再钻入花心，用有一定长度的口器去吸食花蜜，花粉也就恰到好处落到蜂的背上和腿上，待蜂吸完蜜后又飞到另一朵花上时，便完成了传粉工作。

还有些植物，没有鲜艳的花冠，于是就通过花冠以外的特殊化结构来吸引昆虫。如大家所熟悉的美人蕉、合欢，那美丽鲜艳的颜色，实际上是花瓣的雄蕊所为。又如马蹄莲花，它那呈漏斗状的白色苞片，色彩醒目，常被人误认为花。此外，荞麦、八仙花也有着色彩艳丽的花萼等。

石竹花的蜜腺位于雄蕊上，修长的筒形花萼和花瓣基部将蜜腺紧紧包围，使蜜腺落入花朵的底部。此形态的花，只有长口器的蝶类适合为它传粉。石竹花的五个花瓣上都有一个深色的斑点，开花时，五个斑点就形成了一个十分显眼的环，可以给采蜜的蝶类指引路线，告诉它们，大胆地朝环中央去，定能寻觅到美甜可口的食物。

若说石竹花是通过醒目标志来招引昆虫传粉。生长在南美洲的一种三星兰却是暗藏机关。这种机关平时是关闭着的，当传粉的动物触碰到“开关”时，机关突然打开，雄蕊弹直，将花粉朝着动物方向射出。

在南美热带丛林中，有一种与众不同的金粟兰，花小，倒悬在枝上，夜间开花，能分泌一种具有芳香的花蜜，专门吸引一种老鼠为其传粉。老鼠闻到花蜜的香味，便来吃蜜。用它的前爪捉住花朵，因爪子的压力，暗藏在花中弹性的机关，便将花粉喷射出来。给老鼠喷了个大花脸，而老鼠吃完花蜜，又去拜访另一朵金粟兰花时，就在不知不觉中完成了传粉任务。

还有些植物骗术极妙。生长在北美和地中海一带的一种兰花，其形态酷似雌黄蜂，有发亮的眼点、触角和翅，并能散发出一种与雌黄蜂相似的气味，以此吸引雄黄蜂来“交配”，达到传粉目的。留唇兰的花在微风中摇摆时极像飞翔的昆虫，具有极强领土观念的雄蜂如临大敌，为保卫领地而进行攻击，结果它们的攻击不仅对花朵毫无损伤，相反却帮助留唇兰完成了传粉。

也有些植物的花不具有花香，相反整株植物散发出一种腐烂的臭味，用来吸引蝇类、甲虫等爱吃腐烂物的昆虫。例如，世界上开花最大的大王花没有茎和叶，只有一朵形状特别的花和能吸住寄主的花柄，初开花时没有气味，几天以后从花上散发出来的气味简直臭不可闻。鸟雀见了让路，蜂蝶不敢问津，只有蝇类为它传粉。

“胎生”植物

看到这个标题，大家一定会感到很奇怪，只有哺乳动物的繁殖是胎生，植物怎么会有胎生的呢？

在热带、亚热带海滩的浅水淤泥中，生长着一片片红树林。它们是以红树为主体的生物群落，属红树科，为多年生常绿灌木或乔木。红树科植物都是喜盐植物，一般在海潮达不到的地方都不生长。海水涨潮时，整个红树林被海水淹没，潮水一退。植物全部暴露在海滩上。

大家知道，很多植物的种子成熟后，都通过风、雨、动物等媒体或种子自身的弹射散播开去，脱离母体，繁殖后代。而红树科植物却与众不同，它们有一种特殊的繁殖方式：种子成熟后，仍然悬挂在母树上，不脱离母体，并且不经过休眠就立即萌发，迅速长出 20 厘米 ~30 厘米的胚根。它从母体里吸取养料，继续生长到一定长度后，才脱离母树落在地上，下端插入淤泥中，几小时后就能长出根来，把幼苗固定在海滩上，同时上端也迅速长出茎和叶来，一株新的植物个体就这样诞生了。一棵红树就可以这样繁殖成一群红树。

红树科植物繁殖的方式，好像哺乳动物怀着胎儿，从母株中直接产生后代，因此人们就把植物的这种繁殖方式叫作“胎生”，具有这样特殊繁殖方式的植物，称为胎生植物。除红树科植物外，还有些植物也有胎生的习性，如水椰科的水椰树等。

植物的繁殖方式，为什么会有“胎生”的呢？俗话说，大海无风三尺浪，有风浪更高。刮风和海水涨潮时，大海就咆哮起来，掀起巨大的海浪，冲击着岸边的陆地。生长在这种环境下的红树科等植物，生活环境不稳定。它们如果像其他植物那样，通过种子脱离母株并四处传播来繁殖后代，那一定会随着海水的潮起潮落而葬身大海，即使是已萌发的种子，也会被海水冲走。为了能够生存和繁衍后代，它们在长期的发育过程中，就演化出了“胎生”这种特殊的繁殖方式，这是它们对外界环境适应的一种表现。

红树科植物除了“胎生”这种对环境适应的本领外，还练就了其他一些适应环境的本领。为了抵挡海浪的冲击和海风的吹袭，它们的主干部生长较慢，一般不无限生长，如生长 15 年的秋茄树，才只有 3 米 ~3.5 米高，而是从主干和根部长出许多气生根。这些根有的像弯着的膝盖，有的像板块，有的像手指，它们相互交错着扎入泥滩里，以保持植株体的直立和稳定，吸收空气中的气体和水分。越是海浪强的地方，有的植物的气生根也特别发达，长成像板块一样。

红树科植物的根、茎、皮都含有单宁这种物质，它可以用来浸染皮革和做棉织品的染料。单宁制出的固定精，可用于医药，治疗内出血。红树科植物还可提供木材，如秋茄树、红茄冬的木质坚硬，可做建筑用。

红树林的海防意义很大，它可以抵挡海浪，护卫海堤，保持水土，净化水质，是海堤的自然卫士，是人类健康的保卫者。因此，保护红树林，发展红树林，对于开发和利用热带亚热带沿海资源，有很重大的意义。

棉花花瓣变色的奥秘

花有各种不同的颜色。可是你有没有注意到，棉花的花瓣能变化出几种不同的颜色呢？

棉花刚开放的花是乳白色的，过不了多久，它就变成了黄色，后来又变为红色、紫色。因此在一棵棉株上，常常从上到下同时开放着几种不同颜色的花朵。

棉花花瓣的颜色，为什么会不断地发生变化呢？

原来棉花花瓣液泡内的细胞液里，含有一种水溶性的植物色素，叫作花青素。花青素这位“魔术师”很会变戏法，花朵的不同颜色就是由它变幻出来的。

花青素有个特点，就是很容易改变颜色。它的颜色随细胞液的酸碱度的变化而改变：细胞液为碱性时，它表现为蓝色；细胞液为酸性时，它表现为红色；在中性的溶液中就表现出紫色。人们常用牵牛花做实验，把一朵红色的牵牛花浸泡在碱性的肥皂水里，很快它就变为蓝色，再把这朵变为蓝色的牵牛花浸泡在醋酸溶液中，马上它又变回来，表现为红色。

一棵棉株上，花朵开放的时间有先有后，下面的先开，中间的次之，上面的最后开。由于花朵开放的时间先后不同，所以接受阳光照射的时间就有长有短。同时，由于花朵分布在一棵棉株的上、中、下各个不同的部位，上面的花朵没有遮挡，因此受到阳光照射就强烈些，中间和下面的花朵，由于受到枝叶的遮挡，受到的光照就弱些。另外，一天中的气温也在不断地发生变化，有时高，有时低。阳光照射的强弱、气温高低的变化、光照时间的长短，影响到棉花花瓣细胞液的酸碱性发生了变化。细胞液的酸碱性发生变化，最终引起花青素的颜色也发生了变化，所以在一棵棉株上，就常常开放着白、黄、红、紫几种不同颜色的花。这就是棉花花瓣经常变色的原因。

抗癌仙果——猕猴桃

猕猴桃是猕猴桃科，属落叶木质藤本果树。李时珍《本草纲目》介绍，猕猴桃“其形如梨，其色如桃，而猕猴喜食，故有诸名”。猕猴桃的名字就是这么来的。它的叶子像卵形或圆形，下面密生着灰色的毛。夏季开花，先为白色，后变黄。夏秋后果实成熟，开始时果上长满了绒毛，成熟时光滑无毛。产于我国中部、南部和西南部。

猕猴桃又叫茅梨、羊桃、杨桃，世界上曾有人把它称之为“中国醋梨”。现在世界市场上作为水果出售的猕猴桃，都是由我国特产的中华猕猴桃培育而成的。1991 年在新西兰召开的第二届国际猕猴桃学术讨论会上，武汉植物所的黄仁煌等研究者宣布：猕猴桃大家族共有 64 种，其中 60 种在中国，分布中心地区就是湖北。1906 年，新西兰人用从宜昌带回去的野生猕猴桃种，培育出了果大味美的人工种，并用他们的国鸟的名字命名为“基维果”，现栽培面积已达 30

美味猕猴桃

万亩，年创汇 3 亿美元。日本有人为了栽种猕猴桃，甚至把柑橘树都挖了。

水果的种类很多，而为什么唯独猕猴桃受到世界各国和地区人民的喜爱，被誉为“水果之王”呢？

研究发现，猕猴桃果实的营养价值很高，含有丰富的维生素 C 和糖类。据有关资料，每百克鲜果中，维生素 C 的含量为 100 毫克 ~420 毫克，是柑橘的 5 倍 ~10 倍，是苹果的 20 倍 ~83 倍，是梨的 30 倍 ~140 倍；含糖总量为 9%~14%。还含有白氨酸等多种氨基酸以及钙、磷、铁、钾等多种矿物质。可口的美味，丰富的营养，确实比其他水果更胜一筹。

猕猴桃有很高的医疗价值。据近年来国内外医学家广泛的科学研究成果证明，猕猴桃果实是抗癌的佳果。这是因为果汁含有氧化型维生素 C，它可以与自由基（发生癌症的重要原因之一）作用成为还原型维生素 C，从而减少自由基的致癌作用。这对目前谈癌色变的人类来说，无疑是一大福音。同时，由于维生素 C 具有还原作用，能抑制色素的增加，使皮肤白皙，并能预防晒斑，因此很明显，猕猴桃果实还是美容的佳品。它的根、藤、叶都可入药，叶能止外伤出血，根有清热利尿、散淤止血的作用。另外，对于消化不良、食欲不振、风湿性关节炎、高血压、心血管等多种疾病都有很好的预防和治疗作用。

更可贵的是，猕猴桃的抗性很强，对于病害、虫害都有较高的抵抗能力，即使是发生了虫害，对它也没有什么影响，也不需要喷药。因此，它是一种无污染的水果。

猕猴桃果实的营养丰富，医疗价值很高，又是一种无污染的水果，柔软多汁，酸甜适度，果味鲜美，可以当之无愧地享有“水果之王”的美誉。

沙漠仙人掌耐旱之谜

植物都具有适应环境的本领。大家知道，植物生长离不开水。而热带沙漠干旱地区，土壤含水量少，仅 1%~3%，降水少，光照强，气温高，蒸发快，白天沙砾表面在灼热的阳光暴晒下，温度可达 70℃。生长在这种环境中的植物，随时面临着失水过多、干枯致死的威胁。那为什么仙人掌能耐受干旱长期地生存下来呢？

仙人掌属仙人掌科，绝大多数为多年生草本植物，少数为灌木或乔木状植物，有的可长到 40 英尺 ~60 英尺高，活到百年以上。它那肥厚多肉的茎扁平多节，卵形或长椭圆形，多浆呈绿色，代替叶子进行光合作用。老茎基部近木质化，呈圆柱形。茎上有散生的刺座，生有黄褐色或暗紫色的刺。叶片极度退化为针形。花形较大，为艳丽的鲜黄色。肉质浆果为卵形或梨形，紫红色，可以食用。

墨西哥干旱的沙漠中的仙人掌

研究发现，生长在沙漠干旱地区的仙人掌，在长期的发育过程中，演化出多种能适应高温干旱的形态结构和功能特点。

发达的根系

仙人掌的根系分布很广，有的树状仙人掌的根能伸到 50 英尺以外。这些根入土较浅，因而能有效地截断雨水，在雨水渗入土层之前便能把它吸收掉。它的根还有快速地吸水能力，在短暂的雨季即可吸足水分，如一场大雨过后，一棵大的树状仙人掌的根就能吸收 1000 千克水。由于它的根系吸水能力强，所以生长在它旁边的植物往往因缺水而枯死。

肥厚多肉的茎

它的茎有一种由一群活的初生壁较薄的细胞组成的组织，叫薄壁组织。这个组织的主要功能是贮藏水分，因此叫它贮水薄壁组织。它的细胞有一个含水量大或黏性汁液的大液泡，黏性汁液遇水膨胀，有增加细胞吸收与保水能力。由于仙人掌茎内的薄壁组织含有大量的水分，所以它的体内 90% 以上都是水。在炎热干旱的情况下，“水库”的水就能不断输送出来，供给自身生长的需要。同时，在干旱情况下，它的茎能最大限度地收缩，尽量减少表皮在干燥的沙漠阳光和空气中暴露面积，从而减少体内水分的消耗。

叶子极度退化，全部变为刺状

这样就可以大大减少水分的蒸发，“节约用水”，以适应干旱的环境。它茎的外皮坚硬，有蜡质层，而且白天都把气孔这个“窗口”关闭掉，以减少水分的蒸发，防止体内水分跑掉。据有关资料，有人对仙人掌的蒸腾量进行了一项实验，即把一棵 37.5 千克的仙人掌放在室内 6 年，从不给它浇水，每过一年称它一次质量，6 年里一共只蒸发掉 11 千克的水，而且水分的蒸发量一年比一年少。由此可见，仙人掌茎的外皮这种坚硬、有蜡质层的特点，可以大大减少水分的蒸腾。

因此，仙人掌能耐受高温干旱，能在沙漠地区长期生存下来。

驱虫能手——除虫菊

炎热的夏季，人们都为蚊子之害发愁，都想找到一种安全有效的驱蚊药品。在古代，我们的祖先利用蚊子怕烟的特点，常用烟熏的方法驱除蚊子。后来，人们又用浮萍、樟脑、鳖甲等制成药饼，利用它燃烧生成的烟来驱杀蚊子。这大概就是最早发明的蚊香吧！

随着科学技术的进步，在 21 世纪初，人们用化学药物如有机氯农药为原料，生产出化学蚊香。在开始一段时期内，用这种蚊香灭杀蚊子有奇效。但时间一长，蚊子产生了抗药性，效果就越来越差。同时由于这种化学蚊香对人和牲畜有一定的毒害，所以后来被淘汰。现在我们生产的蚊香，都改用除虫菊等中草药为原料。

为什么除虫菊能驱杀蚊子呢？

除虫菊原产南斯拉夫达尔马拉亚群岛，菊科匹菊属的一种，是多年生草本杀虫植物。它喜温暖的气候，适宜中性及弱酸性土壤。全身为灰白淡绿色，长满了绒毛。叶子从基部长出，丛生，像羽毛一样。花茎较多，顶端长一头状花序，外围为一轮舌状花，白色（带红的为红花除虫菊），中央为多数密集的管状花、黄色。

除虫菊除虫的本领，全靠它的头状花序。头状花序中含有除虫菊素甲、乙和灰菊素甲、乙。除虫菊素甲的灭杀虫能力最强，是除虫菊素乙的 10 倍。

杀虫方式主要是通过麻痹昆虫的神经而导致其死亡。

实践证明，除虫菊素驱杀蚊子效率高，对鸟类及哺乳动物无害，是蚊香的理想原料。根据需要，可以把它的花磨成粉做成粉剂，也可以制成煤油浸制剂或乳化剂。除虫菊素不稳定，容易水解，所以制成杀虫粉剂后不宜久存。除虫菊除了可以驱杀蚊子外，对于虱、臭虫、农业害虫等，都有灭杀能力。

除虫菊极易繁殖，用种子、分根、扦插繁殖都可以。目前我国各地都有栽培。

用除虫菊驱杀蚊子只是灭蚊的方法之一。最主要的还是要搞好个人和环境卫生，消灭蚊子的滋生源，给自己创造一个清洁舒适的生活环境。

奇特的植物猫

多少年来，人们用鼠的天敌猫、各种药物等多种方法进行灭鼠。但鼠仍时时威胁着人类。有趣的是，在大自然中，鼠除了动物天敌猫以外，还有一个使其不可掉以轻心的“对手”，那就是有驱鼠效应的绿色植物。人们给这些植物取了个好听的名字——植物猫，也有人称它为驱鼠植物。

我国幅员辽阔，植物资源十分丰富，在研究中，科学家发现了下面几种驱鼠植物。

闹羊花

谷雨前后，山上百花齐放，而尤为鲜艳的黄色的喇叭花，却是一种麻醉性毒草，称闹羊花。在闹羊花的花尚未开放之前，或花落后，其嫩芽或枝叶易和青草混淆。羊吃后呈现酒醉状，口吐白沫，步行不稳，不断惊叫，全身痉挛，故又称羊踯躅。严重的可致死。

闹羊花学名羊踯躅。杜鹃花科，落叶灌木，春季开花，我国南方各省都有，多野生于山野间。闹羊花含杜鹃花素、石楠素等有毒物质，对人、畜都有危害，不能吃，可制土农药，与高氯酸配成烟雾剂，点燃后投入鼠洞，堵住洞口，就可使老鼠致死。

接骨木

接骨木是一款珍贵的可以入药的植物，接骨木的花和果实被利用已有几千年的历史了。接骨木的花和果的汁液里含有包括花色素在内的多种复合成分，其主要成分有转化糖、果酸、单宁酸、维生素C和生物类黄酮、花色素和微量的天然香精油。

忍冬科，分布于我国东北、华东各地，野生于向阳山坡。在庭园内栽培，可做观赏，枝可入药。瑞典植物学家林奈曾说，假如将接骨木的叶子放入谷仓内，就可以驱鼠。这种植物的挥发性物质，对鼠类有剧毒作用，鼠闻味就逃。

倒掉壶

药用倒掉壶，又叫鼠见愁。紫草科，分布于欧洲、亚洲北部。晒干后能散发出一种鼠类无法忍受的气味，田鼠和家鼠根本不能靠近。

芫荽

又叫胡荽、香菜。伞形科。一两年生草本，有特殊香味，叶可做蔬菜。原产地中海，我国各地均有栽培。芫荽内含胡荽脑，能散发出强烈气味。人们利用其叶子与谷物混在一起，可保护谷物免受鼠害。

老鼠筋

爵床科，叶片有刺，叶柄基部有一对锐刺。人们常把它放在老鼠出没的地方，老鼠一碰就“退避三舍”，老鼠筋就由此而得名。

水仙花的美妙舞步

水仙花是植物中的扭摆舞冠军。“水仙花在三月轻风中的美妙姿态”，曾经令莎士比亚心驰神往。那么，水仙花是如何起舞的呢？

美国杜克大学的生物力学专家史蒂文·沃戈出席在波士顿举行的国际材料研究大会时，道出了水仙花擅长在风中舞蹈的秘密。植物不可过度折腰，否则它们将变成永久的“驼背”。因此，植物采取了另外一种可以对付强风的策略——“扭曲”。许多植物的茎叶软而细长，好让风擦身而过，避免像风帆一样正面迎风。水仙花的茎干横截面呈三角形，这可以帮助它们在风中侧身，避免被折断。也因为如此，水仙花在风中的身姿特别摇曳。

自然界中，许多长而纤细的结构都具有优良的扭转性能。鸟的羽毛茎干的中央有一个凹槽，帮助旋转。昆虫的翅膀在向下拍动时会发生扭曲。水母的亲戚海笔，像兔子耳朵一样矗立在海床上，它们的关节扭转灵活，却不会弯折。这种构造帮助它们面对水流，过滤水中的食物。

人类工程师们绝对不希望他们设计的大楼或桥梁发生扭曲，但有时无意中会发生这样的错误。波士顿高耸入云的约翰·汉考克大楼是细长的玻璃和钢建筑，两条凹槽顺楼侧面而下，它们起到了羽毛的主干中央凹槽的作用，遇到强风时会发生扭转。为了纠正这令人不安的扭曲运动，大厦建成后，又在顶层加压了两块 300 吨的重物。

生命短暂的“戴面纱女人”

科学家在热带地区丛林中发现生活着一种奇特的菌类植物，它的名字非常古怪，却在当地的传说中享有特殊的荣耀，这就是有名的“戴面纱女人”。

“戴带面纱女人”生长在南美地区的丛林中，它生长神速，不同寻常。因为它的生长速度不是以日，也不是以小时来计算，而是用分秒来计算的。当它生长时，简直称得上是个精巧的工艺品，戴着极细而薄的面纱，放射出五光十色的十分柔和的光，使得当地居民每当看到它时，便如同见到大自然的神灵，诚惶诚恐，围着它祈祷膜拜。

德国的作家和旅行家里哈德·克努保曾在巴西森林中偶然遇到这位不相识的“戴面纱女人”。当他走出浓密的灌木丛，来到林中的一块空地上时，发现面前的一块青苔地上，有一个奇怪的引人注目的白色的“蛋”。起初他以为这是一只普通鸟蛋，但转念一想，不会有一只鸟在湿润的青苔上下蛋的。他蹲下身把这个奇怪的蛋认真看了一下，发现它的身体外面包裹着一层皮质外壳，用手轻轻触摸，似乎还有点弹性。他正想把它捡起来看看，忽然他发现，这个蛋在长大，不一会儿，蛋壳上出现了细小的裂痕。接着裂痕渐渐扩宽，使蛋壳绽成了两半。皮壳分开后，从裂隙中蹦出了一个金光灿烂的形态像伞状的东西，被一根雪白的长柄支撑着。伞柄迅速地生长，每分钟增高 5 毫米。最后，这个神奇东西的轮廓终于定型了。原来，这是个像蘑菇一样的菌，如同一根白蜡，笔直地插在一个体态挺拔的菌场上。短短的两小时里，它长高了约 50 厘米。

接着，新的奇迹又出现了。从金黄色的菌盖下，簌簌地抖落出一层白色透明的薄纱，一直拖到了地面，像一条宽大的裙，把这个奇怪植物的柄全部包裹了起来。此时，一股强烈的腐臭气味，从这个森林的怪物身上四溢开来。几分钟以后，“戴面纱女人”的周围聚集了无数的小飞虫。当夜幕降临后，不肯离去的夜飞昆虫纷纷点亮了自己身上的小“灯”。“戴面纱女人”也同样发起光来，显出骄傲的样子，一束有绿宝石光泽的清光从伞盖下倾泻出来。

第二天，好奇心驱使旅行者踏着晨露，又来到丛林中的空地，想再看看“戴面纱女人”的容颜，但地上只有小小的一摊黏液，其他什么也没有了。

“戴面纱女人”的生命如此短暂，如能欣赏到自然界这一罕见的奇特景象，可是三生有幸的事！

冬是虫，夏是草

冬虫夏草生于我国西藏、青海、云南、贵州、四川等地，海拔 4000 米左右的高原草甸区。是一种珍稀名贵的中药材，具有极高的药用价值。从外形上看，冬虫夏草虫体呈金黄色、淡黄色或黄棕色，又因价格昂贵而有“黄金草”之称。因其药用价值高功效好，在国内外被视为珍品。冬虫夏草最早见于药书《草本丛新》和《本草纲目拾遗》。18 世纪 20 年代，法国的一个科学考察队在我国西藏发现了冬虫夏草。

冬虫夏草是蝙蝠蛾科的幼虫被虫草菌的真菌感染后形成的。传说“它冬天是虫，夏天成草，冬天又变为虫”。果真如此吗？

科学家研究发现，冬虫夏草在幼虫感染生病的初期，幼虫表现行动迟缓，随后则出现惊恐不安，到处乱爬，最后钻入距地表 3 厘米 ~5 厘米深的草丛根部，头朝土表，不久便死亡。真菌菌丝以幼虫体内组织为食，在幼虫体内生长。幼虫虽死，但其体壳仍然完好，冬季发现时仍像一条虫子。

寒冬过后，到第二年春暖花开之际，虫体内的真菌迅速发育，到五六月份，从幼虫头部长出一根真菌的子座，长 2 厘米 ~5 厘米，顶端膨大，子囊孢子充满了囊壳。子囊孢子成熟后从子囊壳中散发出来，再去感染其他幼虫。因此，被感染的幼虫在地表下是完整的幼虫尸体，地表上长出一根草样的真菌，虫草之名由此而来。

自古以来，冬虫夏草一直被视为我国中药中的一宝，与人参、鹿茸一起被称为中国三大补品。中国传统医学认为，冬虫夏草性味甘、平，入肺肾经，功能益肺、肾、止咳嗽、补虚损、益精气。《本草纲目拾遗》记载：冬虫夏草性温暖，补精益髓，此物保肺气。以酒浸数枚啖之，治腰膝间痛楚，有益肾之功，以番红花同葬则不蛀；与雄鸭同煮食，宜老人。《本草丛新》也记载，虫草甘、平，保肺益肾、止血、化痰、止劳嗽。

现代医学研究表明，冬虫夏草含有人体所需的21种氨基酸及蛋白质、虫草素、虫草多糖、甘露糖醇维生素、维生素 B_{12}、维生素E及维生素K、稀有矿物质、必需脂肪酸及固醇类（有助于性功能）。这些综合性的营养素使冬虫夏草在人体展现无以比拟的滋补、调养的功效。对人体许多生理机能有重要的影响，对中枢神经系统能起镇静、抗惊厥、降温作用；对心血管系统有降压、降低心肌耗氧量，改善心肌缺血，抗心律失常等作用；对呼吸系统能扩张支气管、祛痰平喘，另外对慢性肾炎、肾功能衰竭都有显著疗效。在实验中发现，冬虫夏草的确有增强机体免疫力的作用，但是它发挥作用的机理非常复杂。

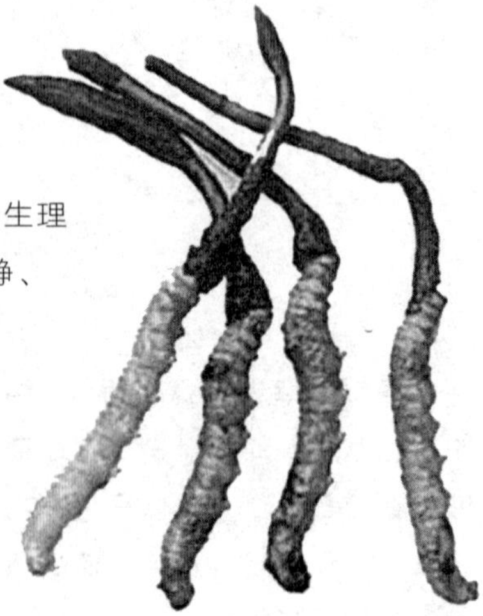
冬虫夏草